高职高专"十一五"规划教材

★ 农林牧渔系列

饲料加工工艺与设备

SILIAO JIAGONG
GONGYI YU SHEBEI

王中华 曾饶琼 主编

化学工业出版社

·北京·

本书是《高职高专"十一五"规划教材★农林牧渔系列》分册之一，主要讲述了配合饲料加工各个工序的工艺和相应的设备配置，包括原料的接收、加工、包装、储存等饲料加工的全过程，以及相应的实验实训项目。为了便于学习，每一章都进行了小结，并根据教学内容列出了复习思考题。

本教材吸取了近年来教学改革和饲料生产第一线的经验与成果，博采相关高等职业教材的长处，突出教学内容的实用性、针对性和适用性，以能力培养为宗旨，着重提高学生的职业素质和实践能力。

本书适合作为高职高专动物营养与饲料专业的教材，也可供从事饲料加工及相关工作的人员参考。

图书在版编目（CIP）数据

饲料加工工艺与设备/王中华，曾饶琼主编. —北京：化学工业出版社，2010.6（2025.1重印）
高职高专"十一五"规划教材★农林牧渔系列
ISBN 978-7-122-08546-7

Ⅰ. 饲… Ⅱ. ①王…②曾… Ⅲ. ①饲料加工-工艺-高等学校：技术学院-教材②饲料加工设备-高等学校：技术学院-教材 Ⅳ. ①S816.34②S817.12

中国版本图书馆 CIP 数据核字（2010）第 088410 号

责任编辑：梁静丽　李植峰　郭庆睿　　　　文字编辑：昝景岩
责任校对：陶燕华　　　　　　　　　　　　装帧设计：史利平

出版发行：化学工业出版社（北京市东城区青年湖南街 13 号　邮政编码 100011）
印　　装：北京科印技术咨询服务有限公司数码印刷分部
787mm×1092mm　1/16　印张 12¾　字数 322 千字　　2025 年 1 月北京第 1 版第 7 次印刷

购书咨询：010-64518888　　　　　　　　售后服务：010-64518899
网　　址：http://www.cip.com.cn
凡购买本书，如有缺损质量问题，本社销售中心负责调换。

定　　价：35.00 元

"高职高专'十一五'规划教材★农林牧渔系列" 建设单位

（按汉语拼音排列）

安阳工学院
保定职业技术学院
北京城市学院
北京林业大学
北京农业职业学院
本钢工学院
滨州职业学院
长治学院
长治职业技术学院
常德职业技术学院
成都农业科技职业学院
成都市农林科学院园艺研究所
重庆三峡职业学院
重庆水利电力职业技术学院
重庆文理学院
德州职业技术学院
福建农业职业技术学院
抚顺师范高等专科学校
甘肃农业职业技术学院
广东科贸职业学院
广东农工商职业技术学院
广西百色市水产畜牧兽医局
广西大学
广西农业职业技术学院
广西职业技术学院
广州城市职业学院
海南大学应用科技学院
海南师范大学
海南职业技术学院
杭州万向职业技术学院
河北北方学院
河北工程大学
河北交通职业技术学院
河北科技师范学院
河北省现代农业高等职业技术学院
河南科技大学林业职业学院
河南农业大学
河南农业职业学院

河西学院
黑龙江农业工程职业学院
黑龙江农业经济职业学院
黑龙江农业职业技术学院
黑龙江生物科技职业学院
黑龙江畜牧兽医职业学院
呼和浩特职业学院
湖北生物科技职业学院
湖南怀化职业技术学院
湖南环境生物职业技术学院
湖南生物机电职业技术学院
吉林农业科技学院
集宁师范高等专科学校
济宁市高新技术开发区农业局
济宁市教育局
济宁职业技术学院
嘉兴职业技术学院
江苏联合职业技术学院
江苏农林职业技术学院
江苏畜牧兽医职业技术学院
江西生物科技职业学院
金华职业技术学院
晋中职业技术学院
荆楚理工学院
荆州职业技术学院
景德镇高等专科学校
丽水学院
丽水职业技术学院
辽东学院
辽宁科技学院
辽宁农业职业技术学院
辽宁医学院高等职业技术学院
辽宁职业学院
聊城大学
聊城职业技术学院
眉山职业技术学院
南充职业技术学院
盘锦职业技术学院
濮阳职业技术学院
青岛农业大学

青海畜牧兽医职业技术学院
曲靖职业技术学院
日照职业技术学院
三门峡职业技术学院
山东科技职业学院
山东理工职业学院
山东省贸易职工大学
山东省农业管理干部学院
山西林业职业技术学院
商洛学院
商丘师范学院
商丘职业技术学院
深圳职业技术学院
沈阳农业大学
苏州农业职业技术学院
温州科技职业学院
乌兰察布职业学院
厦门海洋职业技术学院
仙桃职业学院
咸宁学院
咸宁职业技术学院
信阳农业高等专科学校
延安职业技术学院
杨凌职业技术学院
宜宾职业技术学院
永州职业技术学院
玉溪农业职业技术学院
岳阳职业技术学院
云南农业职业技术学院
云南热带作物职业学院
云南省普洱农校
云南省曲靖农业学校
云南省思茅农业学校
张家口教育学院
漳州职业技术学院
郑州牧业工程高等专科学校
郑州师范高等专科学校
中国农业大学
周口职业技术学院

《饲料加工工艺与设备》编写人员名单

主　　编　王中华　曾饶琼

副 主 编　甘双友　吴　颖　邱文然

编　　者　（按姓名汉语拼音排列）

甘双友　河北交通职业技术学院

李红英　江西生物科技职业学院

李建国　辽宁医学院

梁秀丽　安阳工学院

刘　佳　信阳农业高等专科学校

马红艳　运城农业职业技术学院

邱文然　辽宁职业学院

王凤欣　辽宁职业学院

王中华　商丘职业技术学院

吴　颖　辽宁医学院

曾饶琼　宜宾职业技术学院

赵香菊　商丘职业技术学院

主　　审　汪梦萍　华中农业大学

序

当今，我国高等职业教育作为高等教育的一个类型，已经进入到以加强内涵建设，全面提高人才培养质量为主旋律的发展新阶段。各高职高专院校针对区域经济社会的发展与行业进步，积极开展新一轮的教育教学改革。以服务为宗旨，以就业为导向，在人才培养质量工程建设的各个侧面加大投入，不断改革、创新和实践。尤其是在课程体系与教学内容改革上，许多学校都非常关注利用校内、校外两种资源，积极推动校企合作与工学结合，如邀请行业企业参与制定培养方案，按职业要求设置课程体系；校企合作共同开发课程；根据工作过程设计课程内容和改革教学方式；教学过程突出实践性，加大生产性实训比例等，这些工作主动适应了新形势下高素质技能型人才培养的需要，是落实科学发展观，努力办人民满意的高等职业教育的主要举措。教材建设是课程建设的重要内容，也是教学改革的重要物化成果。教育部《关于全面提高高等职业教育教学质量的若干意见》（教高［2006］16号）指出"课程建设与改革是提高教学质量的核心，也是教学改革的重点和难点"，明确要求要"加强教材建设，重点建设好3000种左右国家规划教材，与行业企业共同开发紧密结合生产实际的实训教材，并确保优质教材进课堂。"目前，在农林牧渔类高职院校中，教材建设还存在一些问题，如行业变革较大与课程内容老化的矛盾、能力本位教育与学科型教材供应的矛盾、教学改革加快推进与教材建设严重滞后的矛盾、教材需求多样化与教材供应形式单一的矛盾等。随着经济发展、科技进步和行业对人才培养要求的不断提高，组织编写一批真正遵循职业教育规律和行业生产经营规律、适应职业岗位群的职业能力要求和高素质技能型人才培养的要求、具有创新性和普适性的教材将具有十分重要的意义。

化学工业出版社为中央级综合科技出版社，是国家规划教材的重要出版基地，为我国高等教育的发展做出了积极贡献，曾被新闻出版总署领导评价为"导向正确、管理规范、特色鲜明、效益良好的模范出版社"，2008年荣获首届中国出版政府奖——先进出版单位奖。近年来，化学工业出版社密切关注我国农林牧渔类职业教育的改革和发展，积极开拓教材的出版工作，2007年年底，在原"教育部高等学校高职高专农林牧渔类专业教学指导委员会"有关专家的指导下，化学工业出版社邀请了全国100余所开设农林牧渔类专业的高职高专院校的骨干教师，共同研讨高等职业教育新阶段教学改革中相关专业教材的建设工作，并邀请相关行业企业作为教材建设单位参与建设，共同开发教材。为做好系列教材的组织建设与指导服务工作，化学工业出版社聘请有关专家组建了"高职高专'十一五'规划教材★农林牧渔系列建设委员会"和"高职高专'十一五'规划教材★农林牧渔系列编审委员会"，拟在"十一五"期间组织相关院校的一线教师和相关企业的技术人员，在深入调研、整体规划的基础上，编写出版一套适应农林牧渔类相关专业教育的基础课、专业课及相关外延课程教材——"高职高专'十一五'规划教材★农林牧渔系列"。该套教材将涉及种植、园林园艺、畜牧、兽医、水产、宠物等专业，于2008～2009年陆续出版。

该套教材的建设贯彻了以职业岗位能力培养为中心，以素质教育、创新教育为基础的教育理念，理论知识"必需"、"够用"和"管用"，以常规技术为基础，关键技术为重点，先进技术为导向。此套教材汇集众多农林牧渔类高职高专院校教师的教学经验和教改成果，又得到了相关行业企业专家的指导和积极参与，相信它的出版不仅能较好地满足高职高专农林牧渔类专业的教学需求，而且对促进高职高专专业建设、课程建设与改革、提高教学质量也将起到积极的推动作用。希望有关教师和行业企业技术人员，积极关注并参与教材建设。毕竟，为高职高专农林牧渔类专业教育教学服务，共同开发、建设出一套优质教材是我们共同的责任和义务。

介晓磊

2008 年 10 月

前言

本书是根据教育部《关于加强高职高专教育人才培养工作的意见》和《关于加强高职高专教育教材建设的若干意见》等文件精神，在教育部高等院校高职高专动物生产类教学指导委员会及本套教材建设和编审委员会的指导下，联合相关院校的老师精心编写的。

我国饲料工业起步于 20 世纪 70 年代末期，90 年代迅速发展，20 世纪末期我国饲料总产量跃居世界第二位。经过几十年的发展，如今我国的饲料工业已形成包括饲料加工业、饲料添加剂工业、饲料原料工业、饲料机械制造工业和饲料科研教育标准检测等较为完备的饲料工业体系。作为饲料加工业的关键环节，饲料加工工艺更加成熟，设备更加完善。《饲料加工工艺与设备》是高职高专动物营养与饲料专业的主干专业课，是从事饲料加工及相关人员必须学习的核心内容之一。该课程主要讲述配合饲料加工各个工序的工艺和相应的设备配置，包括原料的接收、产品加工、包装、储存等饲料加工的全过程，以及相应的实验实训项目。为了便于学习，每一章都进行了小结，并根据教学内容列出了复习思考题。

本教材吸取了近年来教学改革和饲料生产第一线的经验与成果，博采相关高等职业教材的长处，突出教学内容的实用性、针对性和适用性，增加实践教学在书中的比重。以能力培养为宗旨，着重提高学生的职业素质和实践能力。

本教材由来自全国各地的 9 所院校 12 位富有教学和实践经验的教师共同编写，为了确保教材质量，编写组多次研讨编写提纲和内容，初稿完成后，主编和副主编进行了认真的审阅和修改。华中农业大学汪梦萍教授对初稿进行了认真审阅，提出了宝贵的修改意见，编写组对此表示由衷的感谢。

由于编者水平所限，书中难免有不足之处，恳请读者提出批评意见，以便更正。

编　者
2010 年 4 月

目录

绪　论

【知识目标】
- 了解世界饲料工业的发展概况；
- 熟悉我国饲料工业的现状与发展；
- 熟悉本课程的基本内容和学习目的。

【技能目标】
- 能够正确描绘我国饲料工业的发展趋势。

一、世界饲料工业的发展概况

世界饲料工业在 20 世纪 50～70 年代是快速发展时期，20 世纪 80 年代以后进入平稳发展阶段。据统计，1997 年世界饲料总产量为 6.05 亿吨，人均畜禽产品消耗饲料 105kg，是饲料工业发展的一个峰值，2000 年产量 5.92 亿吨，2001 年 5.99 亿吨，2002 年重新位居 6.05 亿吨的高点。目前世界前五位的饲料生产国家依次是美国、中国、巴西、日本、法国。

据 2008 年的统计资料显示，美国饲料产量 1.545 亿吨，占世界总产量的 22%；中国饲料产量 1.37 亿吨，占世界总产量的 19.6%；巴西饲料产量 5900 万吨，占世界总产量的 8.4%；日本饲料产量 2490 万吨，占世界总产量的 3.6%；法国饲料产量 2230 万吨，占世界总产量的 3.2%。

进入 21 世纪以后，饲料工业一体化的发展步伐加快，跨国饲料集团的出现，对世界饲料工业的布局产生了积极而又深远的影响，饲料企业的发展进入了一体化、多元化的阶段，饲料工业将处于高效平稳的运行阶段。预计 2010～2015 年，世界饲料年总产量将达到 7.8 亿吨，人均年消耗饲料量将为 100kg。

二、我国饲料工业的兴起与发展

我国饲料工业起步于 20 世纪 70 年代后期，80 年代步入健康的发展轨道，90 年代饲料工业快速发展，20 世纪末饲料工业体系逐渐完善。21 世纪初，我国的饲料工业已进入高效平稳的发展阶段。据有关资料统计，1997 年中国饲料工业配合饲料产量 5474 万吨，占世界总产量的 9%，完成历史性的跨越。2000 年配合饲料 5912 万吨，2001 年配合饲料 6087 万吨，2002 年配合饲料 6239 万吨。其后 2005 年饲料总产量 1.01 亿吨，配合饲料产量 7315 万吨；2006 年饲料总产量 1.10 亿吨，配合饲料产量 8118 万吨；2007 年饲料总产量 1.23 亿吨，配合饲料产量 9319 万吨；2008 年饲料总产量达 1.37 亿吨，配合饲料产量 1.08 亿吨，连续四年饲料总产量超亿吨。1980～2008 年，饲料工业总产量平均每年以 18.8% 的速度递增，自 1991 年起连续 18 年饲料总产量位居世界第二。经过几十年的发展，如今我国的饲料工业形成了包括饲料加工业、饲料添加剂工业、饲料原料工业、饲料机械制造工业和饲料科研、教育、标准、检测等较为完善的饲料工业体系。饲料工业在国家生产行业中具有重要的地位，是国民经济的支柱产业之一。

　　根据我国国民经济发展规划，到 2015 年我国配合饲料年生产能力将达到 1.6～1.8 亿吨，配合饲料产量达到 1.2 亿吨，浓缩饲料产量达到 2000～2500 万吨，添加剂预混合饲料产量达到 600～800 万吨。2015 年，猪肉、牛羊肉、禽肉、禽蛋、奶类、海水养殖、淡水养殖动物产品，预计产量分别为 5587 万吨、1352 万吨、1983 万吨、2926 万吨、3322 万吨、1600 万吨、1900 万吨，动物产品总计 18670 万吨。饲料工业的总体水平不断提高，到 2020 年全面接近国际先进水平，饲料工业将跃居我国国民经济十大产业之列。

三、我国饲料工业发展的有关问题

1. 我国饲料工业面临的二次发展机遇与挑战

　　(1) 战略调整的机遇　农业和农村经济结构的战略调整要求加快发展畜牧业，这为饲料工业的发展提供了广阔的市场。同时饲料作物的产量增加为饲料工业的发展提供了坚实的物质基础。

　　(2) 经济全球化的机遇与挑战　经济全球化使我国经济与世界经济融为一体，中国的饲料市场与世界的饲料市场对接，我国的饲料工业将在更大的范围内和更深的程度上参与国际的经济合作与竞争，从而要求我国饲料工业产品升级、技术更新，实现跨越式发展，这样才能在国际舞台中立于不败之地。

　　(3) 社会快速发展的机遇与挑战　我国已处于经济快速发展的阶段，城乡居民的生活更加富裕，人民对食品的要求已从量的保障转为品质的提高，营养性保健型食品已成为发展趋势，相应的饲料也要更加营养和安全可靠。饲料工业的发展将由偏重产量的增长向产量、质量并重的方向转变。

2. 饲料工业的薄弱环节亟待加强

　　(1) 产业结构需要进一步调整和完善　饲料工业中添加剂工业相对滞后，氨基酸、部分维生素等不仅品种少，而且产量低，部分依赖进口。另一方面饲料加工能力相对过剩，企业普遍开工不足，相当一部分企业规模小、设备陈旧、工艺落后、技术水平低、市场竞争力低下。

　　(2) 饲料安全问题应高度重视　饲料生产和养殖过程中应禁止滥用违禁药物和超量、超范围使用兽药，对药物配伍禁忌和停药期应按规定严格执行。在管理方面，健全法律、法规和行业标准，完善检测手段，监管到位。如果忽视这些问题，将直接影响广大人民群众的健康安全。饲料安全问题应引起各级政府部门的高度重视。

　　(3) 技术水平有待提高　企业对饲料的科技投入不够重视，科研能力低，行业的整体水平与国际相比有一定差距，产业化水平低，技术创新的动力不足。

　　(4) 服务体系要进一步加强　饲料工业的培训、技术推广、信息咨询等服务体系建设薄弱，需要加强。

3. 我国饲料工业的产业布局

　　饲料工业产业布局要统筹规划、因地制宜、优势互补、协调发展，大力推进东中西部的协作。东部沿海地区重点发展附加值高、创汇多、档次高的饲料加工业、添加剂工业和饲料机械加工业，形成饲料工业的出口基地；中部地区大力发展饲料原料和饲料加工；西部地区要充分发挥饲料资源优势，加快发展浓缩饲料和饲料添加剂工业。

4. 政策措施

　　① 加强饲料科技创新和技术进步；

　　② 加强饲料工业技术推广服务体系的建设；

　　③ 大力推进饲料企业的技术改造；

④ 增加饲料工业的投入；

⑤ 加强饲料行业法制建设。

5. 我国饲料工业的发展趋势

（1）饲料企业向集团化发展　饲料企业进行结构调整，以企业为主体，以市场为导向，通过兼并、联合、重组等形式，形成一批拥有知识产权、竞争力强的大公司和企业集团，提高产业集中度和市场竞争力。另一方面，同农业产业化相结合，推广以饲料企业为龙头，饲料、饲养、加工一体化服务，增强企业的抗风险能力。饲料一体化将逐渐成为当代饲料工业发展的主流。

（2）加大科技投入，提高科技含量　加大以生物工程和信息技术为代表的高新技术在饲料工业的科技投入，提高企业创新能力，提高产业技术水平，使行业的整体技术水平接近或达到国际水准。

（3）开发饲料资源　饲料资源短缺制约着未来动物生产的可持续发展，充分发掘饲料资源，增加有效供给，提高现有资源的有效利用程度。如改进棉籽、菜籽饼粕脱毒工艺，大力推广秸秆氨化技术，提高饲料的饲用价值。开发饲料轻工业副产品、动物性下脚料及转基因饲料作物新品种，从而广开饲料资源。

（4）环保型饲料及食品安全备受关注　随着社会的全面进步和人民生活水平的提高，人们更加关注环境保护和食品安全，这对饲料工业提出了更高的要求。饲料工业要切实把饲料安全放在突出位置，完善法规体系，加大执法力度，规范饲料用药，严禁违禁药物添加，确保饲料绿色环保、安全可靠。

四、本课程的学习内容

本课程主要内容包括配合饲料各生产工序的加工工艺，相应的设备配置；设备的工作原理及选型、使用；各生产工序的质量控制；饲料厂工艺设计和自动化控制；以及相应的实验实训项目。

通过本课程的学习，了解配合饲料生产各工序的工艺流程和工艺流程的主要组成，掌握各工序的具体操作和质量控制技术，同时突出实践教学，培养学生的动手能力，使学生将来胜任饲料行业的相关岗位。

第一章　配合饲料

【知识目标】
- 掌握配合饲料产品的分类方法；
- 理解加工工艺如何影响饲料产品质量。

【技能目标】
- 能够准确地对饲料产品进行分类；
- 能够正确判断配合饲料产品的质量。

第一节　概　述

一、配合饲料的概念

配合饲料（formula feed）是根据饲养动物的饲养标准及饲料原料的营养特点，结合实际生产情况，按照科学的饲料配方生产出来的、由多种饲料原料组成的混合均匀物。配合饲料相比于传统混合饲料，其营养完善，价格较低。

二、配合饲料的分类

配合饲料种类多样，通常根据营养价值、饲用动物、物理性状等，将配合饲料进行分类。

1. 按照营养价值分类

按照营养价值，配合饲料可分为添加剂预混合饲料、浓缩饲料、全价配合饲料和精料补充饲料四类。

（1）添加剂预混合饲料　简称预混料，是由一种或多种饲料添加剂在加入到配合饲料前与适当比例的载体或稀释剂配制而成的均匀混合物。通常在配合饲料中添加0.1%～5%，一般以最终配合饲料产品的总需求为依据设计，因其含有的微量活性组分常是配合饲料饲用效果的重要因素，常称其为核心预混料。

① 单项预混合饲料　是指由一种或一类饲料添加剂与载体或稀释剂配制而成的均匀混合物，用于生产复合预混料或直接用于生产配合饲料或浓缩饲料、精料补充料等。通常包括微量元素预混料、维生素预混料、药物预混料等。

a. 微量元素预混料　一种或多种微量矿物元素化合物与载体或稀释剂按一定比例配合的均匀混合物。

b. 维生素预混料　一种或多种维生素与载体稀释剂按一定比例配制的均匀混合物，用于生产配合饲料或浓缩饲料、精料补充料等。

② 复合预混合饲料　是指由微量元素、维生素、氨基酸和非营养性添加剂中任何两类或两类以上的组分与载体或稀释剂按一定比例配制的均匀混合物，用于生产配合饲料或浓缩饲料、精料补充料等。

（2）浓缩饲料（concentrate feed）　简称浓缩料，是由蛋白质饲料、矿物质饲料和添加剂预混料按一定比例配制的均匀混合物,是配合饲料的中间产品。其特点是蛋白质含量高,一般为 30%~45%,在全价配合饲料中所占比例较大,一般为 15%~40%。

(3) 全价配合饲料 (complete feed) 简称配合饲料,是根据动物实际营养需要,由能量饲料、蛋白质饲料、矿物质饲料以及各种添加剂配制而成,不需要加任何成分就可直接饲喂,并获得最大经济效益的配合饲料。全价配合饲料中各种营养物质和能量均衡全面,是发挥动物生产水平最理想的配合饲料。目前集约化饲养的蛋鸡、肉鸡、猪等畜禽及鱼、虾、鳗等水产动物,均是直接饲喂全价饲料。

(4) 精料补充饲料 (supplement feed) 也叫反刍动物精料补充料,是由浓缩饲料配以能量饲料制成的。与全价饲料不同的是,它是用来饲喂反刍动物的。但在饲喂反刍动物时要加入大量的青绿饲料、粗饲料,且精料补充料与青粗饲料的比例要适当。

上述四种饲料间的关系如图 1-1 所示。

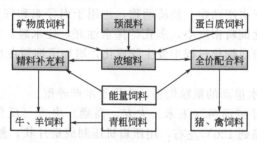

图 1-1 预混料、浓缩料、全价配合饲料与
精料补充料的相互关系

2. 按照饲用动物种类分类

根据动物消化系统特点可将配合饲料分为以下几类:

(1) 单胃动物配合饲料 如猪、鸡、鸭、鹅用配合饲料等。

(2) 反刍动物配合饲料 如牛、羊用配合饲料。

(3) 草食动物配合饲料 如马属动物、家兔用配合饲料等。

(4) 水产动物配合饲料 如鱼、虾、蟹、龟、鳖用配合饲料。

每种动物根据年龄、生长阶段及生产用途不同,又可具体分为阶段性的配合饲料,如产蛋鸡的配合饲料,按日产率可分为产蛋率大于 80%、产蛋率 65%~80%、产蛋率小于 65% 三种配合饲料。

3. 按照饲料物理性状分类

根据饲料物理性状,配合饲料可以分为粉状饲料、颗粒饲料、压扁饲料、面团状饲料、块状饲料、液体饲料等。使用时可根据动物种类及生产方式不同来选择合适的形式。

(1) 粉状饲料 简称粉料,是将多种饲料原料磨成粉状后,根据饲养标准的要求与添加剂预混合饲料混合均匀而成的。粉料是配合饲料最常用的形式。其优点是生产加工工艺简单,加工成本较低。缺点是生产时粉尘大,损失较大,加工、贮藏和运输等过程中养分易受外界环境的干扰而失活;饲喂时由于动物的挑食及散落而造成浪费。

另外,粉料的粒度应根据动物种类、年龄等不同而有差异,并不是越细越好,过粗影响消化,过细易在消化道内形成黏结性很强的糜团,反而不易消化。

(2) 颗粒饲料 颗粒饲料是用压模将粉状饲料挤压而成的粒状饲料,多为圆柱状,也有角状的。其优点是饲料容重大,适口性好,可提高动物采食量,避免动物挑食,减少粉尘在运输、饲喂时的浪费,缩小饲料体积,便于保管,饲料利用率高。主要用于幼龄动物、肉用动物饲料和鱼的饵料。实践证明,用颗粒饲料饲喂猪比用粉状饲料每增重 1kg 节省饲料

0.2kg；同时减少运输消耗 5％～10％。肉用仔鸡用颗粒饲料饲喂比粉料节省 1/3 采食时间，从而减少鸡采食时的热量消耗而节约饲料。但在加工过程中由于加热加压处理，部分维生素、酶等活性物质受到影响。

根据加工工艺不同，颗粒饲料可分为普通颗粒饲料、碎粒料、膨化颗粒饲料、软颗粒饲料等。

① 普通颗粒饲料 常见的柱状硬颗粒饲料。普遍用于养殖业。

② 碎粒料 又称破碎料，是由颗粒饲料破碎而成的适当粒度的饲料（一般为 2～4mm 大小的碎粒）。这类饲料的主要优点是，可以解决生产小动物颗粒饲料时费工、费时、费电、产量低等问题。而且碎粒料比颗粒饲料采食速度稍慢，不至于因过食而过肥，适用于饲喂雏鸡和小动物。

③ 膨化颗粒饲料 又称漂浮饲料，是经调质、增压挤出模孔和骤然降压过程而制得的蓬松颗粒饲料。主要用于水产动物、经济动物，也用于肉仔鸡和仔猪。其优点是适口性好，易于消化吸收。同时膨化饲料密度小，多孔，保水性好，比水轻，可漂浮在水中一段时间。另外，由于饲料中的淀粉在膨化过程中发生胶质化，增加了饲料在水中的稳定性，可减少饲料中营养成分的损失。

④ 软颗粒饲料 含水量高的颗粒饲料，应用于水产养殖。

（3）压扁饲料 将籽实饲料（玉米、大麦、高粱）去皮（反刍动物可不去皮），加入 16％的水，通过蒸汽加热到 120℃左右，用压扁机压制成扁片状，然后冷却干燥处理，即制成压扁饲料。压扁饲料的优点是，由于加热时压扁饲料中一部分淀粉糊化，动物能很好地消化吸收，压扁后饲料表面积增大，消化液可充分浸透，且消化酶充分作用，因此能提高饲料的消化率和能量利用效率。压扁饲料可单独饲喂动物，应用广泛，使用方便，效果好。

（4）面团状饲料 面团饲料是以全价配合饲料配合一定比例的油和水搅拌而成的团状饲料，适用于水产养殖。这种饲料既有一定黏性，又有一定弹性，且在水中不易溃散。

（5）块状饲料 块状饲料是指由某种饲料原料或混合料压制而成的大团块饲料。部分饲料原料为运输和储存需要，常压制成块状。饲料工业产品中，反刍动物应用的舔砖属于块状饲料。

（6）液体饲料 液体饲料是以液体饲料原料为主要成分或饲料经加水稀释制成的流动状的饲料。主要应用于幼龄动物。

三、配合饲料的优点

与传统的自给性饲料相比，配合饲料的优越性大致归纳如下。

① 配合饲料通常是由具有精良设备和现代化生产技术的饲料工厂生产的，因而可以保证生产出符合动物营养需要的产品。

② 工厂化生产可集中合理使用饲料原料，并促进开发性的饲料原料，减少浪费。

③ 配合饲料应用面广、商品性强、规格明确、保证质量。

④ 配合饲料生产为养殖专业户和工厂化畜牧业经营者提供了良好饲养条件，对改善人们生活质量起到了巨大作用，社会效益明显。

第二节 饲料的理化特性

一、容重

容重指单位体积中饲料的质量，以 kg/m³ 表示，用容重器测定。将物料倒入底部装有拉板的漏斗内，在漏斗下放一个 1L 容量的升筒，升筒距漏斗下口 5cm，打开拉板使物料自然流入升筒中，等溢出后刮平并称量。测定 3 次，计算平均值。

容重是衡量饲料原料和成品质量的重要指标之一，容重是选择和评价某些原料的依据。如谷实类和蛋白质饲料，容重大的籽实饱满，品质也好，即单位体积内的营养物质多；对于颗粒饲料成品，其容重大时，表明其压制质量好。容重是设计仓容，选择配料秤、混合机、粉碎机以及其他饲料加工和输送设备的重要依据，是粉碎机、配料秤、混合机、制粒机工作效果的主要影响因素之一。

粉状原料的容重与原料的结构性质、粒度、含水量、含杂量及形状等因素有关。一般无机类或矿物原料的容重值大，有机类如谷物类、豆类等原料的容重小；无机类原料水分含量高时容重小，而有机原料含水量高时容重大。粉状饲料成品的容重主要取决于其原料组成，颗粒状饲料成品的容重则除了受原料容重的影响外，还与受压条件与加工过程有关。

二、粒度

粒度是物料工艺特性的重要指标之一，对于籽实状原料和颗粒饲料、压扁饲料、膨化颗粒饲料、块状饲料等较大的粒状物料，其粒度用长、宽、厚或直径和长度来表示。通常也可测定一定数量粒子的尺寸，然后求其平均值，同时要测出其最大和最小的粒度尺寸。这些尺寸是控制操作过程的依据。

粒度与原料的选择、检验、加工设备技术参数的操作条件控制有很大关系：它是进行筛理的依据；它与粉碎电耗、制粒电耗密切相关，如粉碎粒度细时，能耗大；它与动物的饲养要求有关；它对饲料的混合过程和混合后饲料质量的保持都有很大的影响，因为粒度差异大的粒子难以混合均匀，且易产生分离。

三、混合均匀度

混合均匀度是指混合物中各组分均匀分布的程度，即混合物中任意单位容积内所含某种组分的粒子数与其平均含量的接近程度。混合均匀度是评价饲料加工质量优劣的一个重要指标，是确定加工混合时间及改进工艺流程的重要依据。混合均匀度不好往往造成同一批饲料局部营养成分不足，导致动物营养缺乏症；而局部营养成分过剩，轻者造成营养浪费，重者可能引起中毒。

影响均匀度的因素很多，主要有混合机的性能、混合工艺（投料顺序、充满系数、混合机转速、混合时间等）以及原料物理特性等几个方面。对于同一台混合机，要根据不同原料组成，通过试验来确定最佳的混合时间，确保混合均匀度。

混合均匀度通常用变异系数（CV）表示，计算公式为：

$$变异系数(CV) = \frac{S}{m} \times 100\%$$

式中 S——标准差；

　　　　m——平均值。

四、散落性、内摩擦角与自动分级

饲料的散落、摩擦与分级特性主要包括以下几个方面：散落性、内摩擦角、自动分级。饲料的这些特性会影响到饲料加工性能、工艺设计时的参数选定及生产过程的进行。

1. 散落性

散落性是反映物料在自由状态下向四周扩散的能力，它是描述饲料流动性的一个特性。

2. 内摩擦角

内摩擦是指散粒体颗粒之间的摩擦,内摩擦力的大小常用内摩擦角来表示。内摩擦角的正切值为内摩擦系数。饲料的内摩擦角主要影响其在仓内的流动和运输,同时也影响饲料的贮存。

3. 自动分级

自动分级是饲料在运输、流动、振动的过程中,由于各颗粒间的密度、粒度及表面特性不同,会按各自特性重新分类积聚的现象。

五、吸附性、吸湿性与静电性

饲料的吸附、吸湿与静电特性会影响饲料加工的过程及饲料在加工过程中的营养变化。

1. 吸附性

吸附性是一种物质原子或分子吸附另一种物质的能力。饲料的吸附能力往往与物料的形状(粒状、片状)、表面特性(光滑、粗糙)以及含水量有很大关系。它可以保证微量添加剂在饲料里混合均匀,保证饲料的效价与安全。

2. 吸湿性

吸湿性是饲料对水分的亲和能力的反映,不同的饲料其吸湿性能不一样,许多矿物质硫酸盐具有很强的吸湿性,铁铜锌锰的硫酸盐一般要烘干脱水后才在饲料里添加。

3. 静电性

静电现象通常与活性成分有关。干燥而粉碎得很细的物料常常会带有静电荷而产生吸附作用,使活性成分吸附在混合机或输送设备上,造成混合不均匀。预混合饲料厂为克服静电现象,通常在主要设备上装有接地装置。

六、稳定性与毒性

1. 热稳定性

热稳定性是饲料中某些化学成分在热加工条件下抵抗热损坏的能力。饲料中的某些维生素(如维生素C、维生素A等)、氨基酸、矿物质等营养物质在高温下易氧化分解,遭到损坏。另外,在高温作用下,饲料原料中的部分抗营养因子等有害成分(如抗胰蛋白酶、脲酶)会失活,昆虫和有害微生物也会被杀死。

2. 化学稳定性

化学稳定性指某种饲用生物活性物质在外来化学物质的作用下抵抗损坏的能力。它是选择维生素、微量元素和某些其他添加剂(如抗氧化剂、防霉剂)等的主要依据。

3. 毒性

毒性是饲料原料中含有对人畜产生毒害作用的重金属和其他有毒成分。这些物质在成品中含量过多或混合不均被畜禽采食后还会引起中毒或死亡,加工中还会对环境及操作人员产生危害作用。因此应严格把握药物性饲料原料的用量,控制重金属和其他毒物的上限。

第三节　饲料的加工

一、饲料加工工艺

饲料加工工艺是指从饲料原料的接收到成品(配合粉料和颗粒饲料)出厂的全部过程。一个完整的配合饲料加工工艺包括原料的接收、清理(含磁选)、粉碎、配料、混合、制粒、成品称量、打包等主要工序及通风除尘、油脂添加等辅助工序。饲料加工工艺是决定饲料厂产品质量和生产效率的重要因素之一，只有先进合理的工艺才能生产出优质产品，带来高效率。因此配置好工艺流程极为重要。

以粉状和颗粒饲料为例，其基本工序如图 1-2 所示。

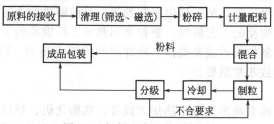

图 1-2　饲料生产工艺流程图

清理是通过筛选和磁选去除原料中对畜禽生长不利或对加工设备有害的夹杂物。

粉碎是将粒状或块状的原料破碎成细粉状，以便与其他饲料均匀混合，并能提高畜禽的消化率。

计量配料是将各种饲料组分按配方要求进行准确计量。

混合是将经过计量的饲料组分混合均匀，使畜禽能采食到营养全面的饲料。

制粒是将粉状配合饲料加工成硬颗粒、软颗粒或膨化颗粒。刚生产出来的硬颗粒温度高，易碎，必须经过冷却使之变硬后才能进入分级筛分级，过小的颗粒或粉末经筛分后返回制粒机重新制粒，过大颗粒重新破碎再次筛分。

二、加工工艺对产品质量的影响

饲料加工工艺影响产品质量，贯穿整个生产过程。良好的加工工艺包括良好的设备，各设备相互配套，工作参数合理，凡是影响配合饲料加工工艺每道工序的各因素都会影响饲料最终产品的质量。

1. 原料清理工艺

原料中的杂质会影响产品质量。杂质中带有大量有害微生物，使产品储存期缩短，影响产品的货架寿命和产品的外观色泽。如果杂质太多，会降低物料的整体营养水平且使产品质量不稳定。而且由于杂质的摩擦性强，会影响设备的使用寿命，尤其是制粒机的压辊和压模的使用寿命。加强清理工作是加工过程中把好饲料质量的第一关，所有主、辅原料都应进行清杂除铁处理。

2. 粉碎工艺

粉碎工艺中的重要指标是原料粉碎粒度、均匀性和加工的电耗。粉碎工艺涉及产品质量、后续加工工序和饲料加工成本，同时也影响到饲料的内在品质和饲养效果。粉碎加工一直是饲料加工中的一个活跃研究领域，粉碎工艺设计应针对上述指标，使其能达到理想的要求。

3. 配料工艺

配料是饲料加工工艺的核心部分，配方的正确实施是由配料工艺来保证的，配料质量直接关系到配合饲料的营养成分指标。现有的分批配料系统主要是加量配料系统，称量的准确性和称量时间上均有待改进。

4. 混合工艺

混合工艺的关键是如何保证混合均匀度。在混合工艺中还应设置预混合工艺，对于大型饲料厂，为了节省料仓，消除添加量过小带来的误差，可以设置预混合工艺；对于小型饲料厂，设置该工艺的意义并不大，小品种物料的添加可在混合机上方的人工添加口添加，但应注意不要重复添加或漏加。

5. 制粒工艺

制粒工艺使饲料经过湿热处理、挤压，会使饲料中对湿热敏感的活性成分遭到破坏，例如添加到配合饲料中的维生素、酶、微生态制剂等。目前解决方法主要是通过超量添加易损失活性成分，或制粒后喷涂的工艺解决。制粒是饲料加工厂重要的工序之一，颗粒饲料的质量受调制工艺及参数、制粒机质量及操作、冷却时间等因素影响。因此合理选择生产设备，确定科学合理的工艺参数非常重要。

6. 后喷涂工艺

由于饲料厂设备中越来越多地采用热加工设备，如膨化机、挤压机或其他高温短时加工设备，使饲料在制粒、挤压和膨化过程中受温度、水分和压力的强烈作用，会破坏维生素、酶制剂、微生态制剂及其他添加剂的一部分功效。而后置添加技术就是解决这一问题的新技术，即将热敏感性营养物质放在热加工工序的后面添加。这样可以使热敏感性微量组分免受热加工的损害，减少这些组分的添加量，可降低生产成本。

7. 包装工艺

包装工艺对饲料质量也有很大的影响，例如包装秤的工作是否正常、其设定的重量与包装要求的重量是否一致、计量是否准确等，都直接影响着产品的质量。因此，包装人员应定期检查包装秤的准确性，核查被包装的饲料和包装袋及标签是否准确无误，应随时注意饲料的外观，发现异常及时处理，要保证缝包质量，不能漏缝和掉线，确保包装袋有良好的密封性。

8. 饲料贮藏工艺

饲料贮藏工艺也直接影响饲料产品的质量，这就需要有良好的仓储条件和正确的贮藏方法，保证饲料不发霉、不腐败变质。贮藏饲料的仓库应该不漏雨、不潮湿、门窗齐全、防晒、防热、防太阳辐射、通风良好、干净卫生；不要把饲料同有毒物品放在一起，禁止与化肥、农药以及有腐蚀性、易潮湿的物品放在一起。

【本章小结】

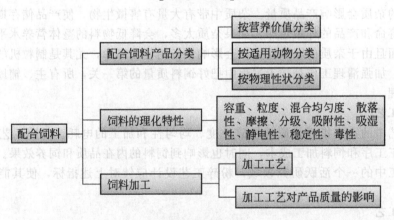

【复习思考题】

1. 配合饲料按营养价值可以分为哪些类型？说明它们之间的关系。
2. 与其他形态的饲料相比，颗粒饲料有哪些优缺点？
3. 如何测定颗粒饲料的混合均匀度？
4. 饲料加工工艺包括哪些环节？它们如何影响饲料产品的质量？

第二章　原料接收与清理

【知识目标】
- 熟悉原料接收与清理设备的构造及应用范围；
- 掌握原料接收的设备、工艺及其特点；
- 掌握原料清理的设备、工艺及其特点。

【技能目标】
- 能够操控、保养和维修原料接收与清理的设备。

第一节　原料的接收

原料接收是饲料厂生产的第一道工序，也是保证生产连续性和产品质量的重要工序。原料品种繁多，数量差异较大，包装形式各异，从而决定了原料接收方式的多样化。

一、原料接收的任务和要求

原料接收的任务就是将饲料厂所需的各种原料经一定的程序，入库存放或直接投入使用的工艺过程。原料接收能力必须满足饲料厂的生产需要，并采用适用、先进的工艺和设备，以便及时接收原料，减轻工人的劳动强度、节约能耗、降低生产成本、保护环境。考虑到饲料厂原料接收和成品输出的吞吐量特别大的特点，饲料厂接收设备的接收能力应该足够大，一般为饲料厂生产能力的3～5倍。饲料因原料形态、理化特性不同，包装形式各异（散装、袋装、瓶装、罐装等）而导致了原料接收工作的复杂性。要严格把握原料接收关，严禁不合格原料进入生产线，除按既定的《原料采购标准》和由饲料厂确认的供应商供应原料外，还要选派责任心强、有经验的质检人员对所要接收的原料进行检验。

在接收原料时，应按原料采购标准及预定的供货渠道仔细认真核对进厂原料。查对包装，核实原料名称、品牌、含量、包装方式、包装完好程度、标签、生产日期、保质期、包装数量、饲料原料的实际重量；观察饲料原料的颜色、有无霉变和杂质、粒度、流散性、均匀一致性、口味、气味、手感（质地、温度）等，与典型的、正在使用的同类产品相比较，以初步确认原料质量。然后采集具有代表性的样本，根据原料的基本属性及某种特殊要求确定检测项目，对于新的、陌生的饲料原料（包括饲料添加剂在内），必须进行必要的安全评价（本身或外来贮存中可能产生的毒害物质），并检测能反映其属性的营养成分或其他主要成分。必要时还要做动物饲养试验（以了解其在配合饲料中的适宜用量、适口性、可加工性、可贮存性），甚至进行其他生物试验（对动物健康状况、生产性能的影响，以及动物对它的可消化性、可利用性等）。

原料接收的一般程序：

原料运输 → 质量检验 → 称重计量 → 清理 → 计量 → 入库

二、原料接收设备

原料接收设备主要有：计量秤、下料坑、输送设备、清理设备、原料储存库。

1. 计量秤

(1) 地中衡 地中衡又称为地磅，它是称量汽车或畜力车载重量的衡器。按结构和功能分为机械式、机电结合式和电子式3类，以机械式为最基本型。机械式和机电结合式的秤体安放在地下的基坑里，秤体表面与地面持平；电子式的秤体直接放在地面上或架在浅坑上，秤体表面高于地面，两端带有坡度，可移动使用，又称无基坑汽车衡。

① 机械式地中衡 由承重台、第一杠杆、传力杠杆、示准器、小游砣、大游砣、计量杠杆、平衡砣、调整砣和第二杠杆等部分组成。传力系统全部由杠杆组成，其中第一杠杆和第二杠杆安装在地面下的固定基础坑里。机械式地中衡是按照杠杆平衡原理设计的，由多组不等臂杠杆以并列和纵列形式联结为一体。除可获得较小的传力比外，还可使承重台面具有足够的长度和宽度，能容纳卡车或载重拖车进行称重。为保证同一重物放置在承重台任何一角所得示值的一致性，所有承重杠杆的臂比必须相等。

机械式地中衡可按读数装置分为计量杠杆式和度盘式两种。计量杠杆式地中衡的读数装置由主尺和沿主尺滑动的大游砣及副尺和小游砣构成。从主尺上可读取全称量范围内的读数，副尺全刻度相当于主尺的一个分度。根据大、小游砣的平衡装置所对应的刻度，指示出所称重物的质量。度盘式地中衡的读数装置由计量器、自动表头、指示机构、摆锤机构和阻尼器等组成。称重时，重力通过杠杆系统传递给摆锤机构使其重心升高，所增加的位能与外力自动平衡。平衡时，指针即在圆形刻度盘上直接指示出质量读数。整个过程无需工作人员操作。这种装置读数直观、计量速度快、效率高。

② 机电结合式地中衡 其具有计量杠杆或度盘式读数装置，并附有数字显示的大型衡器。按转换原理又可分为电阻应变式和光栅式两种。电阻应变式地中衡是在机械式地中衡的杠杆系统的基础上增加称重传感器、显示和打印设备等构成的。汽车进入承重台面后，通过杠杆系统将重力传递给计量箱内的计量杠杆，移动大、小游砣即可进行读数；与此同时又将重力传递给称重传感器，完成力-电转换和数字显示；打印机则完成自动记录。电阻应变式地中衡具有显示读数直观、可打印记录的优点，在临时停电时，可从机械秤上读数。光栅式地中衡是在机械式地中衡的度盘式读数装置的基础上，加装光栅作为机-光-电转换装置而构成的。光栅装置由光源、透镜组、主光栅、指示光栅及光电池等构成。称重时，被称物通过杠杆系统和钢带作用在单摆锤平衡机构上，使杠杆绕支点转动产生角位移，这时主光栅同步转动，并将角位移转变为相对应的莫尔条纹数。当主光栅与指示光栅之间有相对运动时，主光栅移过一条刻线，莫尔条纹也相应移过一个条纹。光电池上接受莫尔条纹的明暗变化，将其转换成电压幅值的周期变化，即由光电读数头将条纹数转变为电脉冲数，实现力-电转换。最后通过显示器显示出所称的量值。

③ 电子式地中衡 通常采用多个传感器结构，是一种易于拆卸、运输，并能在指定地点迅速组装的大型衡器。电子式地中衡由承重台、传力机构、限位机构、接线盒、剪切式低外形传感器、显示控制器等部分组成。承重台由主梁、横梁和铺设在它们之间的承重钢板以及副梁等构成网格状结构，主梁在上方，能降低台面距地面的高度和缩短秤两侧引道长度。传力机构是将被称物体的重力传递给传感器的球形传力装置，它能防止侧向力和偏载带来的计量误差。限位机构可以允许承重台系统在一定范围内摆动，但限制它的水平位移。接线盒将多个传感器的输出信号叠加后送入显示控制器，并可通过调节保持每个传感器输出一致。剪切式低外形传感器具有高度尺寸小、对力的作用点的微小位置变化不敏感、抗侧向力强等

特点。显示控制器能根据来自传感器的载荷信号准确、迅速、稳定地显示出被称物质量值，并向传感器输出激励电流。电子式地中衡依称量可由4～6个传感器组成一次转换元件。通常用4个传感器分布在承重台下面的4个角上，构成一个传感器系统。为使4个传感器共用一个电源和提高抗干扰能力，4组电桥接成并联方式。电子式地中衡计量时用键盘操作，具有自动调零、停电保护、超载报警等功能，并可打印称重值、日期及时刻、次数、车号、总重、皮重、净重等。

地中衡用于以公路运输为主的饲料厂的自动车辆接收原料和发放产品的称量，是饲料厂原料、成品计量的重要设备，对进出工厂物料的数量起到监督作用，成为饲料厂必备的设备之一。地中衡一般安装于工厂大门一侧，距汽车转弯处10～20m，以保证汽车出入方便。当装载原料的汽车或空载的机动车驶上地中衡的承载台时，其重量数据可以及时、准确地显示出来。原料接收过程普遍使用地中衡，其称重传感器、底座等许多部件一般安装在地平面之下，而承重台一般与地平面的高度一致，以方便机动车的上下。地中衡应布置在地势高处，有时地中衡的承重面比地平面高10～50cm，以防止雨水进入设备内部而发生故障。广泛用于各种卡车和火车的发货和收货称重，可分别称出毛重、皮重和净重。

（2）台秤　台秤多用于包装原料进厂的称重，自动秤则适合于散装原料的称重。承重装置为矩形台面。台秤是通常在地面上使用的小型衡器，按结构原理可分为机械台秤和电子台秤两类。

① 机械台秤　利用不等臂杠杆原理工作。由承重装置、读数装置、基层杠杆和秤体等部分组成，如图2-1。读数装置包括增砝、砝挂、计量杠杆等。基层杠杆由长杠杆和短杠杆并列连接。称量时力的传递系统是：在承重板上放置被称物的4个分力作用在长、短杠杆的重点刀上，由长杠杆的力点刀和连接钩将力传到计量杠杆重点刀上。通过手动加、减增砝和移动游砝，使计量杠杆达到平衡，即可得出被称物质量示值。机械台秤结构简单，计量较准确，只要有一个平整坚实的秤架或地面就能放置使用。中国台秤产品的型号由汉语拼音

图 2-1　机械台秤　　　　图 2-2　电子台秤

字母T、G、T和一组阿拉伯数字组成，其中字母T、G、T分别表示台秤、杠杆结构、增砝式，阿拉伯数字表示最大称量（kg）。主要型号有TGT-50、TGT-300、TGT-500和TGT-1000。

② 电子台秤　由承重台面、秤体、称重传感器、称重显示器和稳压电源等部分组成，如图2-2。称量时，被测物重量通过称重传感器转换为电信号，再由运算放大器放大并经单片微处理机处理后，以数码形式显示出称量值。电子台秤可放置在坚硬地面上或安装在基坑内使用。具有自重轻、移动方便、功能多、显示器和秤体用电缆连接、使用时可按需要放置等特点。除称重、去皮重、累计重等功能之外，还可与执行机构联机、设定上下限以控制快慢加料，可作小包装配料秤或定量秤使用。

2. 下料坑

又称卸料坑、地坑，原料经下料坑进入原料接收或加工流程中。下料坑的形式和大小，应满足顺利投料的要求，且应设置良好的通风除尘系统。下料坑的上部尺寸与同时投料的人数相关，下部最小倾角不应小于60°。

3. 输送设备

详细介绍见第三章第一节。

4. 清理设备

详细介绍见本章第二节。

5. 原料储存库

原料储存库以料仓为例，其种类繁多，其结构和制造工艺也相差甚远，其中金属制料仓具有占地面积小，具备先进的装、卸料工艺，机械化程度高，能保证储存的物料质量等优点，成为工业用料仓中一个不可缺少的设备。料仓多用来储存固体松散物料，其形状多为圆筒形，料仓顶部为拱顶形或锥顶形，仓筒为圆筒形，料仓底部为仓壳锥体（也指斗仓、料斗）形。

料仓作为存放饲料的容器，通常为钢结构、碳钢结构或钢筋混凝土结构。构成料仓壳体的受力元件由仓壳顶、仓壳圆筒和仓壳锥体组成。仓壳顶和仓壳圆筒的结合部称肩部，仓壳锥体和仓壳圆筒的结合部称臀部，此两部分的结构根据料仓的不同大小和形状以及料仓使用的不同材质而有不同，设计者应根据实际情况采用不同的结构形式，以保证料仓具有足够的刚度和强度。

在饲料行业中广泛地使用料仓进行散体物料的接收、贮存、卸出、倒仓、料位指示等，起着平衡生产过程，保证生产连续进行，节省人力，提高机械化程度的作用。关于料仓的详细内容见第四章，这里不再赘述。

三、原料接收工艺

1. 原料的陆路接收

（1）散装接收工艺　散装汽车或火车入厂的原料，经汽车地中衡和火车轨衡称重后，自动卸入下料坑。然后将原料由水平输送设备、斗式提升机进行输送，再经清理、称量入库贮存或直接进入待粉碎仓或配料仓。包装接收时则由人工拆包并将料倒入接收料斗，输送进入工作塔。为了保证生产顺利进行，必须保证后道工序设备的处理能力大于前道工序能力的10％～15％。为使物料均匀地进入初清筛，保证初清筛流量稳定，在初清筛前要设置一缓冲仓。如图2-3为散装原料接收工艺。

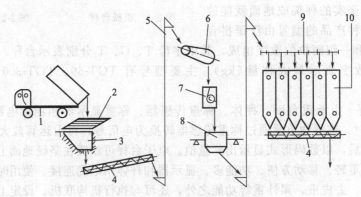

图 2-3　散装原料接收工艺

1—自卸汽车；2—栅筛；3—地坑；4—螺旋输送机；5—斗式提升机；

6—初清筛；7—永磁辊筒；8—电子秤；9—刮板输送机；10—料仓

汽车下料坑应配置栅筛，它既可保护人身安全，又可除去大的杂质。栅格间隙约为40mm。汽车下料坑有两种形式，即深坑和浅坑。由于坑的深度的差异，就有两种不同的除尘设计方法。对于大而深的坑，在栅格下面除尘有较好的效果；而浅坑则在栅格上面吸风效果较好。吸口应装设在坑内不会将物料吸入除尘系统的地方。安装一块固定的挡板，在卸料坑内建造一个原料不能流动的区域就可减少将原料吸入除尘系统的可能性。深坑一般每平方米每分钟的吸风量为 $45.72m^3$；浅坑的除尘点应选在车道两面地平面处，或者在辅助卸料坑情况下，吸尘点应放在格栅后面，一般系统设计吸风量在 $283\sim425m^3/min$。设计时要考虑封闭形式、吸尘罩离格栅的距离、格栅的面积以及车辆的卸料形式，确定最佳的吸风量。

（2）袋装接收　袋装原料接收有人工接收和机械接收两种。人工接收是用人力将袋装原料从输送工具上报入仓库、堆垛、拆包和投料，劳动强度大、生产效率低、费用高。机械接收是汽车或火车将袋装原料运入厂内，由人工搬至胶带输送机运入仓库，由机械堆垛；或由吊车从车、船上将袋吊下，再由固定式胶带输送机运入库内堆垛。机械接收生产效率高、劳动强度低，但一次性设备投资大。

2. 原料的水路接收

水路运输费用低，在有些地区是比较常用的运输形式。由于气力运输使用的吸管为软管，可适应水位的涨落，同时吸管可以前后左右移动，不受轮船的外形和大小限制，同时也保证了船舶内有良好的卫生条件和船体结构不被损坏，所以气力运输接收工艺非常适合于水路运输。

气力输送装置由吸嘴、料管、卸料器、关风器、除尘器、风机等组成。在风机风力作用下，吸料装置从船内将物料吸入卸料器，分离出的物料由关风器卸入后序的输送装置或贮料仓。气力输送装置可分为移动式和固定式两种。一般大型饲料厂宜采用固定式的，小型厂可采用移动式的。气力输送装置的优点是吸料干净，粉尘少，结构简单，操作方便，劳动强度低，缺点是能耗较高。

3. 液体原料的接收

饲料厂接收最多的液体原料是糖蜜和油脂。液体原料接收时，首先需进行检验。检验的主要内容有颜色、气味、密度、浓度等。经检验合格的原料方可入库贮存。

（1）糖蜜的接收　糖蜜的酸度在 5.5 以上，对钢板几乎没有腐蚀性，但在有水汽凝结于贮罐内壁时则会对罐壁造成腐蚀。在罐顶端要放置大口径的通气管，对于容积小的贮罐至少要设口径 10.0cm 的通气口两个。贮罐的底部应设置凹槽，吸出泵的吸管就置于凹槽的上面，以吸糖蜜。糖蜜的注入管也应伸到接近罐底，以减少注入时产生气泡。

寒冷地区必须进行贮罐保温，加热糖蜜，以降低黏度，便于输送。糖蜜加热至 48℃ 即局部开始焦化，所以须使用温水或用低于 0.1MPa 的蒸汽进行间接加热。糖蜜的输送可用螺旋泵。糖蜜罐进入厂内后，由厂内配置的泵送入贮罐，罐内有加热装置，使用时先加热，再用工作泵送到车间。

（2）油脂的接收　油脂的贮罐有斜底与锥底两种。斜底及锥底主要是为了集中沉积下来的砂杂和水分，使之从最低处排水口排出罐外。而油脂则由略高于底面的管子吸收，以除水污。油脂排出口对斜底罐应高于至少 15cm，有条件时最好 30cm；对于锥底罐则应设在高于圆锥部分。油脂中夹带水分从 0.5％ 增加到 3％ 时，油脂的氧化加速，质量下降，对罐壁的腐蚀力增强。所以贮罐一般由普通碳素钢制成，壁厚 3mm 左右。贮罐中一般都设置有加热蛇管，斜底罐的加热管配置，蛇管距罐底 15cm 为宜，油脂排出口距底最好 25cm，排水口在最低点。

油脂接收路线与糖蜜基本相同。油脂接收后，使用前加热至 $75\sim80$℃，如用泵循环，可提高加热速度，使加热时间缩短一半。对于内设搅拌器的贮罐要间隙搅动，搅拌器的选择与贮罐的容积有关。正常工作要经常检查，至少每三个月清洗一次，以防止沉淀物沉积过多。为了避免混合物料添加油脂后形成脂肪球（粉球），最好在混合机附近设置交换器，给油脂加热，使其保持在 60～90℃ 的范围内，降低油脂的黏性。如图 2-4 为液体原料接收工艺。

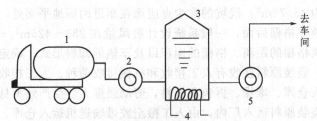

图 2-4　液体原料接收工艺

1—运输罐车；2—接收泵；3—贮罐；4—加热蛇管；5—输出泵

第二节　原料的清理

饲料谷物中常夹杂着一些沙土、皮屑、秸秆等杂质，少量杂质的存在对饲料成品的质量影响大，故需对饲料原料进行清理。由于成品饲料对含杂的限量较宽，所以饲料原料清理除杂的目的，不单是为了保证成品的含杂不要过量，而是为了保证加工设备的安全生产，减少设备损耗以及改善加工时的环境卫生。

一、原料清理设备的选择

饲料厂清理设备的选用是否适当，直接影响到原料的清理效果、成品的产量与质量、加工设备以及人员的安全、车间的环境卫生等方面。因此，原料的清理是一个十分重要的工段。进入饲料厂的原料，可分为植物性原料、动物性原料、矿物性原料和其他小品种的添加剂。其中动物性原料（如鱼粉、肉骨粉），矿物性原料（如石粉、磷酸氢钙）以及维生素、药物等的清理已在原料生产过程中完成，一般不再清理。饲料厂需清理的主要是谷物性原料及其加工副产品。糖蜜、油脂等液体原料的清理则在管道上放置过滤器等进行清理。

选择合适的清理设备应当考虑以下几个方面：

① 根据饲料清理的需要确定清理工段的工艺流程。

② 根据物料的性状，选择相应的设备，确定设备型号及参数。主要考虑颗粒料、粉料在粒度、散落性、容重等方面的差异。不同类型的清理筛对物料处理的适应性是不同的，如颗粒料的清理应选用圆筒初清筛，粉状料的清理应选用粉料清理筛等。

③ 清理设备的产量一般为车间成品生产能力的 2～3 倍。

④ 考虑设备的清理效果、运行可靠性，布置、安装、操作、维护的便利性。

⑤ 考虑设备生产厂的制造质量、价格、配件供应及售后服务情况等。

饲料厂的清理工作主要是去除原料中的大杂质和铁杂质，因此常用的清理设备有三种：栅筛、清理筛和磁选设备。

二、原料清理的方法

饲料加工厂常用的清理方法有两种：筛选法是用清理筛筛除大于及小于饲料的泥沙、秸秆等大杂质和小杂质的方法；磁选法是利用永磁铁或电磁铁等清理饲料中各种磁性杂质的方法。此外，在筛选以及其他加工过程中常辅以吸风除尘，以改善车间的环境卫生。

一般副料不需清理，但由于有些副料在加工、搬运、装载过程中可能混入杂物，必要时也需清理。清除这些杂物主要采取的措施：利用饲料原料与杂质尺寸的差异，用筛选法分离；利用导磁性的不同，用磁选法磁选；利用悬浮速度不同，用吸风除尘法除尘。有的采用单项措施，有的采用综合措施。

三、筛选清理

筛选是根据物料与杂质的宽、厚尺寸或粒度大小的不同，利用筛面进行筛理，小于筛面筛孔的物料穿过筛孔为清净物料（筛下物），大于筛孔的杂质不能通过筛孔而被清理出来（筛上物）。

1. 常用的筛理设备

（1）栅筛　栅筛是最简单的清理设备，设在投（下）料口处的栅筛是清理原料的第一道防线，仅用几根钢条焊接而成，但它是不可忽略的，栅筛如图 2-5 所示。其主要作用是初步清理原料中的大杂物，阻止泥块、石块、绳头等较大的杂质进入下料口，防止下料口及后道输送、加工设备的堵塞，保护后序设备和工人安全。栅筛是第一道清理设备，几乎每一个投料口都要设置它，如主车间、主副料的投料口、配料秤旁添加剂的人工添加口等。栅筛的间隙是根据物料几何尺寸而定的，玉米等谷物原料和其他粉状副料投料口的栅筛间隙应为 30mm 左右，油饼粕

图 2-5　栅筛

因其散落性较差应为 40mm 左右。同时应保证栅筛有一定强度，通常用厚 3mm、宽 2cm 的扁钢或 ϕ10mm 的圆钢焊成。应将其固定在投（下）料口上，并保证有 8°~10°的倾角，以便于袋中物料倾出，减少工人的劳动强度。汽车卸料的栅筛由厚 4mm、宽 5cm 的钢板制作。在使用过程中，应及时对留在筛面上的大杂质进行人工清除，这样才能有效地发挥栅筛的作用。

将栅筛初步清理后的物料经绞龙或刮板直接输送至提升机。由于物料经栅筛一道清理程序，许多较短的麻绳、较小的麻袋片及其他一些杂质，很容易缠绕或卡住水平输送机械，致使这些设备的使用效率降低，重则烧毁电机，造成一定的经济损失。因此，在工艺设计中，应尽量避免将水平输送机械放在初清、磁选设备之前进行使用。下料斗的物料最好经溜管直接送至提升机。这样可将因杂质对输送设备造成的影响降低到最低程度。

（2）初清筛　饲料厂常用的初清筛有网带式初清筛、圆筒（或圆锥）初清筛。

① 网带式初清筛　它由网带、进出料口、沉降室、传动装置等组成，结构示意如图 2-6。其主要工作部件是网带。网带是由钢丝编织而成的方形筛孔（14mm×14mm 或 16mm×16mm，净宽），分段焊接在牵引链板上，仅作清理构件。

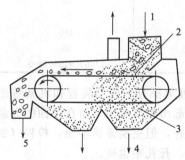

图 2-6　网带式初清筛结构示意
1—原料进口；2—网带；3—沉降室；
4—清净原料出口；5—杂质出口

工作时，传动机构驱动链板上网带不断运转，原料从进料口落下，并穿过上下网带而流向原料出口；不能穿过筛孔的大杂质被上网带送到杂质出口排出。粉尘由吸风排出。网带的清理一般用刷子清理筛面和用刮刀切割麻绳等容易缠绕的纤维性杂质。

② 圆筒初清筛　国内目前使用较为普遍的是 SCY 系列圆筒初清筛。其广泛应用于饲料

厂、粮食加工厂、粮食立筒库及其他行业的原料接受清理。主要用于清除大的杂质如稻草、麦秆、麻绳、纸片、土块、玉米叶、玉米棒等杂物，以改善车间环境，保护机械设备，减少故障或损坏。该系列根据圆筒直径大小不同有 5 个产品，生产能力 10～80t/h。SCY 系列圆筒初清筛结构见图 2-7，本系列具有产量高、动力消耗少、结构简单、占地面积小、易于安装维修、调换筛筒方便等特点。

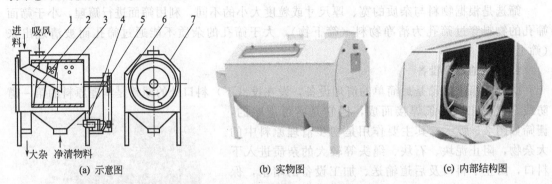

图 2-7　SCY 系列圆筒初清筛
1—进料管；2—螺旋片；3—筛筒；4—电动机；5—传动装置；6—清理刷；7—机架

　　该系列初清筛主要由冲孔圆形筛筒、清理刷、传动装置、机架和吸风口等部分组成。工作时原料由进料口经进料管进入筛筒内部，筛筒旋转时，穿过筛筒的筛下物从出口流出，通不过筛筒的大杂质在圆筒筛内部的导向螺带作用下，被引至位于进口通道下方的大杂口排出机外。导向螺带不仅有助于排出大杂废弃物，并且起到阻止物料同筛上物流出的作用。上设吸风口可与中央吸风系统连接，防止尘土飞扬。清理刷可以清理筛筒，防止筛孔堵塞。冲孔圆筛是主要工作部件，由主轴呈悬臂状支撑。整个筛筒分前后两段，靠近轴端的半段多用 20mm×20mm 方形孔，可使粒料较快地过筛；而靠近出杂口的半段常用 13mm×13mm 的较小方形筛孔，以防止较大杂质穿过这段筛孔而混入谷物中去。

　　以我国目前生产的 SCY-63 型圆筒初清筛为例，其主要技术性能参数见表 2-1。

表 2-1　SCY-63 型圆筒初清筛的主要技术特征

筛筒直径/mm	630	筛孔开孔率/%	58
筛理面积/m²	1.6	筛筒转速/(r/min)	20
筛孔大小/mm		吸风量/(m³/h)	480
前段	20×20	产量(玉米)/(t/h)	25
后段	15×15	外形尺寸/mm	1700×800×1200

　　③ 冲孔圆锥初清筛　它是由圆锥形冲孔筛筒、托轮、吸尘部分、传动装置和机架等组成的。原料从进料口进入圆锥筛小头内，谷物通过筛孔由底部出料口排出，留在筛面的大杂物由筛筒大头排出。该筛结构简单，产量较高，清理效果尚好，但更换筛筒不便，粒料（如玉米）冲击筛板面而噪声较大。筛面为编织筛，其噪声较低，开孔率也高。

　　目前使用的冲孔圆锥初清筛，筛筒直径（大头×小头）为 750mm×475mm，筛理面积 2.9m²，筛孔直径 15～20mm，筛面开孔率 45%，锥筒转速为 13～17r/min，配用风机的风量为 20.2m³/min。

　　④ 振动分级筛　振动筛机体可在一个平面内摆动或振动，如图 2-8。按其平面运动轨迹又分为直线运动、圆周运动、椭圆运动和复杂运动。振动筛按振动器的不同可分为单轴振动筛（圆振动筛）和双轴振动筛（直线振动筛）。单轴振动筛是利用单不平衡重激振使筛箱振动，筛面倾斜，筛箱的运动轨迹一般为圆形或椭圆形。双轴振动筛是利用同步异向回转的双

不平衡重激振，筛面水平或缓倾斜，筛箱的运动轨迹为直线。另外，振动筛也可分为惯性振动筛、偏心振动筛、自定中心振动筛和电磁振动筛等类型。

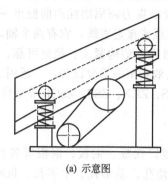
(a) 示意图

(b) 实物图

图 2-8 振动分级筛

a. 振动筛的构造　振动筛一般由振动器、筛箱、支承或悬挂装置、传动装置等部分组成。单轴振动筛和双轴振动筛的振动器，按偏心重配置方式区分一般有两种形式。偏心重的配置方式以块偏心形式较好。筛箱由筛框、筛面及其压紧装置组成的。筛框是由侧板和横梁构成的。筛框必须要有足够的刚性。振动筛的支承装置有吊式和座式两种。座式安装较为简单，且安装高度低，一般应优先选用。振动筛的支承装置主要由弹性元件组成，常用的有螺旋弹簧、板弹簧和橡胶弹簧。振动筛通常采用三角带传动装置。振动筛的结构简单，可以任意选择振动器的转数，但运转时皮带容易打滑，可能导致筛孔堵塞。振动筛也有采用联轴器直接驱动的。联轴器可以保持振动器的稳定转数，而且使用寿命很长，但振动器的转数调整困难。

b. 振动筛的工作原理　振动筛是利用振子激振所产生的复旋型振动而工作的。振子的上旋转重锤使筛面产生平面回旋振动，而下旋转重锤则使筛面产生锥面回转振动，其联合作用的效果则使筛面产生复旋型振动。其振动轨迹是一复杂的空间曲线。该曲线在水平面投影为一圆形，而在垂直面上的投影为一椭圆形。调节上、下旋转重锤的激振力，可以改变振幅。而调节上、下重锤的空间相位角，则可以改变筛面运动轨迹的曲线形状并改变筛面上物料的运动轨迹。

振动筛工作时，两电机同步反向放置使激振器产生反向激振力，迫使筛体带动筛网做纵向运动，使其上的物料受激振力而周期性向前抛出一个射程，从而完成物料筛分作业。摇动筛是以曲柄连杆机构作为传动部件。电动机通过皮带和皮带轮带动偏心轴回转，借连杆使机体沿着一定方向作往复运动。

机体运动方向垂直于支杆或悬杆中心线，由于机体的摆动运动，使筛面上的物料以一定的速度向排料端移动，物料同时得到筛分。摇动筛与上述几种筛子相比，其生产率和筛分效率都比较高，缺点是动力平衡差。

c. 圆振动筛（单轴振动筛）　圆振动筛（圆振筛）做圆形运动，是一种多层数、高效新型振动筛。圆振动筛采用筒体式偏心轴激振器及偏块调节振幅，物料筛涡线长，筛分规格多，具有结构可靠、激振力强、筛分效率高、振动噪声小、坚固耐用、维修方便、使用安全等特点。圆振动筛主要由筛箱、筛网、振动器、减振弹簧装置、底架等组成。振动器在筛箱侧板上，一并由电动机通过联轴器或皮带带动旋转，产生离心惯性力，迫使筛箱振动。一般地，圆振动筛的振动器只有一个轴，所以又称单轴振动筛。圆振动筛筛箱的运动轨迹为圆或椭圆。筛网是主要易损件，根据物料产品和用户要求，可采用高锰钢编织筛网、冲孔筛板和橡胶筛板。筛板有单层和双层两种，各类筛板均能满足筛分效果的不同要求。筛面倾角的调整可通过改变弹簧支座位置高度来实现。圆振动筛主要用于各粒度物料的分级，一般倾斜安装，有座式和吊式两种，它工作可靠，筛分效率较高。YK 型、YA 型就属于这种振动筛。

d. 直线振动筛（圆振动筛）　振动筛工作时，两电机同步反向放置使激振器产生反向激振力，迫使筛体带动筛网做纵向运动，使其表面的物料受激振力而周期性向前抛出一个射程，从而完成物料筛分作业。直线振动筛筛箱的运动轨迹为直线或接近直线，它有两个轴，所以又称双轴振动筛。直线振动筛水平或倾斜安装，这类振动筛具有结构紧凑、稳定可靠、消耗少、噪声低、寿命长、振型稳、筛分效率高等优点，是一种高效新型的筛分设备，广泛用于各个行业领域。直线振动筛种类较多，主要有 DZSF、ZKS、TSS、ZKX、ZSS、ZSGB 等型号。

2. 筛面

（1）筛面的构造

① 冲孔筛　冲孔筛又称筛板，通常是在薄钢板、镀锌铁板、铝板、铜板等各种材质上用冲模冲出筛孔制成的。筛孔的形状有长孔、圆孔、三角孔、菱形孔、十字孔、鱼鳞孔、八字孔、六方孔、四方孔、五角孔、指甲孔、梅花孔、工字孔及其他异型孔等多种，如图2-9。筛面的厚度一般取决于筛孔的大小，筛孔小的筛面其厚度较薄，筛孔大的或受磨损剧烈的筛面应适当加厚，以使筛面有足够的强度。过厚的筛面，筛理时筛孔易于堵塞，过薄则强度不够，一般筛面的厚度为 0.5～1.5mm。

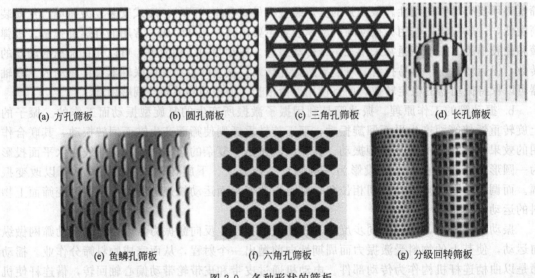

(a) 方孔筛板　　(b) 圆孔筛板　　(c) 三角孔筛板　　(d) 长孔筛板

(e) 鱼鳞孔筛板　　(f) 六角孔筛板　　(g) 分级回转筛板

图 2-9　各种形状的筛板

② 编织筛　编织筛可由不锈钢丝、镍丝、黄铜丝、化学合成丝等编织而成。编织筛的筛孔有长方形、方形两种。编织筛面所用金属丝的粗细，根据筛孔大小而定，一般直径在0.5～1.5mm 之间，粉料、粒料均可使用。编织筛见图 2-10。

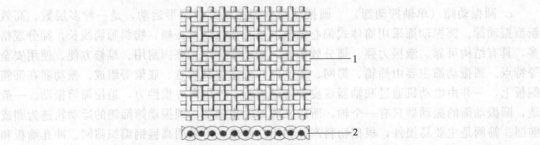

图 2-10　编织筛

1—编织筛面；2—编织筛的纬线

常用编织筛网材料的相对密度见表 2-2。

表 2-2 常用编织筛网材料相对密度表

材质	相对密度	材质	相对密度	材质	相对密度	材质	相对密度
不锈钢	7.93	铜	8.93	金丝	19.32	钛丝	4.50
铁丝	7.86	紫铜	8.90	银丝	10.50	铝丝	2.70
锌丝	7.14	黄铜	8.50	铅丝	11.37	塑料	2.29
镀锌丝	7.85	磷铜	8.60	镍丝	8.90	化纤	1.70

（2）筛分原理　采用筛理机械可清除饲料中的杂质，也可进行饲料的分级筛理。筛理是根据物料粒子的粒形、宽、厚等方面的差别，使它们一部分通过筛面成为筛下物，另一部分留于筛面上成为筛上物，从而使饲料与杂质分离，达到去除杂质的目的，或供不同大小、不同形状的饲料分开，以进行分级处理。

采用圆孔筛或方孔筛，可按颗粒宽度不同进行分离。饲料颗粒或杂质的宽度小于筛孔直径，在筛面上滑动时，宽度小的物料到达孔中时颗粒竖立，顶端向孔下而穿过筛孔，成为筛下物；宽度大于筛孔直径的物料成为筛上物。选用长孔筛，可按颗粒厚度不同进行分离。厚度小于筛孔厚度的粒料或杂质，在筛面上滑动时，倾斜翻转而穿过筛孔，成为筛下物，厚度大于筛孔厚度者不能穿过筛孔成为筛上物。对于一些特别长的绳头、秸草等柔性杂质，在筛理时会挂在筛孔上，一般要由人工及时除去。

从物料过筛状况的分析中可得出筛理的必要条件是：颗粒在筛面上要有相对滑动；应过筛的颗粒要有机会接触到筛孔；如按宽度分离，则必须使欲过筛的颗粒直立起来进入筛孔；如按厚度分离，则必须使欲过筛的颗粒顺延筛孔长度，侧过身来进入筛孔。

将以上筛理必要条件归结为筛理三要素：①物料和筛面有相对运动；②需过筛物和筛面接触；③有合适的孔形和尺寸。

（3）筛面的开孔率　开孔率指筛面上筛孔总面积占有效筛理面积的百分率。其计算公式如下：

$$K = A_2/A_1 \times 100\%$$

式中　K——开孔率，%；

　　　A_2——有效筛理面积，m^2；

　　　A_1——筛孔总面积，m^2。

开孔率越大，物料过筛的机会越多，筛理效率就越高。筛孔合理的排列形式可以缩小孔间距，增大筛孔总面积，提高开孔率。

圆形筛孔有正方形和三角形两种排列方法，通过计算，在筛孔大小相同的情况下，三角形排列较正方形排列好，它具有较高的开孔率，并能保证筛面各方向强度的均一性。

四、磁选清理

1. 磁选清理的意义

在饲料原料及其加工过程中，往往会混入铁钉、螺栓、螺母、小铁块等磁性金属杂质。这类杂质如果不清除，不但会加速设备工作部件的磨损、损坏压模及烧毁电机、引起粉尘爆炸事故，而且还会造成人身伤害。饲料原料和成品中的金属杂质超过要求的允许含量，将影响畜禽的正常生长，也是饲养标准所不允许的。因此需清除饲料原料及其加工过程中混入的金属杂质。

将磁选器安置在初清筛后、粉碎机前，可有效地去除颗粒原料中的金属杂质，避免其对粉碎机造成损害。在制粒粉仓上都安置一磁选器，可有效地防止副料原料中混入的金属杂质进入制粒机对压模造成损害。在打包秤上都安置磁选器，此方法在工艺流程设计中并不常用，但对去除未经初清的副料原料中的金属异物，从而进一步提高及保障成品饲料的质量是很必要的。

2. 磁选清理的工作原理

磁选是利用饲料原料与磁性金属杂质在磁化率上的差异来清除磁性金属杂质的。因磁性金属具有极易被磁化的性质，混入饲料中的磁性金属杂质被磁化后，与磁场的异性磁极相互吸引而与饲料等物料分离。一般要求饲料中的磁性金属杂质去除率需大于95％。

磁选设备的主要工作组件是磁体（磁铁）。磁体有永磁体和电磁体（电磁铁）之分。电磁体能产生很强的磁力，可用于分离弱性杂质。但它需要激磁电源，结构复杂，价格较贵。永磁体在设计中常选用的磁选设备有两种，一种为永磁筒，另一种为永磁滚筒。前者体积小，占地面积也很小，无动力消耗，去磁效果也较为理想，但仅适用于几何尺寸较小的粉料、轻料，而且吸附的金属异物需人工定期清除。后者造价高，体积较大，但对于几何尺寸较大的饼粕、易结块的糠麸等物料也同样适用，虽有动力消耗，但可自动及时清除吸附的金属异物，在流程中的高位置设置更为适用，但在较小的饲料厂设计中限于资金、厂房面积等因素的限制，物美价廉的永磁筒更为常用。新型材料（钨锶铁氧体）做成的永磁铁，不需电力、不易退磁、使用方便、价格便宜，现已被广泛使用。

3. 常用的磁选设备

（1）简易磁选装置 根据物料通过的通道形状而设置各种形式的简易磁选器，如篦式磁选器、溜管磁选器等。

① 篦式磁选器 它是由永久磁环组成的磁栅，因形似篦格而得名，如图2-11。当物料流经磁铁栅时，料流中的磁性金属杂物被吸住，定期由人工清除。由于磁环组成的磁棒的磁场作用范围有限，两磁棒中心磁力弱，磁性金属杂质容易通过，使之除杂率不高。同时磁铁经常处于摩擦状态，退磁快、寿命短，吸附的铁杂物对物料流也有阻碍作用。但该磁选器结构简单、使用方便，常将它安装在粉碎机、制粒机等入料口处，作为其他磁选设备的一种补充。

② 溜管磁选器 它是将磁体（如马蹄磁铁）或简易磁选器安在一段接管上，物料通过溜管时铁杂质被磁体吸住，如图2-12。为了便于人工清理吸住的铁杂质，要安装便于开启的窗口并防止漏风。

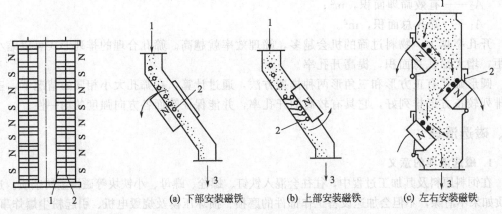

(a) 下部安装磁铁　　(b) 上部安装磁铁　　(c) 左右安装磁铁

图 2-11 篦式磁选器 　　　　　　 图 2-12 溜管磁选器

1—磁极；2—磁环 　　　　 1—物料入口；2—吸住的铁质杂物；3—清理物料出口

（2）永磁筒磁选器 它由内筒和外筒两部分组成，外筒与溜管磁选器一样，通过上下法兰连接在饲料输送管道上；内筒即磁体，它由若干块永磁铁和导磁板组装而成，即用铜螺钉固定在导磁板上。磁体的特点是磁极极性沿圆柱体表面轴向分段交替排列。磁体外部有一表面光滑而耐磨的不锈钢外罩，并用钢带固定在外筒门上，清理磁体吸附的铁质时可打开外筒门，使磁体转到筒外。永磁筒磁选器结构如图 2-13。永磁筒工作时，物料由进料口落到内筒顶部的圆锥体表面，向四周散开，随后沿磁体外罩表面滑落，由于铁质密度大，受到锥体表面阻挡之后弹向外筒内壁，在筒壁反力及重力作用下，沿着近于磁力线方向下落，故易被磁体吸住，而非磁性物料则从出料口排出，从而完成物料与铁杂质的分离，由于结构合理，磁性强，磁选效果好。

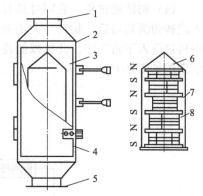

图 2-13　永磁筒磁选器
1—进料口；2—外筒；3—磁体；
4—外筒门；5—出料口；6—不锈钢外壳；
7—导磁板；8—磁铁块

磁筒分离出的铁杂吸于磁铁上，在不进料时，必须由人工排铁。生产中通常每班至少排铁一次。因此永磁筒安装的空间位置应让操作工容易到达进行排铁。永磁筒要保持良好的除铁效果，应保证通过的物料处于这样一种状态：物料均匀分散到磁铁的四周，能自由落下形成"料幕"。所以要注意以下几点：①磁筒安装的方向应竖直设置，并且进口前应有一段竖直料管（约 0.5m 长），使物料竖直进入永磁筒。②物料进入永磁筒应避免高速冲击，才能保持良好的除铁效果。如果铁杂经过很高的竖直管落下，以较高的速度冲入永磁筒，可能会吸不住。③避免永磁筒中的物料呈柱塞状流动。如待制粒仓和制粒机喂料器之间的物料流动状态可能就是柱塞流，此处如果安置永磁筒，铁杂将不能从堆积的料层中分离出来。永磁筒结构简单、造价低廉、操作方便、不需动力，适用于自动化程度不高的饲料厂。

（3）永磁滚筒磁选器　其结构示意图见图 2-14。永磁滚筒主要是由不锈钢板制成的外滚筒（外表面敷有无毒耐磨聚氨酯涂料作保护层）和半圆形的磁芯组成的。磁芯由锶钨铁氧体永久磁块和铁隔板按一定顺序排列成 170°圆弧形安装于固定轴上，其中铁隔板起集中磁通作用。永磁块分为八组排列，形成多极头开放磁路。磁芯圆弧表面与滚筒内壁间隙小于 2mm，以减少气隙磁阻。永磁滚筒的优点是工作时，调节好压力门，物料顺进料淌板流经滚筒时，铁杂被铁芯组所对滚筒外表面吸引，并随外筒转动而被带到无磁区，铁杂自动落下，由铁杂出口排去进入收集盒，而不是一直吸在磁铁上，被清理物料从出料口排出，不会因磁铁上累积吸附较多的铁杂而影响除铁效果。该设备需要较小的动力，一般在 0.55～1.1kW。现有产品产量范围（10～30t/h）比永磁筒小，价格是永磁筒的 2～3 倍。该设备在饲料厂中使用的广泛性稍低于永磁筒。

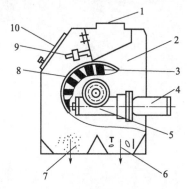

图 2-14　永磁滚筒磁选器结构
1—进料口；2—机壳；3—磁铁；4—电动机；5—减速器；
6—铁杂出口；7—净料出口；8—永磁滚筒；
9—供料压力门；10—观察窗

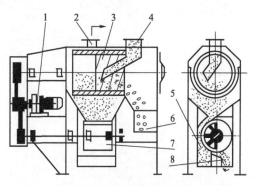

图 2-15　初清磁选机示意
1—减速电机；2—吸尘口；3—圆筒筛；4—进料口；
5—净料出口；6—大杂出口；7—永磁滚筒；8—铁杂出口

（4）初清磁选机　它同时具有初清和磁选两大功能，作业时，要清理的物料从进料口流入旋转的圆筒筛后，物料与大块杂质分离，物料经过永磁滚筒表面除去铁杂，净洁的物料由净料口流入下道工序。此机械能耗低、结构紧凑、占地小、操作维护更加方便。初清磁选机示意图见图 2-15。

【本章小结】

原料接收与清理
- 原料接收
  - 原料接收的任务与要求
  - 原料接收设备：计量秤、下料坑、输送设备、清理设备、原料储存库
  - 原料接收工艺：陆路接收、水路接收、液体原料接收
- 原料的清理
  - 筛选清理设备的选择
  - 筛选清理：常用的筛理设备、筛面
  - 磁选清理：磁选清理的意义、工作原理、常用的磁选设备

【复习思考题】

1. 不同饲料原料的接收工艺如何？
2. 饲料原料的清理方法有哪几种？如何进行清理操作？
3. 饲料厂常用的原料接收设备有哪些？
4. 饲料厂原料清理设备有哪几种？

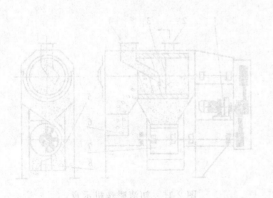

第三章　饲料输送与搬运

【知识目标】
- 掌握饲料输送设备的构造及应用范围；
- 掌握饲料输送的工作原理；
- 掌握饲料搬运的设备及应用范围。

【技能目标】
- 能够操控、保养饲料输送与搬运设备。

第一节　饲料的输送

饲料厂常用的输送设备主要包括：皮带输送机、刮板输送机、螺旋输送机、斗式提升机、溜管（或溜槽）、气力输送机等。

一、皮带输送机

皮带输送机也叫带式输送机或胶带输送机，是组成有节奏的流水作业线所不可缺少的经济型物流输送设备，皮带输送机如图 3-1 所示。

1. 特点

皮带输送机的输送带根据摩擦传动原理而运动，具有输送量大、输送距离长、输送平稳、物料与输送带没有相对运动、噪声较小、结构简单、维修方便、能量消耗少、部件标准化等优点，因而皮带输送机广泛应用于各个行业的输送和生产流水线，能方便地实行程序化控制和自动化操作。

图 3-1　皮带输送机

利用输送带的连续或间歇运动来输送粉状、颗粒状饲料，其运行高速、平稳，噪声低。它使用形式多样，可以单台输送，也可多台组成或与其他输送设备组成水平或倾斜的输送，以满足不同布置形式的作业线需要。

2. 构造

皮带输送机主要由机架、输送皮带、皮带辊筒、张紧装置、传动装置等组成。机身采用优质钢板连接而成，由前后支腿的高低差形成机架，平面呈一定角度倾斜。机架上装有皮带辊筒、托辊等，用于带动和支承输送皮带。有减速电机驱动和电动滚筒驱动两种方式。输送带有橡胶、橡塑、聚氯乙烯（PVC）、聚氨酯（PU）等多种材质，除用于普通物料的输送外，还可满足耐油、耐腐蚀、防静电等有特殊要求物料的输送。

3. 工作原理

皮带输送机工作时可以把皮带上的物料，通过称重秤架检测重量，以确定胶带上的物料重量；装在尾部的数字式测速传感器，连续测量给料机的运行速度，该速度传感器的脉冲输出正比于给料机的速度；速度信号与重量信号一起送入给料机控制器，控制器中的微处理器进行处理,产生并显示累计量/瞬时流量。该流量与设定流量进行比较,由控制仪表输出信号控制皮带输送机,从而实现定量给料的要求。

二、刮板输送机

刮板输送机见图 3-2、图 3-3。

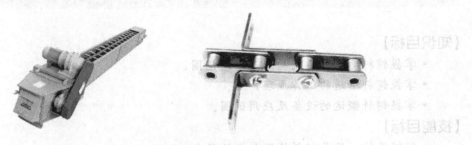

图 3-2 刮板输送机实物图与链条

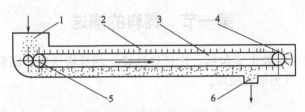

图 3-3 刮板输送机示意图

1—进料口;2—刮板链条;3—托架;
4—驱动轮;5—张紧轮;6—出料口

1. 特点

刮板输送机结构简单、重量轻、体积小、密封性强、安装维修方便。它的工艺布置灵活,可以多点卸料及实现定量输送。由于壳体是封闭的,在输送有毒粉尘产生量大的物料时,对改善工人的操作条件和防止环境污染等方面都有突出的优点。缺点是空载功率消耗较大,为总功率的 30% 左右;不宜长距离输送;易发生掉链、跳链事故;消耗钢材多,成本大。

例如,埋刮板输送机广泛适用于港口、码头、粮油、食品、饲料等行业和部门。该设备常用于水平输送颗粒和粉状物料,亦能在 150°角范围内作倾斜输送。因此,在单点进出料基础上,也可多点进料,多点出料,具有整机寿命高、运行平稳、结构尺寸小、输送量大、能耗低、物料破损率低等特点。它是在封闭的机壳内借运动着的链条刮板与物料的摩擦将物料连续输出,运行时埋于被输送物料中固接在牵引链上的刮板在封闭的料槽中输送散状物料的输送机。这种输送机的牵引链和刮板都埋入物料中,刮板只占料槽的一部分断面,物料占料槽的大部分断面。它能水平、倾斜或垂直输送物料。水平输送时,所用刮板为平条形,利用埋入散料的链条和刮板对散料层的切割力大于槽壁对散料阻力的原理,使散料随刮板一起向前移动,此时移动的料层高度与槽宽之比在一定的比值范围之内,物料流是稳定的。埋刮板输送机在垂直提升时,物料受到刮板链条在运动方向的压力,在物料中产生横方向的侧面压力,形成了物料的内摩擦力。同时由于下水平段的不断给料,下部物料相继对上部物料产生推移力。这种摩擦力和推移力足以克服物料在机槽中移动而产生的外摩擦阻力和物料自身的重量,使物料形成了连续整体的料流而被提升。

2. 构造

各种类型的刮板输送机的主要结构和组成的部件基本是相同的，它由机头、中间部和机尾部等三个部分组成。此外，还有供推移输送机用的液压千斤顶装置和紧链时用的紧链器等附属部件。机头部由机头架、电动机、液力耦合器、减速器及链轮等件组成。中部由过渡槽、中部槽、链条和刮板等件组成。机尾部是供刮板链返回的装置。重型刮板输送机的机尾与机头一样，也设有动力传动装置，从安设的位置来区分叫上机头与下机头。

刮板输送机的相邻中部槽在水平、垂直面内可有限度折曲的叫可弯曲刮板输送机。其中机身在工作面和运输巷道交汇处呈90°弯曲设置的工作面输送机叫"拐角刮板输送机"。

3. 工作原理

刮板输送机是一种在封闭的矩形等形状断面的壳体内，借助于运动着的刮板链条连续输送散装饲料的运输设备。在水平输送时，饲料受到刮板链条在运动方向的压力及饲料自身重量的作用，在饲料间产生了内摩擦力。这种摩擦力保证了料层之间的稳定状态，并足以克服饲料在机槽内的移动而产生的外摩擦阻力，使物料形成整体料流而被输送。

三、螺旋输送机

螺旋输送机俗称绞龙，是一种用于短距离水平或垂直方面输送散体物料的连续性输送机械。螺旋输送机见图3-4、图3-5。

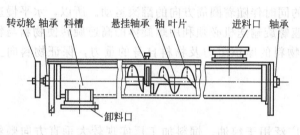

图 3-4　螺旋输送机示意图　　　　图 3-5　螺旋输送机实物图

1. 特点

螺旋输送机具有结构简单、制作成本低、密封性强、操作安全方便等优点，中间可多点装、卸料。螺旋输送机输送过程中还可对饲料进行搅拌、混合、加热和冷却等作业，通过装卸闸门可调节饲料流量，但不宜输送易变质的、黏性大的、易结块的及大块的饲料。输送过程中饲料易磁碎、螺旋及料槽易磨损，单位功率较大，使用中要保持料槽的密封性及螺旋与料槽间有适当的间隙。垂直螺旋输送机适用于短距离垂直输送，可弯曲螺旋输送机的螺旋由挠性轴和合成橡胶叶片组成，易弯曲，可根据现场或工艺要求任意布置，进行空间输送。

2. 构造

螺旋输送机主要由螺旋体、轴承、料槽、进出料口和驱动装置等部分组成。刚性的螺旋体通过头、尾部和中间部位的轴承支承于料槽，形成可实现物料输送的转动构件，螺旋体的运转通过安装于头部的驱动装置实现，进出料口分别开设于料槽尾部上侧和头部下侧。

螺旋体是螺旋输送机实现物料输送的主要构件，它由螺旋叶片和螺旋轴两部分构成。螺旋叶片为螺旋形空间曲面，它是由一直线绕轴同时作旋转运动和直线运动形成的，常用的叶片有满面式（实体式）和带式两种形式。按叶片在轴上的盘绕方向不同可分为右旋和左旋两种（逆时针盘绕为左旋，顺时针盘绕为右旋）。螺旋体的几种类型见图3-6。螺旋体输送物料方向由叶片旋向和轴的旋转方向决定，具体确定时，先确定叶片旋向，然后按左旋用右

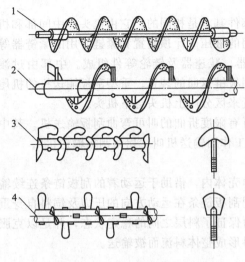

图 3-6　几种形式的螺旋体
1—满面式；2—带式；3—弯月式；4—橹桨式

手、右旋用左手的原则，四指弯曲方向为轴旋转方向，大拇指伸直方向即为输送物料方向。同一螺旋体上如有两种旋向的叶片，可同时实现两个不同方向物料的输送。螺旋轴通常采用直径 30～70mm 的空心钢管。

轴承是安装于机槽用于支承螺旋体的构件，按其安装位置和作用不同有头部轴承、尾部轴承和中间轴承。头部轴承主要由向心推力轴承、轴承座、轴承盖、油环等部分组成，它安装于头部卸料端，承受径向力和轴向力，所以其轴承应采用向心推力轴承；尾部轴承安装于尾部进料端，只承受径向力，采用向心球面轴承，结构较简单；对于螺旋轴在 3m 以上的螺旋输送机，为了避免螺旋轴发生弯曲，应安装中间轴承，中间轴承一般采用悬吊结构，且其横向尺寸应尽可能小，以免造成物料堵塞。

3. 工作原理

螺旋输送机输送物料时利用固定的螺旋体旋转运动伴随的直线运动推动物料向前输送，物料呈螺旋线状向前运动，在向前输送的同时伴随着圆周方向的翻滚运动。所以，水平慢速螺旋输送机的转速不能太大，而垂直快速螺旋输送机必须利用螺旋体的高速旋转使物料与料槽间形成足够的摩擦力，以克服叶片对物料的摩擦阻力及物料自身的重力，保证物料向上输送。

四、斗式提升机

斗式提升机简称斗提机，它是一种广泛用于粮油、饲料加工厂实现较大垂直方向颗粒状、粉状散体物料输送的机械输送设备。斗式提升机的结构和实物见图 3-7。

1. 特点

斗式提升机驱动功率小，采用流入式喂料、诱导式卸料、大容量的料斗密集型布置，在物料提升时几乎无回料和挖料现象，因此无效功率少；提升范围广，这类提升机对物料的种类、特性要求少，不但能提升一般粉状、小颗粒状物料，而且可提升磨琢性较大的物料；密封性好，环境污染少；运行可靠性好，先进的设计原理和加工方法，保证了整机运行的可靠性，提升机运行平稳，因此可达到较高的提升高度。

2. 构造

斗式提升机主要由牵引构件（畚斗带）、料斗（畚斗）、机头、机筒、机座、驱动装置和张紧装置等部分组成。整个斗提机由外部机壳形成封闭式结构，外壳上部为机头、中部为机筒、下部为机座。机筒可根据提升高度不同由若干节构成。内部结构主要为环绕于

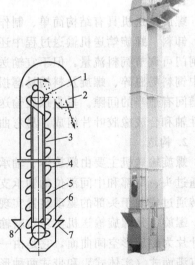

图 3-7　斗式提升机的结构和实物图
1—驱动轮；2—卸料口；3—提升带；4—畚斗；
5—提升管；6—张紧轮；7,8—进料口

机头头轮和机座底轮形成封闭环形结构的畚斗带，畚斗带上每隔一定的距离安装了用于承载物料的畚斗。斗提机的驱动装置设置于机头位置，通过头轮实现斗提机的驱动，用于实现畚斗带张紧，保证畚斗带有足够张力的张紧装置位于机座外壳上。为了防止畚斗带逆转，头轮上设置了止逆器；机筒中安装了畚斗带跑偏报警，畚斗带跑偏时能及时报警；底轮轴上安装有速差监测器，以防止畚斗带打滑；机头外壳上设置了一个泄爆孔，及时缓解密封空间的压力，防止粉尘爆炸的发生。

（1）畚斗带　畚斗带是斗提机的牵引构件，其作用是承载、传递动力。要求强度高、挠性好、延伸率小、重量轻。常用的有帆布带、橡胶带两种。帆布带是用棉纱编织而成的，主要适用于输送量和提升高度不大、物料和工作环境较干燥的斗提机；橡胶带由若干层帆布带和橡胶经硫化胶结而成，适用于输送量和提升高度较大的提升机。

（2）畚斗　畚斗是盛装输送物料的构件，如图3-8所示。根据材料不同，有金属畚斗和塑料畚斗。金属畚斗是用1～2mm厚的薄钢板经焊接、铆接或冲压而成的；塑料畚斗用聚乙烯塑料制成，它具有结构轻巧、造价低、耐磨、与机筒碰撞不产生火花等优点，是一种较理想的畚斗。常用的畚斗按外形结构可分为深斗、浅斗和无底畚斗，适用于不同的物料。畚斗用特定的螺栓固定安装在畚斗带上。

  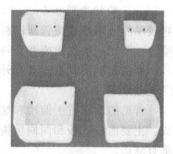

(a) 金属畚斗　　(b) 浅型聚乙烯畚斗　　(c) 深型聚乙烯畚斗

图3-8　畚斗

（3）头轮和底轮　头轮和底轮分别也叫驱动轮和从动轮，从动轮也起张紧作用，分别安装于机头和机座，它们为畚斗带的支承构件，即畚斗带环绕于头轮、底轮形成封闭环形的挠性牵引构件。头轮和底轮的结构与胶带输送机驱动轮和张紧轮相同。驱动轮实物如图3-9所示。

（4）机头　机头主要由机头外壳、头轮、短轴、轴承、传动轮和卸料口等部分组成。

（5）机筒　常用的机筒为矩形双筒式。机筒通常用薄钢板制成1.5～2m长的节段，节段间用角钢法兰边连接。机筒通过每个楼层时都应在适当位置设置观察窗，整个机筒中部设置检修口。

图3-9　驱动轮

（6）机座　机座主要由底座外壳、底轮、轴、轴承、张紧装置和进料口等部分组成。

3. 工作原理

斗式提升机工作时，料斗把物料从下面的储槽中舀起，随着输送带或链提升到顶部，绕过顶轮后向下翻转，斗式提升机将物料倾入接收槽内。带传动的斗式提升机的传动带一般采用橡胶带，装在下或上面的传动滚筒和上或下面的改向滚筒上。链传动的斗式提升机一般装有两条平行的传动链，上或下面有一对传动链轮，下或上面是一对改向链轮。斗式提升机一般都装有机壳，以防止斗式提升机中粉尘飞扬。

五、溜管与溜槽

溜管又称自流管，溜槽又称滑梯，它们是一种利用物料自身重力实现物料无动力降运的输送设备。溜管和溜槽是饲料加工厂生产过程中应用最广泛的一种特殊输送设备，溜管用于输送散体物料，溜槽用于包装物料的输送。生产工艺中几乎所有的物料降运都是依靠溜管完成的，它对生产工艺的连续性起着十分重要的作用。

1. 特点

溜管与溜槽结构简单，操作安全可靠，安装、维修、保养方便，不需动力，但输送距离受限制，只能由上向下输送物料。溜槽工作时对料包磨损较严重。为了改善输送物料效果，防止堵塞，也可在溜管上安装一振动机构（如振动电机），这种溜管称为振动溜管。溜槽底板上也可安装辊道，即辊道溜槽。

2. 构造

溜管一般采用薄钢板、木料或有机玻璃制成，其断面形状有圆形、方形和角形三种，较常用的是用薄钢板制成的圆形断面的预制管件。溜管安装时可采用预制的管件，根据其布置形式的要求任意连接固定。溜管件的壁厚按输送物料种类不同一般为：粒状物料 1.0～1.5mm，粉状物料 0.5～0.75mm。为了提高溜管的耐磨性，减小摩擦阻力，溜管内部可垫衬较厚的薄钢板或镀锌薄钢板。在溜管的适当部位应开设孔洞，并配以盖子，以便于观察和检修。溜管间的连接或溜管与楼板和设备的连接处均采用法兰边加固。

有机玻璃溜管由于具有外形美观、密封性好、耐磨、透明且制造方便等优点，目前正在广泛被采用。

常见的溜槽有平溜槽和螺旋溜槽两种。平溜槽一般用 30～50mm 厚的木板或用水泥制成，主要由一底板和两侧板构成。螺旋溜槽为一带侧边的垂直放置的螺旋体，可实现粮包的垂直降运。

3. 工作原理

溜管和溜槽输送物料时，溜管和溜槽的工作倾角不小于所输送物料对其的外摩擦角，输送的物料才能沿着溜管和溜槽的内壁向下运动。要保证物料在溜管或溜槽中稳定下滑，物料应作匀加速运动，这样在输送过程中物料的末速度将较大。为了减少物料的破碎和管件的磨损，特别是溜槽输送包装物料末速度太大易发生安全事故，可采取一些缓冲措施。溜管和溜槽内壁增设缓冲装置如图 3-10 所示，可采取保证一定的倾斜角度、中间加设弯头、溜管和溜槽内壁增设缓冲装置等来实现。

物料在不同断面形状溜管中工作面不同，物料所受外摩擦力不同。溜管的规格尺寸主要是指其横断面尺寸，对常用的圆形溜管即为溜管断面直径。溜管的规格尺寸应根据输送量确定。溜槽的规格尺寸主要是底板的宽度和侧板高度。一般情况下，底板宽度应较料包宽度大100mm，侧板高度应不小于粮包厚度的1/2。要保证物料的正常输送，同时，又尽可能控制物料下降末速度，必须合理地确定溜管和溜槽的最小工作倾角。溜管实际工作倾角是指溜管轴线与水平面之间的夹角。

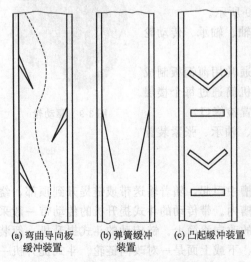

(a) 弯曲导向板缓冲装置　(b) 弹簧缓冲装置　(c) 凸起缓冲装置

图 3-10　溜管和溜槽内壁增设缓冲装置

六、气力输送装置

1. 工作原理

一是物料颗粒在垂直管道中的运动状态，在垂直输料管道中，物料颗粒的重力方向与空气动力的方向处于同一垂直直线上，但方向相反，只要气流的速度大于物料颗粒的悬浮速度，物料颗粒就会随气流向上运动，但在紊流气流中，因有与流向相垂直的分量存在，管道内的气流速度又是不均匀的，物料颗粒的形状通常也不规则，且物料相互间或与管壁间相互碰撞产生旋转，致使物料颗粒的运动呈不规则的曲线上升状态，在垂直输料管中，物料颗粒在管道内的分布基本是均匀的；另一种是物料颗粒在水平管道中的运动状态，在水平输料管道中，物料颗粒的重力方向与空气动力的方向相垂直，空气动力对物料的悬浮不起直接作用，但物料颗粒仍然能被悬浮输送，这是因为在气流水平动力的作用下，产生了几种不同的悬浮力来对抗重力，从而使物料被悬浮。

2. 输送方式

根据输送方式分为压送式气力输送、吸送式气力输送和混合式气力输送三种。

（1）压送式气力输送 压送式气力输送示意图见图 3-11。

在压气式气力输送装置中，物料的输送都在压气管道一侧进行。当通风机开动后，管道内的压力便高于大气压力。为了使料斗中的物料能进入管道中去，在这里装有供料器。物料进入管道后，即被气流输送至卸料器中，使物料与空气分离，并由关风器排出。空气则经除尘器净化后排入大气。输料管内的空气压力大于周围的大气压力，因此也叫正压输送或压送。因为输送空气的压力可以提高到风机额定的最高排气压力，所以即使输送条件有些变化，也能保持一定程度的适应性，适合于

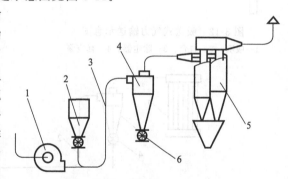

图 3-11 压送式气力输送示意图
1—风机；2—料仓；3—输料管；4—旋风分离器；
5—除尘器；6—关风器

高浓度长距离输送；将输料管分叉并安装切换阀，即可改变输送路线或同时向几个地方输送；整个装置内部处于正压状态，物料易从排料口排出。卸料器和除尘器结构较简单，但供料器结构较复杂；在输送过程中，灰尘容易飞扬；风机磨损小。

（2）吸送式气力输送 当风机开动后，在风机的吸气管道内造成一定的负压。这时，在管道外面的空气，就被大气不断地压入管道。与此同时，物料也被空气带动通过吸嘴进入管道，并被输送至卸料器。在卸料器中，物料和空气分离，然后从卸料器底部的关风器排出。空气则经除尘器和净化后进入风机，然后排入大气，或再经一道除尘器二次净化后再排入大气。

供料装置简单，能同时从几处吸取物料，而且不受吸料场地空间大小和位置限制；因管道内的真空度有限，故输送距离有限，由于输送气流的压力低于大气压力，水分容易蒸发，所以对水分多的物料比压气式容易输送；装置的密封性要求很高；当通过风机的气体没有很好除尘时，将加速风机磨损。吸送式气力输送示意图见图 3-12，吸送式气力输送装置吸粮机见图 3-13。

（3）混合式气力输送 如图 3-14 为混合式气力输送示意图。当风机工作时，物料由接料器（吸嘴）随气流沿吸气管道进入卸料器。物料与空气分离，从卸料器分离出来的空气沿

风管进入风机，并从压气管道排出。从卸料器分离出来的物料，经关风器（供料器）排出后，也进入压气管道，在这里与空气重新混合，混合式气力输送装置具有吸气式和压气式气力输送装置所有的特点，可以从几处吸取物料，又可把物料同时输送到几处，且输送距离较远，但是由于含料气体通过风机，使风机磨损加速，同时整个装置设备较复杂，维修难度大。

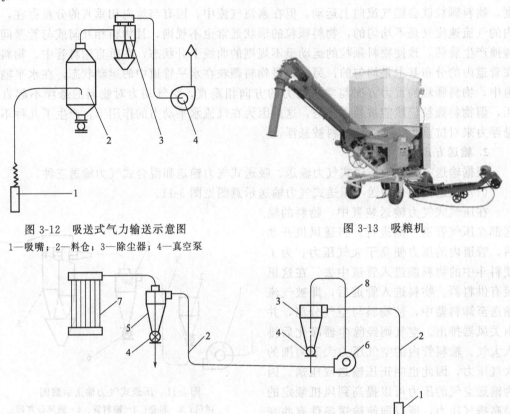

图 3-12　吸送式气力输送示意图

1—吸嘴；2—料仓；3—除尘器；4—真空泵

图 3-13　吸粮机

图 3-14　混合式气力输送示意图

1—接料器；2—输料管；3,5—卸料器；4—关风器；

6—风机；7—除尘器；8—回风管

3. 气力输送装置的主要设备

（1）接料器和供料器　接料器和供料器是使物料与空气混合并送入输料管的一种设备，是输送装置的咽喉。接料器的结构是否合理，直接影响整个输送装置的输送量、工作的稳定性和电耗的高低。所以，如何根据装置的不同工作条件，正确地设计和选用合理的接料器，是提高输送工作效果的重要环节。

接料器和供料器是使物料与空气混合并送入输料管的一种设备，是风运装置的咽喉。接料器的结构是否合理，直接影响整个风运装置的输送量、工作的稳定性和电耗的高低。所以，如何根据装置的不同工作条件，正确地设计和选用合理的接料器，是提高风运工作效果的重要环节。

对接料器结构的要求是：

第一，物料和空气在接料器中应能充分混合，即要使空气从物料的下方引入，并使物料均匀地散落在气流中，这样，才能有效地发挥气流的悬浮和推动作用，防止掉料。

第二，接料器的结构要使空气能通畅地进入，不致产生过分的扰动和涡流，以减少空气流动的能量损失。

第三，要使进入气流的物料尽可能与气流的流动方向相一致，避免逆向进料。在某些情况下，要使物料减速，或利用其冲力使其转向，这样，可以降低气流推动物料的能量消耗。

接料器有负压接料器和正压接料器（供料器）之分，前者用于吸气式风运装置，后者用于压气式风运装置。

① 负压接料器

a. 双筒形吸嘴　双筒形吸嘴主要用来直接吸取仓库内或车、船内的散装饲料，它由内筒和外筒两部分组成。内筒用来吸取物料，其直径与输料管直径相同。为了减少空气的进口阻力，内筒前端做成喇叭形。外筒是空气进入内筒的通道，使吸嘴埋入粮堆的，仍有足够的空气进入。外筒通常做成活动的，以调节内外筒下端面的间距，从而获得最大的吸取量。外筒具有提高物料吸入量和稳定吸引的作用。在风速为 30m/s 以下时，内外筒之间的环形面积大致与内筒的截面积相等。

b. 三通接料器　三通接料器是由供料溜管和风管两个基本部分组成的。根据风管放置位置的不同，有垂直三通接料器和水平三通接料器之分。

图 3-15 为一般垂直三通接料器。它由倾斜的矩形溜管和垂直风管以 40°左右角度接合而成。工作时，物料从圆形溜管下落，经圆方管和矩形溜管进入垂直风管。空气则从下端的喇叭管吸入，与物料混合并携带物料一起向输料管提升。为了使物料能顺着气流的方向落入并更好地与上升气流混合，矩形管的下端做成圆弧形，并在该处装一可调整的弧形板，板的尾端通常与水平成 45°的向上倾角。当物料沿矩形管下落时，通过弧形板，物料被冲散并折向上方。这样，物料就能均匀地与气流混合并在一开始就具有向上运动的力量，使物料的启动能量损失有所减少。压力活门可用来限制溜管中随同物料吸入的空气。因为这种空气是在物料的上方运动，过多地吸入这种空气，将会减少从物料下方的喇叭管吸入的空气量，以致托力减小，物料容易下落。风管的直径做成比输料管的直径略小，使其中的风速较高，有利于运输物料的启动和加速。

图 3-16 是垂直三通接料器的一种变形，具有较好的气体力学特性。物料沿矩形溜管下落，经弧形挡板转向并上冲，落入从进风口引入的气流中。弧形挡板是装在两边的弧形轨道

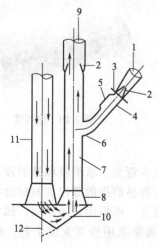

图 3-15　吸尘式三通接料器

1—溜管；2—变形管；3—插板；4—连接管；
5—观察管；6—导板；7—空气管；8—喇叭管；
9—输料管；10—进风箱；11—吸尘管；12—活门

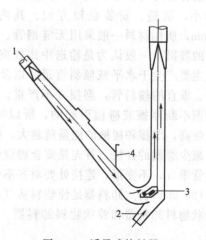

图 3-16　诱导式接料器

1—自溜管；2—进风口；3—观察窗；4—插板活门

中的，因此，可以根据物料下落的情况来调节其插入深度，使物料适当减速或顺着气流方向冲出。诱导式接料器不仅适用于粒状物料，也适用于粉状物料。

②正压供料器　在压气式风运装置中，由于输料管内的压力大于大气压，因此要使物料顺利地进入就必须依靠专门的供料装置，即所谓正压供料器（或叫喂料器）。正压供料器常用的有两种，即叶轮式供料器和收缩管供料器。

a. 叶轮式供料器　叶轮式供料器由叶轮和圆筒形外壳组成。外壳的上端为进料口，与料斗或管道连接。如图 3-17 为叶轮式供料器。当叶轮缓慢地转动时，物料不断地落入两叶之间的空隙中，并随着叶片旋转到下端的出口而排出，再进入输料管内输送。叶轮式供料器的排料量，一般在低转速即旋转叶片的圆周速度在一定的范围内时，与转速大致成正比。但超过某一转速，排料量反而下降。这是由于，当叶片的圆周速度超过某一数值时，叶片将物料飞溅开，使物料不能充分送入叶片之间，而已被送入叶片之间的物料，也可能未等下落，又被叶片带上的缘故。

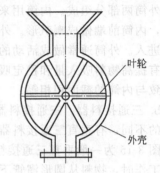

图 3-17　叶轮式供料器

b. 收缩管供料器　如图 3-18，它的结构简单，不要传动，适用于低浓度输送稻壳、麸皮、米糠、下脚料等物料，以及短距离输送饲料等。在供料斗前面的方形管段是逐渐缩小的，后面的管则逐渐扩大。管段与风机出口连接，管段与输料管连接。在导轨中装有可调节的闸板，以调节供料口下面的管道收缩截面的大小，亦即调节该处风速的大小，使其动压力增加到大于全压力，于是该处的静压力就变为负值，物料就可顺利进入。

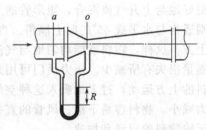

图 3-18　收缩管供料器
a—进口风压；o—出口风压

（2）输料管及弯头　输料管（如图 3-19 所示）是用来输送物料和空气混合物的管道，它通常连接在接料器和卸料器之间。输料管采用圆形截面，可使气流在整个截面上容易均匀分布，同时，其阻力亦比其他形状的管子为小，制造、安装也较方便。其内径一般为 60～300mm，所用材料一般采用无缝钢管、焊接钢管等。输料管的磨损，一般认为是输送中比较突出的问题，实际上这主要产生于水平或倾斜管道，以及弯头和变形管等部分。垂直的输料管，磨损并不严重。由于磨损是物料与壁面不断摩擦或碰撞引起的，所以物料的粒度越大，速度越高，摩擦和碰撞的能量就越大，磨损就越严重。

图 3-19　输料管

减少磨损的办法，首先是要合理设计输料管，尽量减少弯头、水平段和倾斜段。要保持输料管垂直，不变形，连接处要对齐不错位。必要时可在容易磨损的部位加衬耐磨材料。

（3）卸料器　卸料器是使物料从气流中分离出来的设备。根据用途的不同，卸料器可分为粉状物料卸料器和粒状物料卸料器。粉状物料卸料器通常采用沙克龙除尘器。对它的要求是：

第一，分离效率要高。这对颗粒状物料如小麦、稻谷等来说，是比较容易做到的，但对粉状的物料，要完全分离就较困难。

第二，性能要稳定。即当输送条件稍有变化时（例如风量或浓度发生变化），也要具有稳定的分离能力。

第三，结构要简单，体积要紧凑。容易磨损的部位能拆卸更换，检查维修要方便。

下面介绍几种形式的粒状物料卸料器。

① 箱式卸料器 最简单的箱式卸料器（图 3-20）是一个以木条或角钢为框架并镶嵌玻璃的三角形箱子。垂直提升的料粒和空气由输料管经变形管冲向圆弧形顶盖，然后折向沉降室。由于圆弧形顶盖对料粒的碰撞和摩擦，以及沉降室体积的扩大，使料粒失去原来的运动速度，并在自身重力的作用下向下降落，流经挡板，而从出风口经关风器排出。料粒中的灰尘和一部分轻杂质，则随同气流从出风管吸出，然后去除尘器收集。在圆弧形顶盖内壁，可涂糊金刚砂以减少磨损。这种箱式卸料器，结构简单，阻力较小，工作稳定可靠，但分离轻杂质的效果较差。

自输料管经变形管进入卸料器。此时，空气立即转弯向倾斜风道流动。饲料颗粒则依靠其惯性力冲向圆弧形顶盖，然后落入沉降室底部的挡板上。当料粒经压力门均匀流出并进入垂直风道时，与从风道来的空气相遇。此时，空气穿过料流，将料粒中夹杂的灰尘、皮壳等轻杂质带走。由于这种卸料器能利用气流对料粒进行风选，所以它在完成卸料任务的同时，还具有较好的分离轻杂质的效果。

② 弯头式卸料器 饲料颗粒与空气的混合物由输料管经变形管进入矩形弯头（图 3-21）。在弯头中，饲料颗粒继续靠气流的带动和自身的惯性力前进，并滑向集料斗。空气和轻杂质则经出风管吸出。由于顶部圆弧较大，弯头式卸料器物料对圆弧的冲击角较小，破碎率就较低，所以常被用于碾米厂的气力输送装置中。其缺点是，分离轻杂质效果较差。

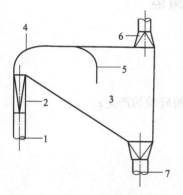

图 3-20 箱式卸料器

1—输料管；2—变形管；3—沉降室；
4—圆弧形顶盖；5—圆弧挡板；
6—出风口；7—排风口

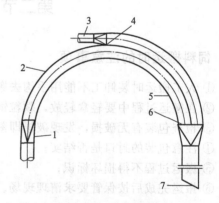

图 3-21 弯头式卸料器

1—渐扩管；2—矩形弯头；3—出风口；
4—压力门；5—调风阀；
6—调节板；7—集料斗

③ 旋风分离器 旋风分离器又称沙克龙，是对利用离心力将颗粒从气流或液流中分离出来的装置的统称。在饲料、粮油工业领域，旋风分离器都是最有效、最经济的除尘设备。图 3-22、图 3-23 分别为旋风分离器的示意图与实物图。

旋风分离器主体上部是圆筒形，下部是圆锥形，进气管在圆筒的旁侧，与圆筒作切线，含尘粒气体在旋风分离器的进气管沿切线方向进入分离器内作旋转运动，尘粒受到离心力的作用而被甩向四壁，再经圆锥落入灰斗，干净的气体则由排气管排走，从而达到分离的目的。

④ 闭风器 闭风器又叫关风器，是使卸料器或除尘器在有压力差的情况下，能够顺利

地排出物料，而又不致泄漏空气的一种设备。关风器是气力输送装置中十分关键的设备。它要求有良好的气密性能，排料要连续可靠，不易破碎物料，外形尺寸要小，特别是高度要低。常用的关风器有需要传动的叶轮式关风器和不需传动的料封压力门关风器等。叶轮式关风器的结构及性能与叶轮式供料器相同。料封压力门关风器（简称压力门）如图 3-24 所示。它是依靠堆积一定高度的物料来保持气密要求的。它的结构简单，制作方便，不需传动；缺点是需要有较高的垂直高度，否则容易漏风，对于粉状物料效果较差。

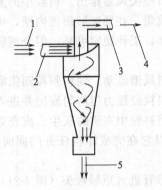

图 3-22　旋风分离器的工作示意图
1—饲料与气体混合物；2—进风管；
3—排风管；4—空气；5—饲料

图 3-23　旋风分离器实物图

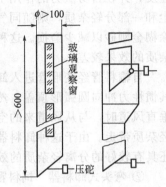

图 3-24　料封压力门关风器

第二节　饲料的搬运

一、饲料搬运时的注意事项

① 人工搬运时装卸工不能用手钩去搬运；

② 在搬运过程中要轻拿轻放，颗粒饲料尽量减少粉碎粒的产生；

③ 检查包装有无破损，发现破损即刻就地解决；

④ 注意包装的封口是否结实；

⑤ 搬运过程不得损坏标识；

⑥ 搬运完成后按保管要求清理现场。

二、饲料搬运的设备

为了便于存放和管理袋装饲料原料、袋装成品饲料，需要对它们堆垛贮存，此时需要应用一些搬运机械设备，如皮带式输送机、袋装专用叉车（转运机）等。首先要在房式仓或储料台的地面上垫上一层托盘或垫板，然后将袋装饲料整齐地码在上面，当高度增加到工人操作不便时，要借助皮带式输送机进行搬运。有条件的可以使用摞包机（又称叠包机、堆垛机、码垛机），它是货运、仓库集货技术领域广泛使用的一种产品，其主要特点是采用液压缸通过链条传动带动叉式底板升降，集摞由传送带机运输出的袋装物料。当袋装物料集摞好后，使用与摞包机配套的叉车直接从叉式底板上铲起袋装物料，完成搬运过程，省去了人工搬运摞包的辛苦，同时也节约了人力成本，因此具有传动平稳、集货稳定、生产效率高等显著优点。摞包机每次成摞 20～30 袋。摞包机不受产量限制，每台摞包机供 2～4 台叉车。摞包机如图 3-25 所示，袋装专用叉车如图 3-26 所示。

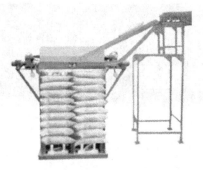

图 3-25 摞包机

图 3-26 袋装专用叉车

【本章小结】

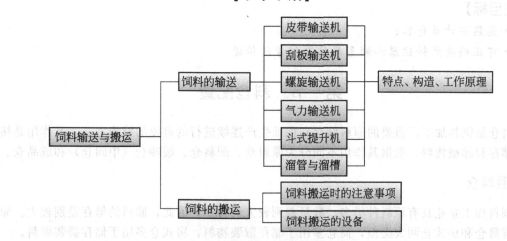

【复习思考题】

1. 举例说明饲料输送装置的特点、构造、工作原理如何？
2. 举例说明饲料输送装置的输送方向是怎样的？
3. 对接料器和供料器结构的要求是怎样的？
4. 饲料搬运时的注意事项有哪些？

第四章 料仓配置

【知识目标】
- 掌握料仓的种类、形式；
- 掌握料仓料位器的种类及要求；
- 掌握料仓常用的防破拱的方法。

【技能目标】
- 能熟练计算仓容；
- 可正确安装料位器和测量料位器信号的传递。

第一节 料仓配置

料仓是饲料加工厂重要的原料储存和保证生产连续进行的重要的设施之一，其作用是接收、储存和卸载物料。根据其作用不同分为原料仓、配料仓、缓冲仓（中间仓）和成品仓。

一、原料仓

饲料加工企业具有原料种类多、数量差别较大的特点，因此，原料的储存差别较大。原料仓有筒仓和房式仓两大类型，筒仓多用于储存散装物料，房式仓多用于储存袋装原料。

1. 筒仓

筒仓多用钢筋水泥、钢板制作，多为圆筒形，大型饲料厂多采用，它具有节约占地面积、减少劳动力、提高机械化程度、吞吐量大、进行倒仓、防止物料变质的优越性。

立筒仓仓容计算：

$$Q = \frac{\pi}{4} D^2 H \gamma \tag{4-1}$$

式中　Q——筒仓容量，t；

　　　D——筒仓内直径，m；

　　　H——筒仓筒体高度，m；

　　　γ——储存物料容重，t/m³。

2. 房式仓

房式仓多用砖混结构、钢结构、钢筋混凝土结构，具有建筑成本低的特点，多用于中小型饲料厂。其仓容一般用仓库面积来表示，计算公式为：

$$F = \frac{1000Qf}{nqy} \tag{4-2}$$

式中　F——仓库面积，m²；

　　　Q——需要的仓容，t；

　　　f——一个饲料包占地面积，m²；

　　　n——堆包层数；

q——每包重量，kg；

y——仓房面积利用系数。

3. 饲料厂原料仓仓容大小的确定

原料仓仓容的大小决定于其生产规模、工艺要求、保证连续正常生产等几方面，一般而言，我国饲料企业大宗原料储存量不超过 30d，其他原料视情况而定。原料仓容积为：

$$V = \frac{Q\eta T}{K\gamma}$$

(4-3)

式中　V——原料仓容积，m³；

　　　η——某种原料占配合饲料的百分率，%；

　　　Q——饲料厂生产能力，t/d；

　　　T——储存时间，d（根据原料来源而定，一般为 15～30d）；

　　　K——仓有效容积系数，$K = 0.85$；

　　　γ——物料容重，t/m³。

二、配料仓

配料仓是饲料加工企业使用最多的一种料仓，是配料工段重要的组成部分，通常采用热轧钢板制造，具有建造快、维修费用低、表面滑动性好、耐磨、容易改装等优点。

配料仓由仓体和料斗（或斗仓）两部分组成，料斗是配料仓结构的核心；料斗与卸料口的形状及位置对于物料在料仓中的流动至关重要，料斗的形状和卸料口的位置决定着物料通过料斗的能力。

1. 料斗的形式

料斗有对称料斗、非对称料斗、鼻形料斗、凿形料斗、二次料斗和曲线料斗等形式（如图 4-1）。

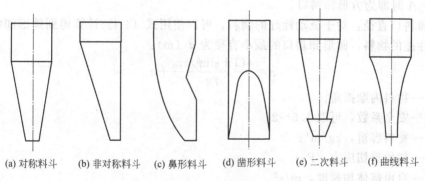

(a) 对称料斗　(b) 非对称料斗　(c) 鼻形料斗　(d) 凿形料斗　(e) 二次料斗　(f) 曲线料斗

图 4-1　料斗的形式

（1）对称料斗　是两边对称的，物料向中间挤压，易阻塞结拱，但制作容易，多用于流动性好的物料。

（2）非对称料斗　与对称料斗情况相反，不易结拱，采用较多，但料斗长度比对称料斗同样倾角时偏长。

（3）鼻形料斗　在国内很少采用，国外应用较多。鼻形料斗的一侧仓壁凸出，能将物料压力分散，使凸出部下面靠近出口的物料成松散状态，避免出口附近因物料的压实而结拱。

（4）凿形料斗　又称楔形料斗，是一种典型的整体流仓斗，可避免物料抽心结拱现象的产生，其卸料口是长矩形，矩形长边与仓体的直径一致，这种方式必须采用卸料口全长卸料机，因此限制其广泛应用。

（5）二次料斗　又称二次扩大料斗。二次料斗的原理是在最易结拱的高度位置突然将料斗断面扩大，使此处粉料压力大减而成松散状态，从而避免结拱。二次料斗在国内外应用较多，同时它可以作为改造不良料斗的一种简便实用有效的措施。采用这种料斗需注意以下三点：①要与进料口较大的配料器匹配使用；②二次料斗的高度要恰当，其上缘应在最易结拱的位置；③二次扩大料斗的边长 A 与一次料斗边长 B（即下端）比值恰当：当 $B<350mm$ 时，取 $A:B=1.6:1$；当 $B=350\sim550mm$ 时，取 $1.3:1$；当 $B>550mm$ 时，取 $1.1:1$。

（6）曲线料斗　是一种使用情况良好、可改变仓底形状、有效防止结拱的料斗形式。据有关资料介绍，两侧壁为曲面的料斗贮料到结拱时间可达 3 天，四侧壁为曲面的料斗贮料时间更长，但制作难度较大，精度保证困难。

2. 卸料口的位置、形状和尺寸

（1）料斗倾角 α　即料斗与水平面的夹角，或仓斗壁曲线各点的切线与水平面的夹角。α 角应大于仓内贮存物料的休止角 β，一般应大 $5°\sim10°$。我国目前粒料、粉料 α 值分别取 $45°\sim55°$ 和 $65°\sim75°$。如为矩形或方形料斗，还应验算仓斗邻壁焊接棱角的倾角值。

（2）卸料口位置和形状　卸料口的位置有居中心、侧边和角部三种。卸料口形状有圆形、矩形和方形三种。侧边或角部卸料可在某种程度上破坏料流的对称性，有利于破拱。从卸料性能看，方形卸料口较圆形卸料口优越，长矩形卸料口较方形卸料口优越。

（3）卸料口的宽度和直径　矩形卸料口的宽度（mm）：

$$A=\frac{1+n}{2n}k(a+80)\tan\phi \tag{4-4}$$

式中　n——卸料口长边 B 与短边 A 之比；

　　　k——经验系数，对经筛分物料取 2.6，普通物料取 2.4；

　　　a——物料颗粒最大尺寸，mm；

　　　$\tan\phi$——物料内摩擦系数。

当 $B=A$ 时即为方形卸料口。

圆形卸料口直径：对于流动性好的物料，可以使用式（4-4）计算得到圆形卸料口直径，对于流动性差的物料，圆形卸料口的最小直径为 d（m）：

$$d=\frac{4(1+\sin\phi)k\tau_0}{\gamma g}+a \tag{4-5}$$

式中　ϕ——物料内摩擦角；

　　　k——安全系数，可取 $1.5\sim2$；

　　　γ——物料容重，kg/m^3；

　　　τ_0——初始剪切应力，Pa；

　　　g——自由落体加速度，m/s^2。

短期贮存时，谷物原料 $\tau_0\approx17Pa$，粉料原料 $\tau_0\approx30Pa$，长期贮存增大 $5\sim8$ 倍。物料摩擦系数和初始剪切阻力见表 4-1。

表 4-1　摩擦系数及初始剪切阻力

原料	内摩擦系数	外摩擦系数			初始剪切阻力/Pa
		钢材	混凝土	木材	
大麦粉	0.36	0.38	0.45	0.33	46.7
肉骨粉	0.26~0.42	0.50	0.51	0.33	28.0
血粉	0.28~0.39	0.44	0.66	0.26	24.1
鱼粉	0.44~0.52	0.36	0.71	0.32	20.7
棉籽饼粉	0.19~0.42	0.44	0.65	0.25	41.6
细草粉	0.67	0.57	0.50	0.35	15.9

3. 仓容大小的确定

配料仓的总仓容一般大中型饲料厂按生产 5～8h 贮存量计算，小型按生产 4h 贮存量计算。配料仓的个数根据配方原料种类数量、比例而定，适当增加备用仓。一般情况下，年产 5000t 的饲料厂为 8～10 个配料仓，万吨饲料厂为 10～12 个配料仓，2 万吨厂为 12～16 个配料仓，4 万吨为 20～24 个配料仓。由于配方中各种原料使用数量差别较大，因此在配料仓配置时可以让大比例原料占其中 2～3 个配料仓，为保证施工方便经常将配料仓做成统一规格，亦有做成两种不同规格的配料仓。

三、缓冲仓

缓冲仓又称中间仓或待加工仓，是为了保证饲料生产连续性和设备生产的稳定性，在工艺中增加的一类料仓。一般缓冲仓设置在粉碎机、制粒机的前段，习惯也称待粉碎仓、待制粒仓，如设置在混合机的后段，习惯称为混合机出料缓冲仓。缓冲仓的仓容一般根据所处工段和作用确定。待粉碎仓的仓容为：年班产 5000t 饲料厂应为粉碎机 1～2h 的产量；年班产 10000t 的饲料厂应为 3～4h 的产量。为保证粉碎机工作效率和生产的连续性，每台粉碎机最好配置两个仓容一致的待粉碎仓。混合机下方缓冲仓的容量为混合机混合室的容积。待制粒仓一般为制粒机 1～2h 的产量，为保证更换配方制粒机连续工作，可配置两个仓容相同的待制粒仓。

四、成品仓

成品仓是饲料厂用于贮存其成品的料仓。一般其仓容按打包机 1～2h 的生产量计算。若配有散装成品出厂，其仓容一般为散装车 1～3 天的储量。

第二节　防拱和破拱措施

物料在自流过程中，受多种因素的影响造成流动受阻，形成料仓阻塞的现象称为结拱。结拱是物料受到物料物理特性、环境、内外力、摩擦、空气、料斗结构等多因素的影响，使物料在料仓中的流动受阻，导致生产停顿，甚至产品质量不合格的现象。

一、料仓的堵塞与防止

1. 料仓中物料的流动规律

料仓中物料流动如图 4-2 所示，中间物料呈柱状向下流动或呈流体状流动或沿仓壁侧向卸料流动。

2. 料仓的堵塞和防止

料仓中物料在卸出过程中，粒料与粉料呈现不同的状况。粒料由于流动性好，一般不易出现物料卸下困难的情况，而粉料由于本身流动性差，在自流卸下时往往出现挂边黏附、搭桥等结拱的情况。针对料仓产生结拱的原因和位置，采取相应的措施防止结拱的发生，防止结拱的措施一般有以下几种。

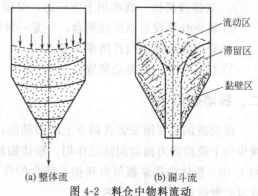

(a) 整体流　　　　(b) 漏斗流

图 4-2　料仓中物料流动

（1）加大卸料口尺寸或多设卸料口；

（2）合理选择料斗的形状，如非对称性料斗、曲线料斗；

（3）增大仓壁的倾角，通常储存粒料其倾角大于 45°，储存粉料其倾角大于 60°；

（4）仓内壁喷涂使其光滑的涂料层，如环氧树脂，减少粉料的摩擦系数，增强流动性能；

（5）安装助流装置（又称改流体），改流体是为改变料仓内物料流动性而设置、安装的构件或装置。常用的助流装置有以下几种。

① 仓底活化装置　仓底的长度和宽度由输送系统组成。

② 气力装置　在易结拱区，安装由电磁阀控制的 2～6 个压缩空气喷嘴，用 392～784kPa 的压缩空气喷射，松散压实物料使之不结拱。

③ 挠性脉动垫　能使料仓内壁上下升降。

④ 仓内嵌入改流体　改流体可把仓斗壁和改流体之间的环形面积看成是一个条形卸料口，从而改善仓内物料的流动性。常用的改流体有以下几种形式（如图 4-3）。

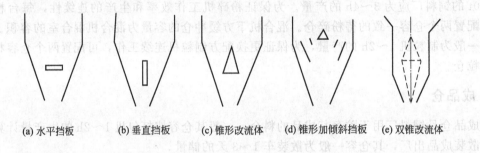

(a) 水平挡板　　(b) 垂直挡板　　(c) 锥形改流体　　(d) 锥形加倾斜挡板　　(e) 双锥改流体

图 4-3　改流体的形式

a. 水平挡板　安装于卸料口上方。挡板上方承受料层压力，下方为一个环形空间。作用于卸料口的物料压力，仅仅是卸料口与环形空间之间的那块体积物料重量，而与料仓内物料层高无关，这是水平挡板改流体的优点。此外它的积极流动带区域也较大。

b. 垂直挡板（或十字架形隔板）　可以消除部分物料间的横向应力，可对呈对称状物料起破拱作用。

c. 锥形改流体　采用水平挡板时，在挡板上方会形成一个不流动的物料锥体；为此可做成锥体改流体，可避免积料。

d. 锥体加倾斜挡板　挡板倾角应大于物料休止角 10°，用于大型料仓。

e. 双锥改流体　既承担上方压力，又隔开侧向压力，并起到导流作用。

⑤ 料仓仓顶设置垂链或圆盘，亦是一种简单有效的防拱方法。

⑥ 仓内安装螺旋搅拌防拱装置。

⑦ 料斗壁外安装振动装置。

二、振动破拱

振动破拱是利用安装在料仓上的振动源，通过斗壁把振动传给物料，使物料松动，从而减少向下流动阻力而起到防拱作用。粉体物料在振动的情况下，壁摩擦系数大致仅为静态下的 1/10，粉体内部摩擦阻力和相互啮合的作用也降低了，破坏结拱的形成。常见的振动方式有仓壁振动和料斗振动两种。

1. 仓壁振动

对金属仓可在仓壁外侧加装振动器（如图4-4），对刚性的混凝土料仓则应在仓壁内侧安装振动器（如图4-5）。通常采用的振动器为电磁振动器和振动电机。振动电机使用较多，其结构是在电动机两端轴上各安装一偏心重块，当电机运转时产生振动力而振动斗壁，达到破坏粉料凝集的作用。振动电机安装有固定和可调两种形式，但特别注意的是，应根据粉料的特性合理选定安装位置、振动频率、振幅等，同时振动作用还可产生使物料振实的副作用。据有关资料，振动电机安装部位：若为一台，则在料斗部分从下而上边长的1/4～1/3处；若为两台，则对称安装，但安装位置应错开50～100mm，以免相互干扰。振动电机的选择，既要考虑物料的特性，又要考虑料斗壁的厚度。根据厚度不同，配置不同的电机。料斗壁厚1～15mm，配备75～1500W、激振力为30～1500kg的两极振动电机，振动频率为1000～8000次/分，振幅为0～6cm（见表4-2）。

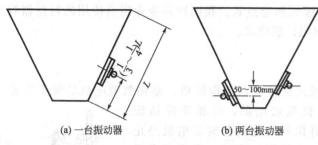

(a) 一台振动器　　　　　(b) 两台振动器

图 4-4　金属仓壁振动

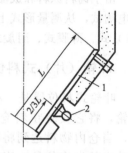

图 4-5　混凝土仓壁振动

1—金属振动板；2—振动器

表 4-2　金属料仓用振动器

仓壁厚度/mm	仓容/t	电磁振动器		振动电机	
		振动频率/(次/分)	衔铁质量/kg	振动频率/(次/分)	衔铁质量/kg
8.0	5	3600	15	3600	17
9.5	20	3600	30	1800	25
12.5	50	3600	95	1200	71

2. 料斗振动

振动料斗由下部的活动料斗和上部的固定料斗组成（图4-6）。两者采用软连接（图4-7），料斗中心设有改流体，安装在活动斗侧面的振动器使活动料斗振动。软连接即活动料斗由螺杆装在固定料斗上，螺杆两端均设置有避震橡胶垫，上下料斗间由挠性片相连密封。振动器采用电动惯性式。

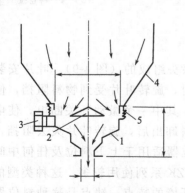

图 4-6　振动料斗

1—活动料斗；2—改流体；3—振动器；
4—固定料斗；5—软连接

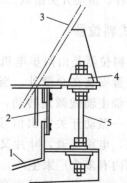

图 4-7　活动料斗的软连接

1—活动料斗；2—挠性片；3—固定料斗；
4—避震橡胶垫；5—螺杆

第三节　料位指示器

料位指示器是一种用来显示料仓内物料位置（满仓、空仓或某一高度位置）的监控装置，简称料位器。当给料器将料仓装满时，上料位器发出信号，使操作人员（或自动）及时关闭给料器或更换料仓；当料仓卸空时，下料位器发出空仓信号或警报，以声光两种方式提醒操作人员迅速采取措施：加料或关闭后续设备，保证设备正常运行。一般设计时上下料位器与进（卸）料机用继电器联锁。即实现空仓的自动进料，满仓的自动停止进料。

由于饲料原料和成品多为非导电体，可采用的料位器种类很多，从原理上可分为机械式和电测试，从测量形式上可分为连续式和定点式。我国饲料企业当前使用的料位器有叶轮（片）式、薄膜式、阻旋式、电容（阻）感应式。

一、叶轮（片）式料位器

叶轮式料位器是一种电动机械式料位器，结构简单，是在微型电机的轴上安装一个叶轮，将它安装在料仓壁上。电机接通电源，叶轮不停地旋转，当仓内物料达到将叶轮埋住并阻碍叶轮转动时，电机停止转动，并发出信号；当物料卸出，电机恢复旋转，发出要求供料信号。

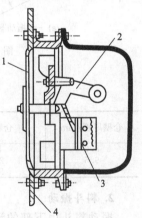

图 4-8　薄膜式料位器
1—薄膜；2—杠杆；
3—微动开关；
4—料仓壁

二、薄膜式料位器

薄膜式料位器是由橡胶、塑料或其他弹性材料做成的薄膜，将其安装在料仓壁的开口处，使它成为仓壁的一部分。当物料充满挤压薄膜时，薄膜变形，并通过重锤杠杆机构触动一微动开关，使料位信号通过微动开关触点发出。

当物料卸出不再挤压薄膜时，薄膜靠弹性恢复原状，微动开关信号也相应撤除。这种料位器的特点是价格便宜，初期使用性能可靠，但使用一段时间薄膜材料老化，易造成错误信号且反应速度受物料容重和温度影响较大。薄膜式料位器的结构如图 4-8，由薄膜、杠杆、微动开关组成。

三、阻旋式料位器

阻旋式料位器是由同步电机、减速机构和叶片探头组成的（图 4-9）。叶片安装在仓内，动力装置安装在仓壁外，当物料装到叶片位置时，旋转叶片受到物料阻挡，使过负载检测部分绕主轴做微量转动，从而触动微动开关，其中一个微动开关断电，使电机停止转动，另一微动开关发出信号并同时报警；当物料卸出后，旋转叶片失去阻挡，过负载部分复位，电路接通，叶片又恢复旋转。此种料位器适用于上下料位及任何中间料位的测控。国内有多个厂家生产，其中 TLWJ 系列、UZK 系列使用较多。这种类型的料位器具有抗振、耐高温、灵敏度高、适合于各种恶劣环境的特点，缺点是这种料位器叶片伸入料仓，影响物料流动，易造成安装部位结拱，运动部件易被粉尘黏结，造成转动困难并烧毁电机。

四、电容（阻）感应式料位器

电容（阻）感应式料位器是借助于电容式接近开关的工作原理，由高频振荡器和放大器组成的（图4-10）。

它由料位器端面与大地构成一个电容器，参与振荡回路工作。当物料接近料位器端面时，回路的电容量发生变化，使高频振荡减弱乃至停振。振荡器的振荡与停振的信号经过整形，由放大器转换成开关信号，从而发出停料和进料的信号。这种料位器具有电压范围宽、抗干扰能力强、使用寿命长、安装调试方便的特点。

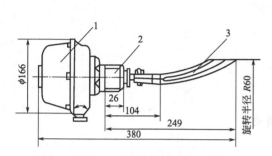

图4-9　阻旋式料位器（单位：mm）
1—动力头；2—连接螺纹；3—叶片探头

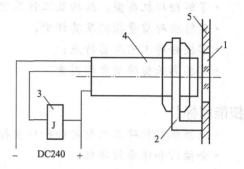

图4-10　直流NPN三线制电容感应式料位器
1—有机玻璃；2—支架；3—继电器；
4—料位器；5—料仓壁

【本章小结】

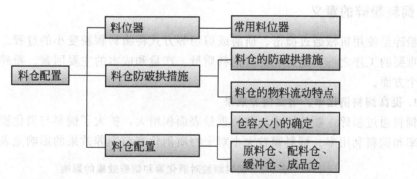

【复习思考题】

1. 饲料加工企业常用料仓的种类有哪些？如何确定各种料仓的仓容大小？
2. 料仓的料斗有几种形式？使用中特点如何？
3. 料仓常用的防破拱措施有哪些？
4. 常用料位器有几种？简述其主要应用范围。
5. 企业中常用的防破拱措施有哪些？

第五章 饲料粉碎

【知识目标】
- 了解粉碎机类型、结构及工作原理；
- 理解粉碎质量指标及其评价；
- 掌握粉碎工艺及其特点；
- 掌握影响粉碎质量的因素。

【技能目标】
- 能够根据粉碎工艺制定粉碎质量控制措施；
- 会操控和保养粉碎机；
- 能熟练操作粉碎工序。

第一节 粉碎质量指标

一、饲料粉碎的意义

粉碎是使用机械通过撞击、研磨或剪切等方式将物料颗粒变小的过程。粉碎是饲料加工中最重要的工序之一，是影响配合饲料质量、产量和成本的主要因素。粉碎的意义主要有以下几个方面。

1. 提高饲料消化率，增强饲养效果

饲料通过粉碎，颗粒变小，单位重量表面积增大，扩大了饲料与消化液接触面积，提高消化率和饲料利用率。饲料颗粒大小对干物质消化率与饲养效果的影响见表5-1。

表 5-1　饲料颗粒对消化率和饲养效果的影响

颗粒直径/μm	干物质消化率/%	料肉比
<700	86.1	1.74
700~1000	84.9	1.82
>1000	83.7	1.93

2. 容易混合均匀，提高饲料质量

一般来说，物料间物理性质（包括粒度）差别越小，越容易混合均匀，所以饲料原料经过粉碎后，饲料颗粒大小接近，在配合饲料生产的混合工序中，容易混合均匀，并且混合后不易自动分离。

3. 满足客户需要，改善感官性状

不同的客户对饲料的粒度要求不尽相同，加工饲料时要根据客户的要求进行生产，以满足客户需要。同时饲料的粉碎粒度也影响成品料的感官性状，按照原料的粒度要求进行粉碎，能够获得良好的成品料感官性状，有助于饲料销售。

二、饲料粒度的表示及测定方法

1. 饲料粒度的表示方法

饲料的粉碎粒度一般是采用筛分法测定的。为了使粒度测定标准化，必须将测定筛的筛孔直径和筛比（相邻两层筛的孔径比例）标准化。国际标准化组织 ISO 的标准是：以筛孔直径 $45\mu m$ 为起点，以 $\sqrt{2}$ 为筛比递增。

筛孔大小常用筛孔直径或"目"数表示。"目"是编织筛的每英寸长度有编丝的数量。目数越大筛孔越小，筛孔直径与目数的对应关系见表 5-2。

表 5-2 筛孔直径与目数的对应关系

筛孔直径/μm	1000	100	10	1	0.1	0.01	0.001
目数	18	180	1800	1.8 万目	18 万目	180 万目	1800 万目

粉碎粒度的表示方法因测定方法不同而不同，常见饲料粒度的测定方法有三层筛法、四层筛法、八层筛法和十五层筛法，各种测定方法的饲料粒度表示方法见表 5-3。

表 5-3 饲料粉碎粒度的表示方法

测定方法	粒度表示方法	粒度均匀度表示方法
三层筛法	全部通过某层筛	某层筛留存率不大于
四层筛法	平均粒径	
八层筛法	粒度模数（MF）	均匀度模数（MU）
十五层筛法	重量几何平均直径（d_{gw}）	重量几何标准差（S_{gw}）

2. 粉碎粒度的测定方法

饲料的粉碎粒度常通过三层筛法、四层筛法、八层筛法和十五层筛法进行测定，配合饲料产品粒度采用三层筛法测定，粉碎机性能试验、科学研究等采用十五层筛法。

（1）三层筛法　该法采用三层标准电动编织筛、感量为 0.01g 的天平测定，在粉碎机后物料输送设备的观察口处采集样品 100g。测定步骤如下。

① 称取样品 100g 置于规定筛层的编织筛内；

② 开动标准电动编织筛，连续筛分 10min；

③ 将各筛层的筛上物分别用天平称量，过筛损失率不超过 1%；

④ 计算各筛层的留存率（筛上物），计算公式为：

$$某筛层留存率 = \frac{某筛层留存物料质量}{样品质量} \times 100\% \qquad (5-1)$$

计算结果保留到小数点后第一位。

（2）十五层筛法　十五层筛法是我国国家标准 GB 6971—86《饲料粉碎机试验方法》附录 B《饲料粗细度的筛分测定表示方法》规定的饲料粉碎机粉碎粒度测定方法。该方法所使用的是 15 只（包括底筛）直径 204mm、高度 25mm 的金属编织筛组，筛组中各层编织筛规格见表 5-4。

十五层筛法测定步骤是：

① 取试样 100g 置于顶层筛面上；

② 开动摇筛机筛分 10min，称量最细一层筛筛上物质量，并做好记录；

③ 继续开动摇筛机筛分，每隔 5min 称量一次最细一层筛筛上物质量，直到筛上物质量

表 5-4　十五层筛组各层编织筛规格

筛号	网孔基本尺寸/μm	对应目数	筛号	网孔基本尺寸/μm	对应目数
4	4750	4	50	300	50.8
6	3350	5.5	70	212	72.2
8	2360	7.6	100	150	101.6
12	1700	10.2	140	106	149.4
16	1180	14	200	75	203
20	850	18.8	270	53	300
30	600	25.4	底筛	0	—
40	425	36			

达到稳定状态（筛上物质量 5min 内变化不大，小于试样质量的 0.2%）为止；

④ 称量各层筛筛上物质量，并做好记录；

⑤ 计算质量几何平均直径(d_{gw})和质量几何标准差(S_{gw})，计算公式为：

$$d_{gw} = \lg^{-1}\left[\frac{\sum W_i \lg \overline{d}_i}{\sum W_i}\right] \quad (5\text{-}2)$$

$$S_{gw} = \lg^{-1}\left[\frac{\sum W_i(\lg\overline{d}_i - \lg d_{gw})^2}{\sum W_i}\right]^{\frac{1}{2}} \quad (5\text{-}3)$$

$$\overline{d}_i = \sqrt{d_i d_{i+1}}$$

式中　d_{gw}——质量几何平均直径；

　　　S_{gw}——质量几何标准差；

　　　d_i——第 i 层筛孔尺寸；

　　d_{i+1}——比第 i 层筛大一号的筛孔尺寸；

　　　$\overline{d}_i$——第 i 层筛上物的几何平均直径；

　　　W_i——第 i 层筛上物质量。

三、粉碎粒度对动物营养的影响

饲料的最适宜粉碎粒度是指饲养的动物对饲料具有最大利用率、最佳生产性能且不影响动物健康、经济上合算的几何平均粒度。合适的饲料粒度可以增加动物胃肠道消化酶或微生物作用的机会，提高饲料的消化利用率，减少营养物质的流失和动物粪便排泄量及对环境的污染；使各种原料混合均匀、生产质地均一，有效防止粉状配合料混合不均；可以提高饲料调制效果和熟化程度，改善制粒和挤压效果；便于动物采食，减少饲料浪费，也便于储存、运输。

第二节　粉碎工艺

饲料粉碎工艺与配料工艺密切相关。按粉碎与配料工艺的组合形式可分为先粉碎后配料（先粉后配）和先配料后粉碎（先配后粉）两个工艺；按饲料原料粉碎次数分为一次粉碎和二次粉碎两个工艺。

一、先粉碎后配料工艺

该工艺是先将颗粒较大需要粉碎的饲料原料分别粉碎，输送到配料仓，然后再进行配合和混合的工艺。

1. 工艺流程

先将原料仓中的粒状饲料原料逐一粉碎，使其成为单一品种的粉状原料，分别输送到相应的配料仓，不需要粉碎的饲料原料直接输送到相应配料仓。然后根据饲料配方，将所需原料经配料仓下方的计量装置计量后，进入混合机混合，见图5-1。

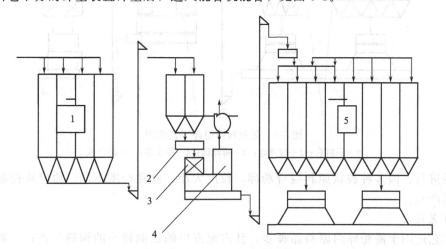

图 5-1　先粉碎后配料工艺流程
1—原料仓；2—喂料器；3—粉碎机；4—除尘器；5—配料仓

2. 工艺特点

该粉碎工艺因粒状饲料逐一粉碎，粉碎品种单一，容易设定统一参数，粉碎机利用充分、工作稳定、磨损小、粉碎效率高；粉碎不直接影响其他饲料加工工序，在粉碎机保养、维修期间，不会影响其他工序的进行；各种饲料原料可以分别控制粉碎粒度，容易控制成品料感官性状，进而提高成品饲料质量；便于粉碎机控制，粉碎机能耗低，产量高。

该工艺的缺点是工艺流程复杂，投资大；配料仓易结拱，增大了配料仓管理工作量；如果饲料配方涉及的饲料原料多，在更换饲料配方时，易受到配料仓限制。

3. 工艺应用

该工艺适用于需要粉碎的饲料原料在饲料配方中比例较小、生产规模大、产品品种多、产品质量要求高的企业应用。我国大中型饲料生产企业，生产的饲料品种多，浓缩料、预混料占产品的比重大，因此该工艺适合我国大中型饲料生产企业使用。

二、先配料后粉碎工艺

该工艺是将各种饲料原料按照饲料配方要求的比例分别计量，混合后进行粉碎。

1. 工艺流程

饲料原料分别计量→饲料原料初步混合→输入缓冲仓→饲料原料粉碎→输送到混合机内充分混合→成品包装。工艺流程见图5-2。

2. 工艺特点

该工艺配料、粉碎、混合等工序连续性好，便于进行自动化控制；因先初步混合，再粉碎，需要粉碎的饲料原料占用的配料仓数量少，减少了设备投资和设备占地面积；降低了配料仓结拱概率，便于配料仓管理。

该粉碎工艺的缺点是：装机容量高，能耗大。先配后粉比先粉后配工艺装机容量高20%，能耗高5%以上；因粉碎在配料等工序之后，在粉碎机保养、维修期间，直接影响其

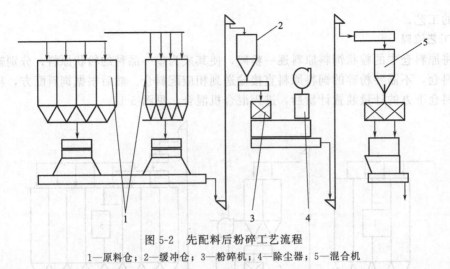

图 5-2　先配料后粉碎工艺流程

1—原料仓；2—缓冲仓；3—粉碎机；4—除尘器；5—混合机

他工序的进行；因多种粒状原料混合粉碎，粒度大小、软硬程度不同，粉碎机控制难度较大，磨损严重。

3. 工艺应用

该工艺适用于需粉碎的原料品种多，且占配方中的比例较小的饲料生产；一般中小企业，建厂资金少，场地面积受限制时可采用该工艺；该工艺也适合水产饲料生产企业使用。

三、一次粉碎工艺

该工艺是将物料经过一次粉碎工序，使其满足产品粒度要求，直接进入下面工序。根据粉碎与配料工序的先后，又划分为一次单一粉碎工艺（与先粉后配工艺对应）和一次混合粉碎工艺（与先配后粉工艺对应）。

1. 工艺流程

有包皮的粒状原料（如谷物）直接输送到原料仓，无包皮的粒状原料（如豆粕）经分级筛筛分后，颗粒大的部分输送入原料仓，粒度合格的与粉状原料直接输送到配料仓；原料仓中粒状原料进行逐一粉碎或经初步混合后粉碎（根据粉碎与配料工序的先后确定）；粉碎后经混合机充分混合。工艺流程见图 5-3。

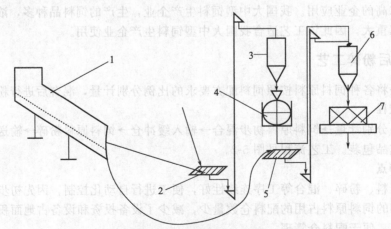

图 5-3　一次粉碎工艺流程

1—分级筛；2—颗粒状原料入口；3—原料仓；4—粉碎机；

5—粉状原料入口；6—配料仓；7—混合机

2. 工艺特点

该工艺具有流程简单、需要设备少、投资低的优点，但其能耗高、生产效率低、产品粒度均匀度差。

3. 工艺应用

该工艺因流程简单、需要设备少、投资低，所以非常适合我国中小型饲料厂使用。

四、两次粉碎工艺

两次粉碎工艺是在第一次粉碎后，将经粉碎的物料进行筛分，对不符合要求的较大颗粒再进行一次粉碎的工艺。该工艺又分为单一循环粉碎工艺、阶段粉碎工艺和组合粉碎工艺。

1. 单一循环粉碎工艺

该工艺的工艺流程为：粒状原料经粉碎机粉碎，输送到分级筛中进行筛分；将不符合要求的大颗粒粉碎物连续输送回粉碎机再进行粉碎，符合要求的粉碎物直接进入混合机进行混合。工艺流程见图5-4(a)。

该工艺特点是：生产效率高，比一次粉碎工艺提高30%～60%；单产能耗低，能耗降低30%～40%，饲料粒度均匀度高，因此适合我国的年班产1t饲料生产企业和水产饲料生产企业使用。

2. 阶段粉碎工艺

该工艺是使用两台锤片式粉碎机，饲料原料在第一台粉碎机粉碎后，经分级筛筛分后，不符合要求的大颗粒粉碎物再经第一台粉碎机粉碎。

其工艺流程是：粒状原料经第一台粉碎机（筛片直径6000μm）粉碎；输送到分级筛筛分；将不符合要求的大颗粒粉碎物输送到第二台粉碎机（筛片直径3000μm）再进行粉碎，符合要求的粉碎物直接进入混合机进行混合；经第二台粉碎机粉碎后，进入混合机进行混合。工艺流程见图5-4(b)。

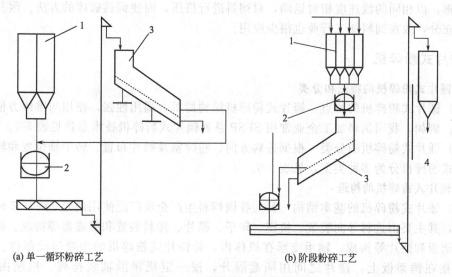

(a) 单一循环粉碎工艺　　　　　　　　　　　　　　(b) 阶段粉碎工艺

图5-4　两次粉碎工艺流程

1—原料仓；2—粉碎机；3—分级筛；4—配料仓

该工艺特点是：生产效率较高，单产能耗较低，对物料的适应性好，不受饲料软硬度和含水量限制。

3. 组合粉碎工艺

该工艺是使用对辊式、锤片式两台粉碎机作业，饲料原料经对辊式粉碎机初步粉碎，再经锤片式粉碎机二次粉碎的工艺。其工艺流程是：用对辊式粉碎机进行一次粉碎；输送到分级筛中进行筛分；将不符合要求的大颗粒粉碎物输送到锤片式粉碎机再进行粉碎，符合要求的粉碎物直接进入混合机进行混合。对辊式粉碎机粉碎速度快，能耗低，其对高纤维原料破碎能力差的缺陷由锤片式粉碎机弥补，所以该工艺的特点是生产效率高，能耗低，物料温升低，粉碎粒度均匀度高，但当原料含水量高时，粉碎效果不理想。工艺流程见图5-5。

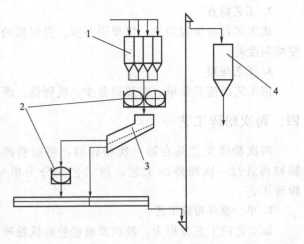

图5-5 组合粉碎工艺流程
1—原料仓；2—粉碎机；3—分级筛；4—配料仓

第三节 粉碎设备

粉碎饲料方法主要有击碎、切碎、磨碎和压碎等。击碎是利用粉碎室内高速旋转的工作部件对饲料进行撞击，而使饲料破碎的方法。利用这种方法粉碎饲料的粉碎机有锤片式粉碎机和齿爪式粉碎机。切碎是利用两个表面有齿而线速度不同的磨辊相对运动，对饲料进行锯切，而使饲料破碎的方法。利用这种方法粉碎饲料的粉碎机有对辊式粉碎机。磨碎是利用两个有齿槽的坚硬磨盘对饲料进行摩擦，而使饲料破碎的方法。该方法因适合加工干燥且不含油脂的物料，产品含粉末多，温升高，故在饲料加工行业应用很少。压碎是利用两个表面光滑的压辊，以相同的线速度相对运动，对饲料进行挤压，而使饲料破碎的方法。因其对饲料粉碎不充分，故在饲料加工行业也很少应用。

一、锤片式粉碎机

1. 锤片式粉碎机的特点和分类

（1）锤片式粉碎机的特点 锤片式粉碎机结构简单，通用性强，使用与维修方便，生产效率高。例如，我国饲料加工企业常用SFSP系列锤片式粉碎机技术参数见表5-5。

（2）锤片式粉碎机的分类 根据进料方向、粉碎室及筛片布置、转子轴位置和转子直径将锤片式粉碎机分为多种类型，见表5-6。

2. 锤片式粉碎机的构造

（1）锤片式粉碎机的基本结构 目前我国饲料生产企业广泛使用的是SFSP系列水滴型粉碎机，其主要由进料导向装置、机座、转子、筛片、排料装置和减震器等构成。转子由主轴、锤架板和锤片等构成，轴承支承在机体内，是锤片式粉碎机的主要运动部件。锤片用销轴连接在锤架板上，锤片之间用隔套隔开，按一定规律沿轴线排列。机座由减震器支承，内侧安装筛片，与上机壳内安装的筛片或齿板将转子包围，与粉碎机侧壁共同构成粉碎室。

（2）锤片式粉碎机的主要工作部件 锤片式粉碎机的主要工作部件有锤片、筛片和齿板等。

表 5-5　SFSP 系列锤片式粉碎机技术参数

项　目		SFSP112×60	SFSP112×40	SFSP112×30	SFSP56×40	SFSP56×36
转子直径/mm		1080	1080	1080	560	560
粉碎室宽度/mm		600	400	300	400	360
主轴转速/(r/min)		1480	1480	1480	2950	2940;2930
锤片线速度/(m/s)		84	84	84	86	86
配备动力/(kW)		160;132	110;90	75;55	37;30	30;22
电动机型号		Y315L$_1$-4 Y315M-4	Y315S-4 Y280M-4	Y280S-4 Y250M-4	Y200L$_2$-2 Y200L$_1$-2	Y200L$_1$-2 Y180M-2
减震器型号		JG3-7(8 只)	JG3-7(6 只)	JG3-6(6 只)	JG3-4(6 只)	JG3-4(4 只)
重量/kg		2340;1932	1950;1610	1510;1340	790;711	600;540
正常风量/(m³/min)		70;55	50;45	38;33	25;22	22;18
产量/(t/h)		25;20	18;15	12;9	6;5	5;3.5
外形尺寸/mm	长	2450;2360	2160;1891	1741	1628	1496
	宽	1360	1360	1360	800	800
	高	1550	1550	1550	1000	1000

表 5-6　锤片式粉碎机分类与特点

分类标准	类　型	特　点	应　用
进料方向	切向进料式	物料沿粉碎室切线方向进入,筛片多为半圆形底筛,上机体安装有齿板。适应广,容易操作,但工作时需要配套设备,体积大,噪声大,粉尘大,耗能高	可以粉碎谷物、饼粕、秸秆等各种饲料,是一种通用型粉碎机
	轴向进料式	转子为悬臂式,转子的周围是环筛。粉碎室宽度小,结构简单,筛片包角大,能自动吸料,生产效率较高	适用于小型饲料加工机组和畜禽饲料加工间,若安装有切刀,可以加工秸秆
	径向进料式	机体左右对称,转子可正反转,筛片包角300°左右,便于排料,生产效率高	多用于大、中型配合饲料生产企业
粉碎室及筛片布置	底筛式	与切向进料式粉碎机相同	用于切向式进料粉碎机
	环筛式	与轴向进料式粉碎机相同	用于轴向式进料粉碎机
	无筛式	能粉碎含水量较高的物料,不存在糊堵筛板的问题,粉碎的物料能快速排出,不重复粉碎,故粉碎效率高,锤片不存在无效磨损	微粉或特殊类型粉碎机
	水滴形	粉碎室外形似水滴,破坏物料环流层,提高生产效率,降低能耗	是径向进料式粉碎机的改进型,多用于大、中型配合饲料生产企业
转子轴位置	立式	主轴呈垂直状态放置,既有环筛,也有底筛,与卧式比较,增大了筛理面积,粉碎效率提高	应用于化工、冶金矿产、陶瓷、非金属矿产等行业
	卧式	主轴呈水平状态放置	现在应用最广泛
转子直径	大型	转子直径大于 550mm	
	中型	转子直径为 400~550mm	
	小型	转子直径小于 400mm	

　　① 锤片　锤片是锤片式粉碎机的核心工作部件,也是易损部件,其形状规格、密度、排列方式、材质及制造工艺等,对粉碎机的粉碎效率和粉碎质量都有很大影响。

　　a. 锤片的形状与规格　锤片的形状很多,常用的锤片形状见图 5-6。因矩形锤片通用性好、制造简单、节省材料,所以应用最多。矩形锤片有两个销孔,使用时,先将其中一个销孔穿在销轴上,当对侧磨损严重时,再换成另一个销孔,这样锤片四角可以轮替工作,提高了其使用寿命,也有的生产厂家在锤片四角堆焊耐磨的合金,提高其使用寿命。

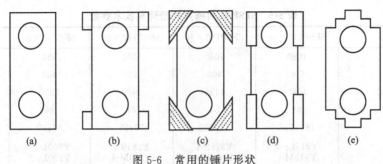

图 5-6 常用的锤片形状

(a) 矩形锤片；(b)～(d) 矩形堆焊锤片；(e) 阶梯形锤片

锤片的规格对粉碎效率、能耗和使用寿命等都有很大的影响，我国锤片式粉碎机的锤片已经标准化，其主要有Ⅰ、Ⅱ、Ⅲ三种规格，其中Ⅰ型主要用于小型锤片式粉碎机，Ⅱ和Ⅲ型分别用于中、大型锤片式粉碎机。各型号锤片规格见表 5-7。

表 5-7 各型号锤片规格　　　　　　　　　　　　　　单位：mm

型　号	长　度	销孔到远端距离	宽　度	销孔直径	厚　度
Ⅰ	120	90±0.30	40	16.50	2；5
Ⅱ	180	140±0.30	50	20.50	5；8
Ⅲ	140	100±0.30	60	30.50	5；8

b. 锤片的材料与制造工艺　根据锤片耐磨和具备一定韧性的性能要求，目前我国使用的锤片一般用低碳钢、中碳钢和特种铸铁制造。制造时，经过热处理或表面硬化处理。例如，用低碳钢制造锤片时，要经过固体渗碳淬火处理，但这种工艺制作的锤片，当渗碳层磨损后，内层磨损迅速；中碳钢制造锤片时，要经过局部淬火处理，在锤片使用 60～100h 时，须换角使用。延长锤片使用寿命，理想的制造工艺是对四个工作角进行堆焊处理，最常见的是在锤片四个工作角堆焊 1～3mm 厚的碳化钨合金。这种工艺虽使制造成本增加 1 倍，但锤片的使用寿命可增加 2 倍。

c. 锤片的排列方式　一般锤片式粉碎机转子有 4 个销轴，每 4 片锤片为一组，安装在一个销轴上。锤片的排列方式是指同组锤片之间及各组锤片之间的相对位置关系。锤片排列方式与转子运转平衡、物料在粉碎室分布、锤片磨损均匀度等有直接关系，从而直接影响生产效率、粉碎饲料能耗、粉碎机使用寿命和生产安全等。理想的锤片排列方式要求为：每个锤片的运动轨迹都不重复；运动轨迹要沿粉碎室横向分布均匀，避免发生物料在粉碎室内向一侧偏移现象；保证转子受力平衡，使其在高速运转时不产生振动。

常见的锤片排列方式有螺旋线排列、对称平衡排列、交错平衡排列和对称交错排列，锤片的各种排列方式见图 5-7，其特点、评价和应用见表 5-8。

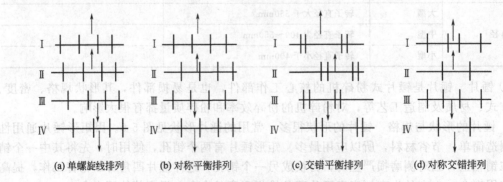

(a) 单螺旋线排列　　(b) 对称平衡排列　　(c) 交错平衡排列　　(d) 对称交错排列

图 5-7　锤片的排列方式示意图

表 5-8　锤片排列方式特点、评价及应用

排列方式	特　点	评　价	应　用
螺旋线排列	排列简单,锤片分布均匀,运动轨迹不重复	因锤片轨迹为螺旋线,会使物料向粉碎室一侧推移,导致锤片受力不均,物料多的一侧锤片磨损严重;因销轴 I 和 III、II 和 IV 上离心力的合力不平衡,转子转动时,机器振动大	用于配套动力小、转速低的小型粉碎机
对称平衡排列	转子运转平稳,粉碎室内物料分布均匀,锤片磨损同步,锤片隔套种类少,安装锤片方便	销轴上互相对称的锤片运动轨迹重复,要保持同样的锤片密度,须增加成倍的锤片数量	应用于 SFSP 系列粉碎机
交错平衡排列	锤片运动轨迹均匀、不重复,对称销轴上所受的离心力相互平衡	物料会略有偏移;安装锤片需要的隔套种类多,安装、更换锤片不方便	应用广泛,国产粉碎机常用
对称交错排列	锤片左右对称,运动轨迹均匀、不重复,物料不发生偏移,转子平衡性能好	安装锤片需要的隔套种类多,安装、更换锤片不方便	应用广泛,国产粉碎机常用

　　② 筛片　筛片的主要作用是控制产品粒度,对粉碎效率和产品质量都有重要影响,是主要工作部件和易损部件。锤片式粉碎机使用的筛片有圆柱形孔筛和圆锥形孔筛。因圆锥形孔筛结构简单、制造方便、开孔率高、粉碎效率高等优点,所以应用最广泛,见图 5-8。筛片的材料一般为经过硬化处理的冷轧钢板。圆锥形孔筛的筛孔呈"品"字形排列,三个筛孔中心连线为等边三角形,该排列方式可获得最大的开孔率(开孔率是筛孔总面积占整个筛片面积的百分率,开孔率越高,筛片的有效筛理面积越大,粉碎效率越高)。

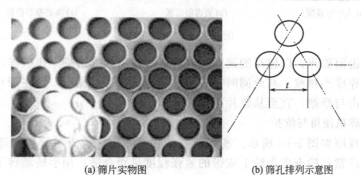

(a) 筛片实物图　　　　　　　　　(b) 筛孔排列示意图

图 5-8　圆锥形孔筛

　　筛片所包围的粉碎室部分对应的圆心角,称为筛片包角。筛片包角大,相对的筛片面积大,粉碎后的物料排出的速度快,粉碎效率高。粉碎机的筛片布置形式有底筛和环筛,一般底筛的筛片包角为 180°;环筛的筛片包角因粉碎机的结构不同而不同,筛片包角有 270°、300°、360°等。

　　我国筛片的规格已经标准化,用筛孔直径的 10 倍表示筛号,筛片的规格见表 5-9。

　　③ 齿板　齿板的作用是阻碍物料环流层的运动,使物料在粉碎室内的运动速度降低,进而增强对物料的撞击、剪切和摩擦,因此齿板对粉碎效率有一定影响,其对纤维含量高、韧性大、含水量大的物料作用效果更为明显。当筛片包角较大、筛片孔径较小、物料容易破碎、成品物料排出性能好时,齿板作用较小,如果筛片包角大于 300°时,粉碎机一般不设置齿板。齿板一般用表面经过冷激成白口的铸铁制成,以提高其耐磨性。齿板的齿形有人字形、直齿形和高齿槽形三种,见图 5-9。

3. 粉碎机的工作过程

　　工作时,物料由原料仓经磁选器,除去金属杂质,通过导向机构,进入粉碎室,受到高

表 5-9　筛片的规格（SB/T 10119）

筛　号	筛孔直径(d)/mm		孔距(t)/mm		开孔率/%
	尺寸	允许误差	尺寸	允许误差	
8	0.8	±0.07	1.8;1.9;2.0	±0.30	18;16;15
10	1.0	±0.07	2.0;2.1;2.2	±0.30	23;21;19
12	1.2	±0.07	2.2;2.3;2.5	±0.30	27;25;21
15	1.5	±0.07	2.5;2.7;3.0	±0.30	33;28;23
20	2.0	±0.07	3.0;3.2;3.5	±0.375	40;35;30
25	2.5	±0.07	3.5;3.7;4.0	±0.375	46;41;35
30	3.0	±0.07	4.0;4.4;5.0	±0.375	51;42;33
40	4.0	±0.09	5.0;5.5;6.0	±0.375	58;48;40
50	5.0	±0.09	6.0;6.5;7.0	±0.45	63;54;46
60	6.0	±0.09	8.0;8.5;9.0	±0.45	51;45;40
80	8.0	±0.11	11.0;11.5;12.0	±0.45	48;44;40

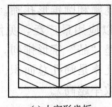
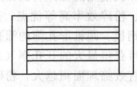
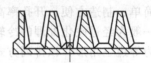

(a) 人字形齿板　　　　　(b) 直齿形齿板　　　　　(c) 高龄槽形齿板

图 5-9　齿板示意图

速旋转的锤片撞击而破碎，以较高的速度飞向齿板，与齿板撞击进一步破碎，经过如此反复打击，使物料粉碎成小颗粒。与此同时，较小的颗粒从筛片孔漏出，留在筛片面上的较大颗粒，受到反复撞击与摩擦，直至从筛片孔漏出。

4. 锤片式粉碎机使用与维护

粉碎机操作程序如图 5-10 所示。粉碎机在使用前，应先检查各部位（部件）情况。发现紧固件松动应拧紧；检查皮带轮上皮带的紧张程度是否合适；用手转动转子，观察转子转动是否灵活，机体内有无碰撞、卡、磨等异常响声，转子方向是否与机体上所标识的箭头方向一致；检查粉碎机及电机润滑是否良好。根据粉碎粒度需要更换筛片，更换筛片时，应使筛孔带毛刺的面朝里，光面朝外，筛片和筛架要贴紧。经检查后，在保证安全的情况下，开始启动，启动后，先使之空转 2～3min，无异常情况下，才可以进料。进料要均匀防止阻塞闷车，避免超负荷运转，发生堵塞时，严禁用手、木棍强行喂入或脱出物料；在粉碎机工作中，要随时注意粉碎机运转情况，发现异常，立即停止喂料，停车检查。结束工作时，先停止喂料，使粉碎机空运转 2～3min，等物料排空后，再关闭电机。

图 5-10　粉碎机操作程序示意图

二、齿爪式粉碎机

齿爪式粉碎机的构造主要由喂料斗、闸门、进料管、主轴、动齿盘、定齿盘、环筛、出料口、机体和机架构成。动齿盘、定齿盘和环筛构成粉碎室，定齿盘上安装有两圈扁齿爪，动齿盘上安装有三圈齿爪（里圈为圆齿、外圈为扁齿），动、定齿盘上齿爪相间排列，其结构示意图见图 5-11。齿爪式粉碎机工作时，物料由喂料斗经闸门在动齿盘最里侧的圆齿搅、扒下进入粉碎室，在粉碎室内，物料受到高速旋转的动齿打击而碎裂，其中一部分物料又受到定齿盘齿爪的撞击，在动、定齿盘上的齿爪打击、撞击和摩擦下，物料粉碎，同时，动齿盘的高速旋转形成一定的风压，合格的产品在风压作用下，通过环筛，由出料口排出，不合格的继续粉碎。齿爪式粉碎机特点是：体积小、重量轻、产品粒度细，但其能耗高。

三、对辊式粉碎机

对辊式粉碎机主要由机架、喂入辊、磨辊、清洁刷及调节机构和传动机构组成，如图 5-12 所示。对辊式粉碎机工作时，物料从喂料斗经喂入辊形成薄层导向磨辊的工作间隙，物料在一对反向旋转的磨辊碾压下粉碎，粉碎的物料落入机器下方而排出。对辊式粉碎机的特点为：粉碎效率高、能耗低、粉尘少、物料温升低。主要用于大颗粒原料粉碎和在二次粉碎工艺中与锤片式粉碎机结合使用。

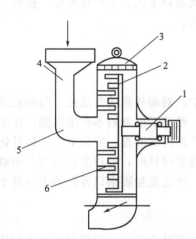

图 5-11　齿爪式粉碎机结构示意图
1—主轴；2—动齿盘；3—筛片；4—进料控制闸门；
5—进料管；6—定齿盘

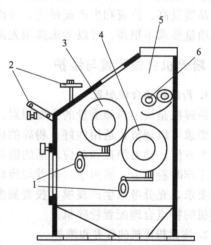

图 5-12　对辊式粉碎机构造示意图
1—清洁刷；2—调节机构；3—上磨辊；
4—下磨辊；5—进料口；6—喂入辊

四、特种粉碎机

1. 无筛式粉碎机

无筛式粉碎机主要由机体、转子、控制室和风机组成，无筛片，通过调节控制轮和衬套间隙或锤块与齿板间隙来控制物料粉碎粒度。工作时，物料要经过粗碎，然后由喂入口进入粉碎室，在高速旋转的锤块、侧齿板及弧形齿板的综合作用下被打击、剪切和研磨粉碎，符合要求的产品通过控制轮与衬套间隙被风吸出，不合格的被控制轮叶片挡住，继续粉碎。无筛式粉碎机主要用于粉碎贝壳等硬度较大的矿物质饲料。

2. 低温升微粉碎机

低温升微粉碎机由销棒式风选微粉碎机体、供料装置、分级器、沙克龙、布袋过滤器和电控柜组成。工作时，物料由料斗加入，经螺旋供料器定量喂入粉碎室内进行粉碎，被粉碎的物料在气流的作用下运至分级器分成粗、细两级。较粗颗粒从分级器回落至螺旋供料器中，再进入粉碎室内进行粉碎；较细的颗粒从分级器进入沙克龙沉降排出。由沙克龙排出的含有粉尘的空气经布袋过滤器回收，与较细颗粒混合使用，也可以作为更细的粒度要求的产品使用。低温升微粉碎机的特点为粉碎的物料温升低，成品粒度可调并且调节方便可靠。该机适用于预混料原料的粉碎。

第四节 粉碎质量控制

饲料原料的粉碎质量直接影响成品料质量、感官性状和生产成本，所以在饲料加工中要注重粉碎质量的控制。粉碎质量应从粉碎工艺选择、粉碎机配置、粉碎技术参数确定和粉碎工序的操作等方面控制。

一、粉碎工艺科学合理选择

先粉碎后配料、先配料后粉碎、一次粉碎和二次粉碎等粉碎工艺，各具特点，所以在饲料加工生产上应用也不同。在设计粉碎工艺时，根据各个粉碎工艺特点，充分考虑到投资规模、生产规模、产品种类、饲料配方、饲料原料等，选择适宜的饲料粉碎工艺。例如，要求的产品质量高、投资和生产规模大，可以考虑选用二次粉碎工艺；生产规模小、投资少、对产品质量要求不很高，可以考虑选用先配料后粉碎工艺。

二、粉碎机合理配置与维护

1. 粉碎机的合理配置

粉碎机是决定粉碎质量的主要因素。在饲料加工中，对粉碎机的要求是：粉碎粒度根据产品要求可以调节，通用性好；粉碎的成品粒度均匀；粉碎后的物料不产生高热；连续进料和出料方便；动力消耗和单位产品的能耗低；主要工作部件耐磨损、容易更换、标准化程度高；工作时粉尘少、噪声小；保养与维修方便。在配置粉碎机时，要根据饲料加工中对粉碎机的要求，充分考虑生产规模、投资额度、粉碎工艺、产品质量要求以及各种类型各个系列粉碎机的特点合理配置粉碎机。

2. 注意粉碎机的保养和维护

（1）粉碎机的检查与清洁 粉碎机开始工作前及工作结束后，一定要做好检查和清洁工作。发现机器零件严重磨损或损坏，应及时修理或更换；发现紧固件松动要拧紧；轴承应及时加润滑油；工作结束后要对粉碎室各部件、机体和电机进行清洁；皮带传送的粉碎机，如果停机时间较长，应该卸下皮带。

（2）筛片的更换和修理 筛片是用来控制粉碎粒度的，根据成品的粒度要求选用相应的型号筛片。更换筛片时，应将筛孔带有毛刺一面朝里（增加筛片与物料摩擦与撞击，提高粉碎效率），另一面朝外，筛片和筛架要紧密贴合。安装环筛时，其搭接茬口应该顺着物料旋转方向，防止物料卡在该搭接茬口处，同时要注意筛锤间隙。当筛片出现磨损或被异物击穿时，如损坏面积小时，可用铆焊方法修复，如损坏面积较大时，应该及时更换新筛片。

（3）轴承的润滑与更换 每个生产班次工作结束后，应给粉碎机轴承加一次润滑油；粉碎机每工作1000h左右，应将轴承拆卸下来，进行一次清洗。当粉碎机轴承磨损严重或损坏时，应及时更换。

（4）锤片的调整与更换 在锤片使用过程中，当其尖角磨钝后（接近锤片宽度的1/2时），可将锤片调角使用（对于可以正反转工作的粉碎机，可以调换进料导向板方向，将转子反转使用）；当锤片的同侧两个角都已经磨损时，可以调换另一端使用；当锤片四个角都已经磨损后，应该更换新锤片。在锤片调角、调头和更换时，要注意：①全部锤片要同步进行，不能调整或更换一个或部分锤片；②不能改变锤片的原来排列方式，且相对应的两组锤片的重量差不得超过5g。

三、粉碎技术参数合理确定

合理地确定粉碎参数也是控制粉碎质量的重要手段。确定粉碎参数，要根据粉碎机性能、产品质量要求、粉碎工艺要求、饲料原料种类等确定。粉碎参数包括供料速度、粉碎电流、筛片型号等。例如表 5-10 是水滴王粉碎机（968-Ⅱ）和普通粉碎机（112×30）粉碎部分饲料原料时确定的粉碎参数。

表 5-10　粉碎工艺参数

产品类型	筛孔直径/mm	水滴王粉碎机（968-Ⅱ）			普通粉碎机（112×30）		
		标准细度/目	粉碎电流/A	供料转速/(r/min)	标准细度/目	粉碎电流/A	供料转速/(r/min)
颗粒料	2.0～2.4	10	120～140	600～900	8	120～140	400～600
蛋鸡配合料	6.0～6.5	4	120～140	200～1500	4	120～140	100～1300
颗粒料、碎粒料	1.5～1.8	12	120～140	350～500	10	120～140	300～450
育成鸡、产蛋鸡粉料	3.0～3.3	8	120～140	450～600	6	120～140	420～550
颗粒料	2.0～2.4	10	120～140	600～800	10	120～140	600～800
配合料	1.2～1.7	16	120～140	600～750	14	120～140	550～720

四、正确操作粉碎工序

粉碎工序的操作不但影响粉碎质量，同时也影响粉碎机的使用寿命和安全生产，所以在饲料加工生产上要制定并严格执行粉碎工序的操作规范。粉碎工序操作规范工序如下。

1. 操作人员素质

粉碎工序操作人员要具有良好的职业道德、认真的工作态度、高度的安全意识；要经过必要的专业培训，了解整个粉碎系统的组成，各个机械设备的功能和作用，熟练掌握各个机械设备的结构、性能、技术参数和操作方法。

2. 工作前检查

在粉碎系统启动前要做好粉碎系统的各个机械设备检查和饲料原料状况检查。检查粉碎系统各个机械设备的转子是否转动灵活，不能有卡住、碰撞和摩擦现象；各个紧固部件是否松动；粉碎室内是否残存饲料、维修工具和杂物，切忌带负荷启动。检查饲料原料状况，了解粉碎原料种类、存放位置、需要开通的输送设备、粉碎的粒度要求、粉碎后需要输送到达的配料仓号等。

3. 粉碎系统的启动流程

粉碎系统的启动流程一般为：先启动空气压缩机；把分配器或三通调到配料仓的通路；由后向前依次启动输送设备；启动负压吸风设备；启动粉碎机，空转 2～3min，设备运转正常后启动供料器；稳定均匀地逐渐增加供料量，同时注意观察传动粉碎机的电机电流值，不能超过额定电流；观察粉碎系统各个设备运转情况。

4. 异常情况处理

粉碎机在运转过程中，如果发生异常情况，例如强烈振动、异常声响、产量不稳定等，应立即停机检查，查出原因并且排除故障后，才可以重新启动继续工作。严格禁止粉碎机带"病"工作。

5. 工作结束处理

工作结束要使粉碎机空转 2～3min，然后按顺序关闭粉碎系统各个机械设备，最后关闭电源。对粉碎系统各个设备进行必要的清洁和检查，做好工作记录。

【本章小结】

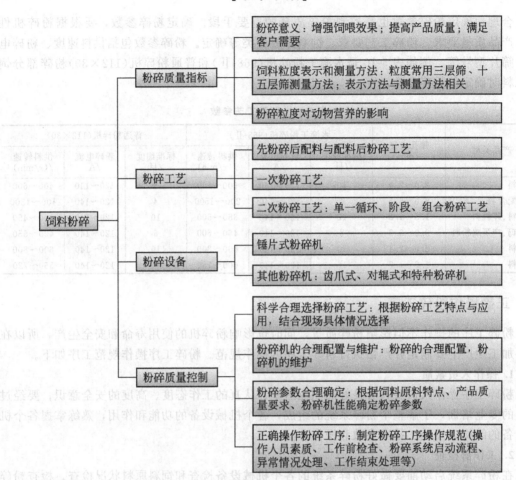

饲料粉碎
- 粉碎质量指标
  - 粉碎意义：增强饲喂效果；提高产品质量；满足客户需要
  - 饲料粒度表示和测量方法：粒度常用三层筛、十五层筛测量方法；表示方法与测量方法相关
  - 粉碎粒度对动物营养的影响
- 粉碎工艺
  - 先粉碎后配料与配料后粉碎工艺
  - 一次粉碎工艺
  - 二次粉碎工艺：单一循环、阶段、组合粉碎工艺
- 粉碎设备
  - 锤片式粉碎机
  - 其他粉碎机：齿爪式、对辊式和特种粉碎机
- 粉碎质量控制
  - 科学合理选择粉碎工艺：根据粉碎工艺特点与应用，结合现场具体情况选择
  - 粉碎机的合理配置与维护：粉碎的合理配置，粉碎机的维护
  - 粉碎参数合理确定：根据饲料原料特点、产品质量要求、粉碎机性能确定粉碎参数
  - 正确操作粉碎工序：制定粉碎工序操作规范(操作人员素质、工作前检查、粉碎系统启动流程、异常情况处理、工作结束处理等)

【复习思考题】

1. 三层筛法、四层筛法、八层筛法和十五层筛法等测定粒度方法，各用什么指标表示粒度及均匀度？
2. 用三层筛法测定饲料粒度怎样操作？
3. 饲料粉碎工艺有哪几种？怎样评价二次粉碎工艺？
4. 试说明锤片式粉碎机的基本构造及其工作过程。
5. 锤片式粉碎机的主要工作部件有哪些？锤片的排列方式有几种？
6. 锤片式粉碎机怎样使用和维护？
7. 简述粉碎质量的控制措施。

第六章 饲料配料

【知识目标】
- 掌握配料的概念及配料秤的性能要求;
- 掌握电子配料秤的结构组成及特点;
- 掌握常用给料器的种类、结构及特点。

【技能目标】
- 正确判断配料秤的达标状况;
- 正确制定不同类型的饲料企业配料工艺;
- 能够查明配料秤的故障原因并且能解决故障。

第一节 配料及其要求

一、配料与配料秤

配料是根据饲料配方要求,采用特定的配料装置,将各种不同品种的饲用原料进行准确称量的过程。配料秤是实现这一过程的主要装置,是配料装置的核心设备。

配料装置根据工作原理可分为容积式和重量式;按其工作过程可分为连续式和分批式。目前饲料加工企业的配料装置多采用重量分批式。重量式配料装置是以各种配料秤为核心的分批配料装置,其性能直接影响配料质量。配料秤一般性能包括稳定性、正确性、不变性和灵敏性。

1. 稳定性

稳定性是指配料秤的静止平衡被破坏后,恢复平衡状态的性能。稳定性好的配料秤每次称量所需的时间很短。

2. 正确性

正确性是指配料秤的显示值和真实值的差别。通常用称量的误差(精度)表示。正确性同时也是配料系统的系统误差和随机误差的一种反映,系统误差越大,则称量结果对其真实值的偏差越大。通常系统误差的大小作为反映正确性优劣的定量指标。

3. 不变性

不变性是指配料秤对同一重物进行连续重复称量,称量之间的接近程度。称量系统称量的随机误差越大,则多次称量同一重物时,称量值之间偏离越大,即称量值越分散,表明称量值的不变性差。

4. 灵敏性

也称灵敏度,是指配料秤对称量物微小变化的反应程度,经常采用感量来表示。感量是配料秤上的平衡指示器的线位移(或角位移)与引起位移的被测量值的变动比值的倒数。

配料精度包括正确性和不变性两方面的含义。所以,只有当配料系统的系统误差和随机误差都小时，配料精度才高。

二、配料要求

为保证配料的良好效果，在使用中配料装置及配料系统应满足以下要求。

(1) 具有良好的稳定性，快速、准确称量。配料秤中的电子配料秤准确等级是0.2级和0.5级。自动称量和非自动称量最大允许误差见表6-1、表6-2。

表6-1 自动称量的最大允许误差

准确度等级	累计载荷质量的百分比/%		准确度等级	累计载荷质量的百分比/%	
	首次检定	使用中		首次检定	使用中
0.2	±0.10	±0.2	1.0	±0.50	±1.0
0.5	±0.25	±0.5	2.0	±1.00	±2.0

表6-2 非自动称量的最大允许误差

非自动称量等级	非自动称量			
	准确度等级	称量(m)	最大允许误差	
			检定	使用中
0.2	Ⅲ 中等准确度等级	$0 < m \leq 500e$	±0.5e	±1.0e
0.5		$500e < m \leq 2000e$	±1.0e	±2.0e
		$2000e < m \leq 10000e$	±1.5e	±3.0e
1.0	Ⅳ 普通准确度等级	$0 < m \leq 50e$	±0.5e	±1.0e
2.0		$50e < m \leq 200e$	±1.0e	±2.0e
		$200e < m \leq 1000e$	±1.5e	±3.0e

注：e 为检度值。

(2) 在保证精度的前提下，应当结构简单，使用可靠，维修方便。

(3) 具有良好的适应性，不但能适应多品种、多配比变化，而且能够适应环境及工艺形式的不同要求，具有很高的抗干扰性能。

① 温度 配料秤在−10~40℃范围内能满足计量与技术要求。显示系统在0~40℃范围内任一稳定温度使用或试验时，其准确度应满足表6-3的要求。

表6-3 温度、电源等差异影响时称量的最大允许误差

最大允许误差	用累计分度值表示的负荷(m)
±0.5d_t	$0 \leq m \leq 500$
±1.0d_t	$500 < m \leq 2000$
±1.5d_t	$2000 < m \leq 10000$

注：d_t 为累计分度值。

② 交流电源 交流电源供电的配料秤，电压在额定电压的−15%变到+10%时，应能实现正常的计量与技术特性。

③ 直流电源 配料秤由电池供电，当电压低于生产厂的指定电压时，应有指示或报警功能或自动停止工作。

第二节 配料工艺

合理的配料工艺流程可以提高配料精度，改善生产管理，保证营养配方精确实现。配料

工艺流程组成的关键是正确选择配料装置及其与
配料仓、混合机的配套协调。目前常用配料工艺
流程有多仓一秤配料、一仓一秤配料和多仓数秤
配料等形式。

一、多仓一秤配料工艺流程

多仓一秤配料工艺是中小型饲料厂使用较多
的一种配料形式，见图 6-1。其具有以下特点：
工艺简单、配料计量设备少，设备调节、维修、
管理方便，易实现自动化；缺点是配料周期长，
累计称量过程中各种物料的称量误差控制较难，
易导致配料精度不稳定。

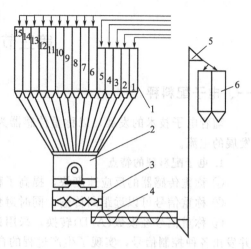

图 6-1　多仓一秤配料工艺
1—配料仓；2—电子配料秤；
3—混合机；4—螺旋输送机；
5—斗提机；6—成品仓

二、一仓一秤配料工艺流程

一仓一秤配料工艺主要应用于小型饲料加
工厂或预混合饲料厂。一仓一秤配料工艺是每

一个配料仓下配备一个配料秤，见图 6-2。其具有以下特点：同时称量多仓的多种物料，
并可根据物料的种类、数量进行调整，缩短配料周期，精度较高；缺点投资较大，自动
控制困难。

三、多仓数秤配料工艺流程

多仓数秤配料工艺是应用最广泛的一种配料工艺，见图 6-3。该工艺是根据物料特
性、配方比例，分批分次进行称量。其特点是：较好地解决了多仓一秤、一仓一秤存在
的问题，配料绝对误差小，从而经济、精确地完成整个配料过程，是一种比较合理的配
料工艺流程。

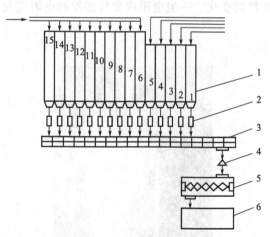

图 6-2　一仓一秤配料工艺
1—配料仓；2—配料秤；3—刮板（或螺旋）输送机；
4—分配器；5—混合机；6—成品

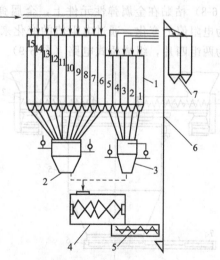

图 6-3　多仓两秤配料工艺
1—配料仓；2—大配料秤；3—小配料秤；
4—混合机；5—水平输送机；
6—斗提机；7—成品仓

第三节　配料设备

一、电子配料秤

随着电子技术的发展，以称重传感器为基础的电子配料秤得到普遍应用，并成为当前秤发展的主流。

1. 电子配料秤的特点

① 称重传感器的反应速度快，提高了称重速度。

② 称重信号可以远距离传输，同时避免现场环境（噪声、粉尘、振动）的干扰。

③ 称重信号经模数（A/D）转换，采用计算机进行数据处理，自动显示并记录称重结果，并发出各种控制信号，实现了生产过程的自动化。

④ 传感器重量轻、体积小，不受安装地点限制，结构简单，维修保养方便，使用寿命长。

⑤ 电子秤没有机械秤那种作为支点的刀承和刀子，稳定性好，机械磨损小，减少了维修保养工作，使用方便。

⑥ 精度高。采用电子秤可以实现连续称重、自动配料、定值控制，这对保证生产质量、控制劳动生产率、减轻劳动强度、降低生产成本、提高管理水平有着重要意义。

2. 组成

电子配料秤主要由承重和传力机构、称重传感器、测量显示仪表、卸料机构组成，如图6-4。图6-5为实拍电子配料系统。其中称重传感器是其核心构件。承重和传力机构是将被称物体的重量传递给重力传感器的机械部分。称重传感器是用来测量所承受的物体的重量大小，并按照一定函数关系（一般为线性关系）将重量值转换成为电量（电压、电流、频率等）输出的一种部件。称重传感器按照其结构形式、工作原理可分为许多种，如电阻应变式传感器、磁弹性测力传感器等。在配料秤中一般使用电阻应变式传感器（图6-6）。电阻应变式传感器有拉式、压式、拉压式、剪切式和弯曲式等（图6-7）。原理都是将电阻应变片（图6-8）粘贴在金属弹性元件上，金属弹性元件受力而产生变形时，电阻应变片将变形转化为电阻值的变化，通过电阻值的变化来反映重量的变化。一般电阻应变传感器的电阻应变片为两组四片，组成桥式电路（图6-9）。

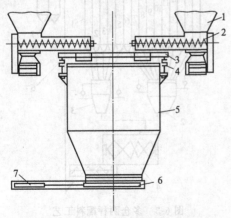

图6-4　电子配料秤系统

1—料仓；2—螺旋给料器；3—传感器安装支架；

4—传感器；5—秤斗；6—气动门；7—汽缸

图6-5　实拍电子配料系统

图 6-7　传感器实例

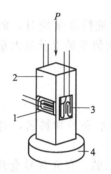

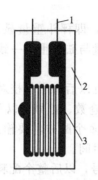

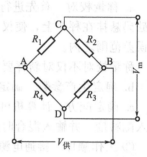

图 6-6　电阻应变式传感器结构
1,3—电阻应变片；
2—弹性体；4—底座

图 6-8　电阻应变片
1—引出线；2—衬底；
3—电子丝栅

图 6-9　桥式电路

电子配料秤在配料时，传感器将所受物料重力信号转化为电信号，并将其送入，经滤波和放大后，在经过模数（A/D）转换后，送入计算机，计算机对 A/D 定时采样，并比较、判断、检查预先存入计算机中的重量值是否达到一定的比例，未达到仍快速加料，达到则慢速加料，待达到预定值后，计算机发出指令停止加料。当最后一料仓加完料后，打开卸料门卸料，卸料完毕，关闭卸料门，完成一个称量周期。

重力传感器的安装一般采用吊挂式（拉式）或支承式（压式），数量为 3～4 个，传感器的安装在圆形秤斗时，直接按照等分原则安装；矩形秤斗如采用 3 个传感器，可按等腰三角形位置安装，如 4 个传感器可按矩形或正方形位置安装，如图 6-10。

3. 电子配料秤实例介绍

现以 SPLG 电子配料秤为例介绍其功能、技术参数。

（1）SPLG 电子配料秤的功能

① 屏幕显示配料分量毛重和净重，并显示配料过程。

② 具有手动、自动去皮功能。

③ 配料过程具有断电保护功能，恢复后可以从断电处继续配料。

④ 仪表具有自动零位跟踪功能。

⑤ 配料过程中能自动修正慢速给料的分量以及自动调整空中物料下落的补偿。

⑥ 输出部分全部采用消火花装置，防止起火爆炸，使配料过程安全可靠。

⑦ 能自动检测设备故障并报警。

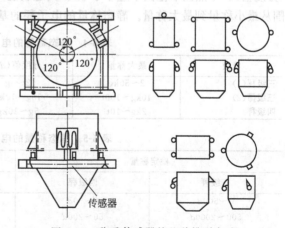

图 6-10　称重传感器的几种排列方式

⑧ 具有自动报表及配方打印汇总功能。

（2）技术参数

① 配料精度：静态≤0.1%FS、动态≤0.3%FS。

② 称量：50～1000kg。

③ 配料周期：4～6min/批次。

④ 配料品种数：≤24 种。

⑤ 最小分度值为 0.01kg，最大分度值为 0.5kg。

（3）工作过程

① 工作前的准备

a. 称量校对　首先进行零位校对，即秤斗重量显示为零，然后进行称量校对，即用标准砝码悬挂在秤斗上，使仪表显示重量与砝码重量一致，并要求分度值重量以及最大量程都在误差范围之内。

称量校对不仅对新秤要校对，并且以后每半年校对一次。

b. 确定生产参数　确定秤数、料仓数、首号仓以及下料顺序等。

c. 确定配方　计算机可储存 100 多个配方，要输入生产号，显示仓号和料名，对料仓输入配料量，并输入混合时间、放料时间。

② 工作顺序　接通电源给启动信号，以后整个配料是全自动进行的。首先首号仓开始排料，排料量达到只剩下设定柱值时，转为慢加料。只剩空中料时，即停止慢加料。下一料仓开始工作，直到所有仓都配好后，检测混合机中是否有料，混合机门是否关闭到位；如果自检达到要求，秤门打开，料进入混合机。在料进入混合机过程中，如需加入添加剂，则报警提醒加入，加入后开始记录混合时间。同时配料秤秤门关闭，到位后，开始下一批次配料。

4. 电子配料秤的误差与检定

（1）静态称量电子秤的误差与检定　电子配料秤静态称量的检定适用于新制造、使用和修理后的饲料配料秤。饲料行业大宗物料多使用四级普通准确度配料秤，微量元素等原料多使用三级中准确度配料秤。静态称量电子秤的检定是用四级标准砝码做静态检定，故又称为静态检定或砝码检定。本检定规程来自四川省地方计量检定规程JJG(川)—86《电子秤》，供参考。

技术要求：输入额定电压为 220V、50Hz，输入电压变化−15%～+10%时电子秤应能正确工作。电子秤的数字显示仪表的显示应明亮清晰，电子秤所具有的各种功能如累计、去皮、计算、计价、打印等均应正常。通电预热 30min，仪表调零，经 2h 后，其零点漂移不超过 1d（分度值）。零点调节范围不应小于 2d。其超载能力应能承受 125%的最大称量值。秤的有效范围从最小称量到最大称量。静态称量的电子秤的基本参数见表 6-4。其允许误差见表 6-5。

表 6-4　静态称量的电子秤的基本参数

等级	最大称量	分度值(d)	分度数(n)	最小称量
三级秤(1)	2～50kg	2～5g	1000～10000	50d
三级筛(2)	10kg～100t	10g～10kg	1000～10000	50d
四级秤	2kg～10t	5g～10kg	400～1000	10d

表 6-5　静态称量的电子秤的允许误差

检定称量		允许误差	
三级秤	四级秤	新制造和修理后	使用中
0～500d	0～50d	±1d	±1d
500～2000d	50～200d	±1d	±1d
>2000d	>200d	±2d	±2d

检定条件：电子秤的检定环境应符合产品使用说明书的规定。计量性能检定用四等砝码进行；砝码不够用时，可用替代法。检定设备用 500V 的兆欧表和 $3\frac{1}{2}$ 位数字万用表及 0~250V 调压器各一只。外观检查符合要求。电子秤的安装基础要求同固定杠杆秤。商用电子秤、可移动式电子秤应置于水平地面或平台上，秤的四轮、承重板、连接件应接触正常，具有水平装置的秤应能调整水平。电子地秤用载重汽车往返通过承重板不少于三次，检查秤的质量应符合技术要求，计数器显示应正常，最大称量小于 10t 的秤不做此项检查。

计量性能检定包括以下主要项目。

① 预热及零点漂移检查　计量性能检定前仪表预热 30min。预热仪表调零，经 2h 零点漂移不应超过一个分度值。不许预热的电子秤通电后应正确计量并且各种功能正常。

② 空秤的变动性检定　显示仪表调零后，将台面左右各推动一次，每推动一次后秤的示值误差应符合表 6-6 的规定。商用电子秤按照说明书进行。

③ 最小称量准确度及灵敏度检定　空秤检定后调仪表至零。在承重台面中心加放最小称量砝码，示值误差符合表 6-6 的规定。在承重台面中心上加放或取下 $1.4d$ 的小砝码，示值显示应有改变。

④ 10% 最大称量准确度和各承重点示值准确度的检定　在承重台面中心位置加放 10% 最大称量的砝码，示值误差应符合表 6-6 的规定。将承重台面中心位置的砝码依次加放在各承重点上，各点示值误差不应超出表 6-6 的规定，对只有一个承重点的电子秤，对秤应作四角检定（加砝码的位置：圆形承重面为 $\frac{2}{3}R$ 处，矩形为等分四块面积的几何中心处）。各承重点或四角的最大值与最小值之差不应大于误差的绝对值。

⑤ 各承重点示值准确度和最大称量灵敏度检定　按照表 6-6 的规定检定各称量点准确度，各点示值误差不应超出表 6-6 的规定。

表 6-6　各加载称量点准确度的检定点

	称量段	0~500d	500~2000d	2000d 至最大称量
三级秤	检定称量	50d 300d 500d	1000d 1500d 2000d	2500d 至最大称量
	称量段	0~50d	50~200d	
四级秤	检定称量	10d 30d 50d	100d 150d 200d	500d 至最大称量

使用中的秤可检至实际使用的称量值，但需在证书中证明。

最大称量灵敏度检定：检至最大值时，示值显示后，在承重台面加减 $1.4d$ 的砝码，示值显示应有改变。

⑥ 超负荷检定　最大称量灵敏度检定后，在承重台面加放 125% 最大称量值的砝码，静压 15~20min，观察秤的零部件，应无损伤，传感器输出信号应正常。新制和新安装的电子秤，必须做超负荷试验。具有超载报警装置的秤应作报警功能检查。

⑦ 回检　按加载称量点的顺序从最大称量点逐点回检至空秤，其各点示值误差不应超出表 6-6 的规定。

⑧ 示值重复性检定 新制和改制的秤应进行重复性鉴定，重复性检定按照上述项目 5 与项目 7 的要求重复检定三次，各点显示值的最大值和最小值之差不得超过允许误差的绝对值。计算公式为：

$$\Delta i_{max} = Li_{max} - Li_{min} \tag{6-1}$$

式中 Li_{max}——该称量点最大示值减去该次检定前后两个空秤示值的平均值；

Li_{min}——该称量点最小示值减去该次检定前后两个空秤示值的平均值。

检定周期不超过一年。检定合格的秤发给检定证书。证书上应注明检定地点的重力加速度。检定不合格发给检定结果通知书，不准出厂、销售和使用。新安装的秤必须经过当地计量部门检定合格方可使用。

(2) 计算机控制配料秤的误差与检定 计算机控制配料秤是目前饲料加工企业用于多种物料称量的关键专用设备，是一种应用最广泛的计量配料设备。动态检定项目包括：安全性能试验，称量显示器的低温贮存、高温高湿、环境温度试验和耐机械振动试验等。其称量误差参照表 6-7。在物料 10 次动态检定中，要求有 9 次的误差小于 $\pm 3d$，另一次不大于 $6d$。现介绍配料秤的称量性能试验。

① 偏载试验 将相当于 1/5 最大称量的砝码分别放在各传感器受力点上，秤的示值误差、总物料累计重量及生产日期和时间，秤的运行状态和信号、声光报警等一一显示出来。电阻应变传感器将重力信号转变为电信号，并通过智能称重数显仪表、微机系统、控制柜和秤斗组成的计算机配料系统，完成称量、配料、显示、记录、打印和报警等功能。微机控制秤的误差及检定目前尚无地方和国家标准，以目前饲料企业使用的微机配料秤 PCS 型企业标准为例简介如下。

PCS 型配料秤有 5 种规格，其额定称量分别为 100kg、250kg、500kg、1000kg、2000kg，分度值 d 依次为 0.1kg、0.1kg、0.5kg、1kg、2kg，有效称量范围为其额定称量值的 10%～100%。可配物料依次为 8、12、16、16、16 种。

试验时，要求环境温度为 10～35℃，试验过程中温度差不大于 10℃，相对湿度不大于 85%，试验过程中湿度变化不大于 10%。电动机三相交流电压为 380V±10%，显示器单相交流电压 220V±10%。静态试验用四等标准砝码，摆放砝码使传感器应受力均匀，静态试验误差应符合表 6-7 的规定。

表 6-7 计算机控制电子秤的允许误差

称量	静态检定		物料检定
	新制造、修理后的	使用中的	最大称量的 10%～100%
0～50d	±0.5d	±1d	±3；±6
50～200d	±1d	±2d	
>200d	±1.5d	±3d	（9 次）（1 次）

② 静态精度检验 即砝码检定，其内容和步骤如下。

a. 开机预热（时间不超过 30min）后，按"清零"键，在 15min 内零位变化应符合表 6-7 的规定。

b. 当电压变化为 -15%～+10% 的额定电压值时，零位变化应符合表 6-7 的规定。

c. 当秤斗沿两个互相垂直水平方向各拉推一次，零位变化应符合表 6-7 的规定。

d. 称量试验。在称量范围内，检测点不得少于 5 点，其中必须包括最小称量点、最大称量点和最大允许误差发生改变的称量点。用标准砝码从零位开始，依次加载到各称量点，然后再依次卸载。各检测点的示值误差应符合表 6-7 的规定。

③ 鉴别力试验 在空秤和最大称量检定点，改变负荷相当于 $1.4d$ 时，原来的显示值应改变。

④ 安全超负载试验 当秤承受 125％的最大称量时，传感器及秤体不应损伤，称重仪表数显溢出并报警。

⑤ 回检称量试验 卸下超负荷的载荷后，回检最大称量及空秤的示值误差，应符合表 6-7 的规定。

⑥ 重复性试验 依次加、卸 3 次，各次同一称量点的示值误差应符合表 6-7 的规定。

⑦ 记录值与显示值 秤的记录值与显示值之差应符合表 6-7 的规定。

⑧ 动态精度试验 静态试验结束后，继续开机工作 1h，检验秤的动作是否协调、可靠、准确。在 1h 内配料秤应无故障发生。做物料检验时，将最大称量的 10％、50％ 和 100％ 作为检测点，每台秤的检验点不少于 2 个，每点检 10 次，由计算机程序控制给料机自动配料与停止配料。典型的方法是：将物料从秤斗中全部放出，置于配料秤上进行称量，以此称量值与设定值比较，两者之间的差值应符合表 6-7 的规定。等效的检验方法是：在静态精度已经测定的前提下，以显示值作为物料重量值，与设定值比较，其差值按均方根法叠加静态误差后的结果，作为其动态误差值，应符合表 6-7 的规定。采用上述何种方法检验应由主管检验人员确定。

5. 电子配料秤的误差分析

电子配料秤的误差主要有两种：静态误差和动态误差。静态误差主要来自①传感器的误差；②电测系统误差；③机械系统误差。动态误差除主要来自上述三点外，还包括动态干扰误差，主要是给料器的性能、制作工艺、工作状况等的影响。电子配料秤的精度主要影响因素、表现和结果见表 6-8。

表 6-8 电子配料秤的精度主要影响因素、表现和结果

设备	影响因素	主要表现	典型影响结果	性质
给料器	性能	结拱、流速过快	空间落差补偿值不确定,时间后推值不准确	动态
	工作状况	空载、过载	空间落差补偿值不确定,时间后推值不准确	动态
	制作工艺	螺旋、螺径无规律,螺叶末端与出料口距离不合理	料流速度不一致,时间后推值不确定,空间落差补偿值不确定	动态
	受控特性	断电后惯性运转	料流速度不一致,时间后推值不确定,空间落差补偿值不确定	动态
	其他	结构连续接口问题	影响系统工作	动态
重力传感器	性能	精度	系统计量精度	静态
		线性系数	影响计算机处理时间	
		弹性回复系数	量程改变、精度变化	
A/D 转换	性能	转换时间	系统处理实时性	静态
		转换精度	配料计量精度	
计算机	硬件性能	速度、数据长度	实时性、配料计量精度	静态
	软件性能	控制方式、算法	实时性、处理精度	
	其他	与其他电路接口	实时性、电磁干扰	
其他	储能器件	线包、电容	实时性	静态
	料路	距离、弯路、管流角	料流速度	
	线路	距离、街头、接插件	电磁干扰	

6. 配料系统一般故障及排除方法（详见表6-9）

表6-9　配料系统一般故障及排除方法

故障	原因	检查和排除方法
给料器开启、闭合失灵	①控制失灵	①检查电路及控制仪器，并调整、修理
	②气(电)动元件失灵	②更换或修理
	③设备损坏或发生卡死现象	③修理与调整
	④电机损坏	④修理与调整
	⑤电源电压过低	⑤检查电源电压，并进行修理调整
	⑥放料门没有关好	⑥使之关好，并检查控制部件
放料门不开	①控制失灵	①电路接头、控制仪故障，调整并修理
	②气(电)动元件失灵	②修理、调整或更换
	③部件损坏或发生卡死现象	③修理或更换
	④料位器失灵	④修理或更换
称量太多(过载)	①设定值太高	①调低
	②控制失灵	②检查、调控控制仪表
	③传感器损坏	③更换新传感器
	④给料器失控	④修理或调整
称量不准	①控制失灵	①调整检修
	②传感器失灵	②更换或修理
	③机械部件有损	③检查与修理
	④设定值失误	④重新设定
	⑤给料器失控	⑤修理或调整
	⑥原料仓位号有误	⑥检查并调整
称量过程运转失灵或突然停转	①程序失灵或错乱	①更换程序或修复
	②料仓物料或结拱	②检查或破拱
	③给料器卡死或电机损坏而停转	③检查或调换
	④停电或短路或断路	④检查并修理
	⑤控制系统有误	⑤检查并调整

二、其他配料秤

1. 磅秤

配料用磅秤是在原有台秤的基础上改造而成的（如图6-11），主要应用于小型饲料加工企业或大中型饲料加工企业的微量组分的称量工段，也应用于一仓一秤配料工艺中，具有制造容易、价格低、控制线路简单的特点。

2. 字盘秤

字盘自动配料秤是机电结合的字盘定值自动配料秤，是在普通字盘秤的基础上安装无接触开关并加配相应的电气自动控制线路的一种重量式配料装置。它主要由秤斗、字值表头、电感头、控制电路、排料门、框架等组成，如图6-12。

3. 光学自动秤

光学自动秤是在机械秤的基础上，将机械量转换为线性光刻度，经过放大，折射后显示出重量值，结构原理如图6-13。

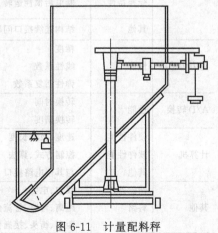

图6-11　计量配料秤

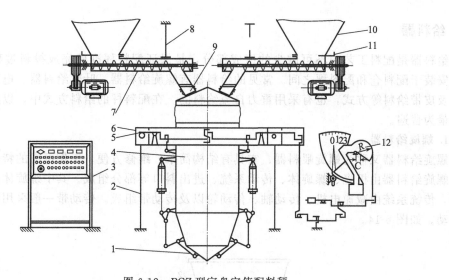

图 6-12　PCZ 型字盘定值配料秤

1—卸料机构；2—支承框架；3—电控柜；4—料斗；5—承重系统；

6—密封箱；7—给料机构；8—给料机构吊钩；9—挡料袋；

10—贮料斗；11—给料插板；12—计量表头

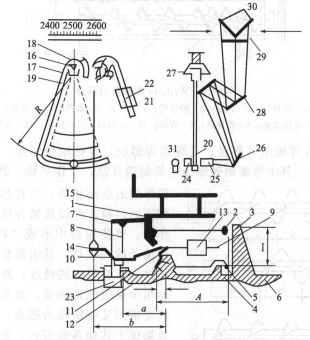

图 6-13　光学自动秤结构原理图

1—秤盘架；2—拉环；3—环柱；4—连接环；5—连接刀；

6—底座；7—重点刀；8，10，12，17—刀承；9—承重

杠杆；11，16—支点刀；13—平衡砣；14—力点刀；

15—连接钩；18—偏心轮；19—臂架；20—刻度盘；

21—右臂架；22—摆锤；23—阻尼器；24—聚光镜；

25—放大镜；26～28—折射镜；29—毛玻璃；

30—反光镜；31—光源

三、给料器

给料器是配料工艺中不可缺少的组成部分，是保证配料秤准确完成投料过程的一个机构，安装于配料仓和配料秤之间。常见的给料器有螺旋给料器、叶轮给料器、电磁振动给料器以及皮带给料等方式，也有采用重力自流给料的。在配料秤的给料方式中，以螺旋给料器应用最为普遍。

1. 螺旋给料器

螺旋给料器又称为螺旋喂料器，它具有结构简单、维修方便、工作可靠的特点。

螺旋给料器由机壳、螺旋体、传动系统、进出料口等部分组成。其中螺旋体是其结构的核心，传统系统由减速电机、传动轴、传动轮以及传动带组成。传动带一般采用链条或三角带传动。如图 6-14。

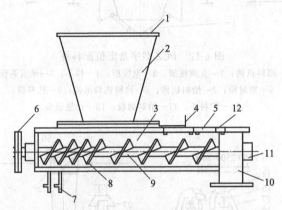

图 6-14　WLL-16 型螺旋给料器
1—进料口；2—料斗；3—输送槽；4—闸门；5—检查门；6—链轮；
7—电机机座；8—螺旋体；9—管轴；10—出料口；11—轴承；12—盖板

给料器的螺旋有等螺距等螺径、变螺距等螺径、等螺距变螺径、变螺距变螺径四种结构形式（图 6-15）。其中等螺距等螺径螺旋制造方便、工作平稳、磨损均匀，但由于每

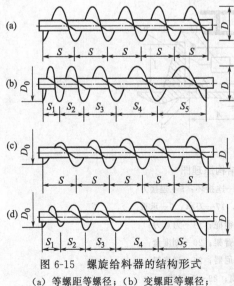

图 6-15　螺旋给料器的结构形式
(a) 等螺距等螺径；(b) 变螺距等螺径；
(c) 等螺距变螺径；(d) 变螺距变螺径

段螺旋的空间相等，只有起始段螺旋接受料仓落下的物料，而以后的各段只起到输送物料的作用，致使输送中形成"死区"，使物料的整体流动遭到破坏，易引起物料流动受阻，产生结拱，影响配料的精度。所以配料的螺旋给料器很少采用此种螺旋，常采用变螺距或变螺径或变螺距又变螺径的螺旋。变螺距变螺径使用效果优于其他各种形式，采用较多，但结构复杂、制造困难。

给料器在实际使用中，为了避免物料流动过快过猛，产生过载，常在给料器上配减压板，并根据实际调整其倾斜角度。同时给料器的主轴转速不能太快，一般为 10～120r/min，以 20～40r/min 时给料量的误差最小。我国采用的 WLL·20 型螺旋给料器技术参数见表 6-10。

表 6-10　WLL·20 型螺旋给料器主要技术参数

序号		一	二	三	四	五	六	七
型号		WLL·20-150	WLL·20-200	WLL·20-250	WLL·20-300	WLL·20-350	WLL·20-400	WLL·20-450
进出口中心距/mm		1500	2000	2500	3000	3500	4000	4500
不等直径螺旋	全长/mm	800	800	800	800	800	800	800
	片数	5	5	5	5	5	5	5
等直径螺旋	全长/mm	1023	1523	2023	2523	3023	3523	4023
	片数	6.3	9.5	12.6	15.8	19	22	25
全部螺旋长度	全长/mm	1823	2323	2823	3323	3823	4323	4823
	片数	11.3	14.5	19.6	20.8	24	27	30
螺旋主轴长度/mm		2038	2538	3038	3538	4038	4538	5038
机壳长度/mm		2173	2673	3173	3673	4173	4673	5173

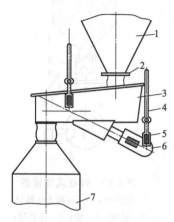

图 6-16　电磁振动给料器
1—卸料斗；2—法兰盘；3—料槽；
4—吊钩；5—减震器；6—电磁
振动器；7—秤斗

2. 电磁振动给料器

电磁振动给料器主要由料槽、电磁振动器、减震器、吊架、法兰盘等组成，如图 6-16。主要用于非黏性颗粒或粉状物料的供料使用，它的作用是将物料从储料斗中定量均匀连续地将物料输送到后段设备中。常应用于粉碎机的供料和配料秤供料装置。

卸料斗 1 的上部与配料仓或缓冲仓相连接，其底部的法兰盘 2 通过压板，采用螺钉固定，将软连接压紧。软连接的底端用同样的方法与电磁振动给料器的料槽 3 相连接。电磁振动器 6 安装在料槽的底腰部，料槽的前端出口处利用压板将软连接固定在料槽和秤斗 7 的法兰盘上。四组减震器 5 安装在吊架上，利用吊钩 4 将振动给料器吊在预先设置的固定架上。

电磁振动给料器的给料过程是利用电磁振动器驱动料槽沿倾斜做周期性往复振动来实现物料的输送。当槽体振动加速度的垂直分量大于重力加速度时，槽中物料被连续地抛起，并按照抛物线的轨迹进行跳跃式运动。由于槽体振动的频率较高，而振幅很小，因此物料被抛起的高度很小，只能观察到物料在料槽中向前流动。

3. 叶轮给料器

叶轮给料器主要应用于料仓出口与配料秤入口中心距离较小、空间有限的场合，具有体积小、重量轻、便于悬挂吊装、操作简便的特点。其主要由叶轮和圆筒外壳组成（见图 6-17）。

叶轮给料器工作时转速不能太高，因为当叶轮转速过高时，物料的下落速度远低于圆周速度，使物料不能充分进入和卸下，造成输送量下降且稳定性差，影响配料精度。一般叶轮给料器的圆周速度不超过 0.6m/s。

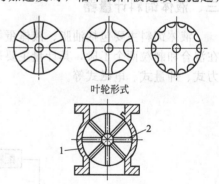

叶轮形式

图 6-17　叶轮给料器
1—壳体；2—叶轮

第四节　容积式配料装置

容积式计量装置是以其体积折算为重量的一种计量装置。从配料仓中均匀地向工作机械喂给物料。容积计量装置主要有螺旋式计量器、转盘式计量器、叶轮式计量器以及液体饲料计量器等。

一、螺旋式计量器

螺旋式计量器是通过改变转速来改变配料量的一种计量装置。其结构与螺旋绞龙相近，如图 6-18。

二、转盘式计量器

转盘式计量装置是用来计量散落性差的物料的设备，其结构如图 6-19。

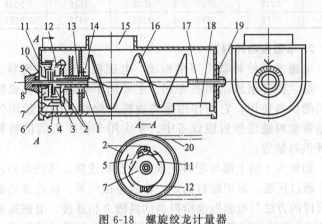

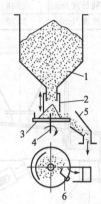

图 6-18　螺旋绞龙计量器

1—止推挡圈；2—链轮及支座；3—棘轮挡圈；4—扭簧；5—棘轮；
6—轮爪小轴；7—固定凸轮；8—调位手轮；9—固定螺钉；
10—定位滚珠；11—调位凸轮；12—轮爪；13—轴套；
14—支承支套；15—给料口；16—绞龙；17—绞龙轴；
18—排料口；19—支承轴承；20—链子

图 6-19　转盘式计量器

1—配料仓；2—可调式卸料口；
3—圆盘；4—轴；5—排料口；
6—刮板

三、液体饲料计量器

液体饲料主要包括油脂、液体蛋氨酸、液体氯化胆碱、糖蜜、尿素等。其添加部位主要在混合和制粒两个工段，其计量主要采用管道流量计来实现。流量计有容积式、叶轮式、压力式、冲量式、电磁式等。

【本章小结】

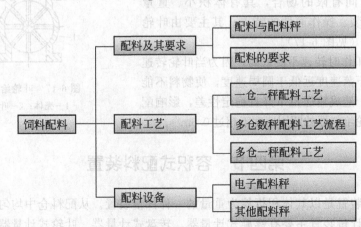

【复习思考题】

1. 简述配料的概念。配料装置的性能包括哪些，有哪些基本要求？
2. 常见配料工艺有哪几种，有什么特点？
3. 电子配料秤的一般结构如何，特点如何？
4. 电子配料秤的静态误差和动态误差的含义如何？静态误差和动态误差如何检定？
5. 电子配料秤的静态误差的要求如何？
6. 简述电子配料秤的常见故障和解决方法。
7. 电子配料秤的精度影响因素有哪些，如何克服？
8. 螺旋给料器的结构如何？如何保证螺旋给料器的使用效果？
9. 电磁振动给料器的结构如何？
10. 叶轮给料器的结构如何？
11. 常用的重量式配料装置有哪些，使用状况如何？
12. 常用容积式计量装置有哪些？

第七章 饲料混合

【知识目标】

- 了解混合工艺在饲料生产中的核心作用；
- 理解混合质量的评定指标；
- 掌握饲料的混合工艺、混合质量的评定及影响工艺效果的因素；
- 掌握饲料混合机的分类和常用混合机的结构、工作原理及基本的工作参数和特点。

【技能目标】

- 能够根据饲料混合工艺制定混合质量的控制措施；
- 会正确合理地使用混合机；
- 能熟练操作混合工序。

第一节 饲料混合的要求

混合是生产配合饲料和混合饲料的关键工序。所谓混合就是将配合后的各种物料在外力作用下相互掺和，使各种物料能均匀地分布，尤其对用量很少的微量元素、药剂和矿物质等更要求分布均匀。

饲料混合的主要目的是将按配方配合的各种原料组分混合均匀，使动物采食到符合配方要求的各组分分配均衡的饲料。它是确保配合饲料质量和提高饲料报酬的重要环节。饲料混合机是配合饲料厂的关键设备之一，而且它的生产能力决定着饲料厂的生产规模。

一、混合质量要求

混合质量要求就是看物料是否完全混合均匀，平常所说的把各种组分的物料完全混合均匀，是要把各种组分的每一分子均匀地、按比例地嵌成有规律的结构体，也就是说在混合物的任何一个部位截取一个很小容积的样品，在其中也应该按比例地包含每一组分。而实际上这是一种完全理想的混合状态，生产上是达不到的，处于混合物整体中不同部位的各个小容积中所含各组分的比例不可能是绝对相等的，而往往都是在一定范围内波动。因此用混合均匀度来衡量混合质量，目前公认的科学表达混合均匀度的方法是"变异系数"，这在第四节将作详细介绍。

二、混合机技术要求

1. 混合机的分类

用于实现物料混合过程的机器称为混合机，在生产饲料工艺中多采用机械混合。以下所讲的均为按机械混合的方法来实现物料混合的混合机。混合机可根据其布置形式、物料流动情况及容器的状态来分类。

第一，根据混合机的布置形式分类。

① 卧式混合机　混合机外形为平卧式，通过机器内的螺旋带或桨叶的旋转，对物料进行混合。卧式混合机有混合周期短、混合均匀度高以及残留量少等优点。

② 立式混合机　混合机外形为立式，通过机器内输送螺旋的转动，使物料达到混合目的。立式混合机结构简单、动力小，但混合周期长、残留量多。

第二，根据物料流动情况分类。

① 分批式混合机　混合操作分批，反复进行混合的形式，目前被大、中型饲料厂所广泛采用。

② 连续式混合机　混合操作不间断地连续进行的形式。

第三，根据容器的状态分类。

① 容器固定型混合机　在固定的容器内装有转动的搅拌机构（搅拌部件如图 7-1 所示）。螺带式混合机、立式螺旋式混合机、行星式混合机等属于这种类型。

② 容器旋转型混合机　通过容器旋转使内部物料混合的形式，如 V 形混合机和滚筒式混合机。

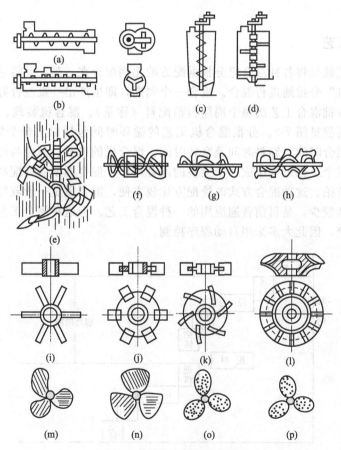

图 7-1　混合机的搅拌机构

(a)，(b)螺旋和叶片的组合（适用于干粉料、潮湿料）；(c)螺旋式（适用于稀饲料的搅拌）；(d)，(i)，(j)，(k)，(l)叶片式（适用于稀饲料的搅拌）；(e)桨叶式（适用于干粉料）；(f)，(g)，(h)环带式（适用于干粉料）；(m)，(n)，(o)，(p)桨叶式（适用于稀饲料的搅拌）

2. 混合机技术指标

① 要求混合机结构合理、简单坚固、操作方便，不漏料，便于检视、取样和清理。

② 混合均匀度要求较高。饲料标准中规定，对于配合饲料的混合均匀度变异系数

≤10％，对于预混合饲料的混合均匀度变异系数≤5％。

③ 混合时间要短。混合时间决定了混合周期，混合时间的长短，可影响到生产线的生产率。

④ 应有足够大的生产容量，以便和整个机组的生产率配套。

⑤ 机内残留率要低。为避免交叉污染，保证每批的产品质量，配合饲料混合机内残留率 $R \leq 1\%$，预混合饲料混合机 $R \leq 0.8\%$。目前先进的机型可达到 0.01％以下。

⑥ 应有足够的动力配套，以便满足负荷，不影响启动和工作。在保证质量的前提下，尽量节约能耗。

第二节 混合工艺

混合工艺是指将饲料配方中各组分原料经称重配料后，进入混合机进行均匀混合加工的方法和过程。按混合工艺来分，混合操作可分为分批混合工艺（或称批量混合工艺）和连续混合工艺两种。

一、分批混合工艺

分批混合工艺就是将各种混合组分根据配方的比例配合在一起，并将它们送入周期性工作的"批量混合机"分批地进行混合。混合一个周期，即生产出一批混合好的饲料，这就是分批混合工艺。分批混合工艺的每个周期包括配料（称重）、混合机装载、混合、混合机卸载及空转时间，流程见图7-2。分批混合机工艺的循环时间包括以上每个操作时间的总和，包括进料时间、混合时间、卸料时间及空转时间。混合机的进料、混合与卸料三个工作过程不能同时进行。三个工作过程组成一个完整的混合周期。混合周期应与配料周期相适应，以获得相同的生产节拍。这种混合方式改换配方比较方便，混合质量一般较好，易于控制，每批之间的相互混杂较少，是目前普遍应用的一种混合工艺。但这种混合工艺的称量给料设备启闭操作比较频繁，因此大多采用自动程序控制。

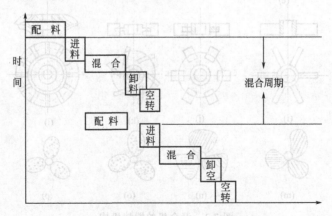

图7-2 分批混合工艺示意图

混合机的生产率可按下式计算：

$$Q = \frac{60V\Phi\gamma}{\sum t} (\text{kg/h})$$

式中 Q——混合机产量，kg/h；

　　　V——混合机容积，m³；

Φ——物料充满系数，一般取 $\Phi=0.80\sim0.85$；

γ——物料容重，kg/m^3，一般实测，参考值为 $400\sim500kg/m^3$；

Σt——混合周期需要总时间，min，包括进料时间、混合时间、卸料时间及空转时间。

二、连续混合工艺

连续混合工艺是将各种饲料组分同时分别地连续计量，并按比例配合成一股含有各种组分的料流，当这股料流进入连续混合机后，则连续混合而成一股均匀的料流，这种工艺的优点是可以连续地进行，前后工段容易衔接，操作简单。但是在换配方时，流量的调节比较麻烦，而且在连续输送和连续混合设备中的物料残留较多，所以两批饲料之间的互混问题比较严重。目前连续混合仅用于混合质量要求不高的场合。工艺流程如图 7-3 所示。

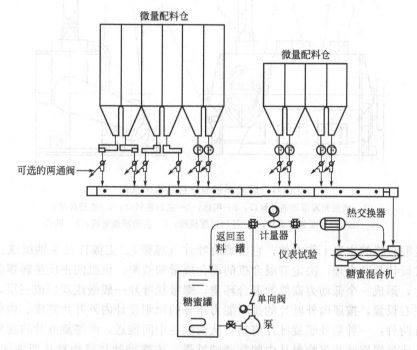

图 7-3　连续混合工艺示意图

连续混合工艺由喂料器、集料输送机和连续混合机三部分组成。喂料器使每种物料连续地按配方比例由集料输送机均匀地将物料输送到连续混合机，完成连续混合操作。随着畜牧业的发展，对于微量元素的添加以及饲料品种的增多，连续配料、连续混合工艺的配合饲料厂日趋少见。一般均以自动化程序不同的批量混合进行生产。

第三节　混合机械

一、卧式环带混合机

1. 构造
卧式环带混合机属于分批式混合机，是配合饲料厂的主流混合机。该机的结构主要由机体、转子、传动部分和控制部分组成。

　　机体外壳由普钢或不锈钢制造，机体容积的大小决定了每个批次混合量的多少。机体两端采用了内外层墙板的空心夹层结构。中间的空间与机体上、下部相通，在进、出料时，被排出的气体可以上下循环，而不至于气体和粉尘溢出机外。该机有单轴式和双轴式两种。单轴式的混合室多为U形，也有O形；双轴式则为W形。其中O形适用于预混合料的制备，亦可用于小型配合饲料加工厂；U形是普通的卧式螺带混合机，也是目前国内外配合饲料厂应用最广泛的一种混合机；W形则使用较少，多用于大型饲料加工厂。U形卧式螺带单轴式混合机［U形的长筒体结构，保证了被混合物料（粉体、半流体）在筒体内的小阻力运动］的结构示意见图7-4。进料口在卧式混合机的顶部，分圆形和矩形两种，圆形进料口一般有1～4个不等，矩形进料口一般在机体全长上布置，多为大型混合机所采用。

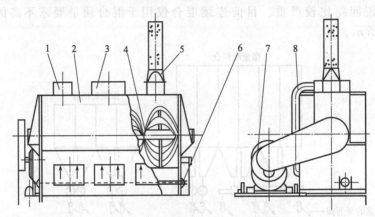

图 7-4　卧式环带混合机结构示意图

1—微量元素添加剂进料口；2—机体；3—主料进料口；4—螺旋环带；

5—出气口和布袋过滤器；6—排料控制机构；7—齿轮减速电机；8—风管

　　转子是混合机的主要工作部件，它由螺旋叶片（螺带）、支撑杆及主轴组成。其中螺带的结构形式设计是否合理，决定着混合机的混合质量和效率。该机的正反旋转螺条安装于同一水平轴上，形成一个低动力高效的混合环境，螺带状叶片一般做成双层或三层，内外圈叶片分别按左右设置，按照内外叶片的排料能力相等的原则设计内外叶片宽度。内外叶片的排列形式也有两种：一种是外螺旋叶片将物料从两端往中间推送，内螺旋叶片将物料从中间往两端推送，或外螺旋叶片将物料从中间往两端推送，内螺旋叶片将物料从两端往中间推进；另一种是外螺旋叶片将物料由一端向另一端推送，而内螺旋叶片推送物料的方向与其相反。可使物料在流动中形成更多的涡流，加快了混合速度，提高了混合均匀度。螺旋有单头的也有双头的，其中以双头双层双旋向的居多，内外螺旋叶片分别为左右螺旋，为了使内外叶片输送物料能力相等，以保持料面水平，内螺带宽于外螺带，一般为外螺带的3～5倍。外圈叶片与机壳之间的间隔为5～10mm，有的混合机此间隙为2mm。这种间隙小的混合机，每批混合2t物料，机内的残留量只有50g，仅是总重量的四万分之一。这对减少各种配方的饲料相互间的污染，提高混合质量有着非常重要的作用。

　　出料门在机体底部，其形式有一端小开门和大开门两种。大开门形式具有卸料速度快、物料残留量少的优点，但因为出料门较大，要求门体的强度高、密封性能好。小开门形式结构简单，但卸料速度慢、残留量多，所以仅用于小型混合机。出料门控制机构有手动、电动和气动三种形式。手动仅用于小型混合机。大、中型混合机使用电动或气动控制。

　　传动部分由电动机、减速器等组成。它们通过支架直接安装在机体上，由减速器通过联轴器直接带动螺旋轴，也可由减速器经过链轮减速器带动螺旋轴，电动机安装在机体下部或上部，视具体情况而定。

此外，尚可设自动控制装置。当盖板在开启的情况下，混合机不能启动以保证安全。按生产的需要调整每批产量和混合时间，防止重复进料。混合时间可以预先在控制台上调好，时间一到，混合机就自动打开卸料门，将物料卸入料箱中去。

2. 工作原理

卧式螺带混合机，一般都设计成内外两层螺带，内外两层螺带分别为左右螺旋。当一条螺带把物料由混合机的一端送向另一端时，另一条螺带则把物料作反向输送，在混合机设计中，内层螺带又宽于外层，因此在机内产生强烈的对流和剪切混合作用。大型混合机在其主轴上设有一条满面式绞龙，以取得良好的效果。外圈螺旋与机壳之间的间隙大小是影响混合机混合效果及卸料残留量的重要因素。批量混合机的进料、混合和卸料是相间进行的，所以操作频繁，并需与配料工序相互配合，大多采用程序控制和连锁机构，以避免由人工频繁操作而带来的错投、漏投或误投。在混合机的下面设置有大于混合机容量的缓冲仓，保证在短时间内将物料排空。混合机是空载启动连续运行的，当配合好的物料进入混合机之后，各组分物料就同时受到混合机环带的作用，使处于混合机不同部位的物料不断翻动、对流、扩散或掺和而达到均匀的分布，用这类混合机混合配合饲料时，达到混合均匀所需的时间通常在2～6min 之内，其长短取决于物料品种、各种物料特性（如水分含量、粒度均匀性等）的差异，油脂、糖蜜的含量多少等等。螺旋轴的转速一般为 25 ～ 60r/min，也有高达100～200r/min 的，具体视机型的大小和结构的不同而异。一般小容量的混合机转速较高，大容量的混合机转速较低，卸料时适当提高转速，可以获得彻底卸空的效果。

卧式环带混合机的优点是适用范围广，混合速度快，混合周期短，在混合稀释比较大的情况下（如1 : 100 000）也能达到较好的混合效果。混合质量好，不仅能混合散落性较差以及黏附力较大的物料，必要时尚能加入一定量的液体饲料。当添加油脂或糖蜜时，添加量可达10% 左右。卸料时间短，物料在机内的残留量少，所以，目前在一般加工厂中普遍采用。缺点是占地面积大、动力消耗大。由于混合时间短，故单位产品能量消耗不比立式混合机大。表 7-1 列出了卧式环带混合机的主要技术参数。

表 7-1　卧式环带混合机的主要技术参数

混合机型号规格	机壳有效容积/m³	每批混合量/t	混合均匀度(cv)/%	每批混合时间/min	配用动力/kW
SLHY 0.25	0.25	0.1	≤7	3～6	2.2
SLHY 0.6	0.6	0.25	≤7	3～6	5.5
SLHY 1	1	0.5	≤7	3～6	11
SLHY 2.5	2.5	1	≤7	3～6	18.5
SLHY 5	5	2	≤7	3～6	30
SLHY 7.5	7.5	3	≤7	3～6	37
SLHY 10	10	4	≤7	3～6	45
SLHY 12.5	12.5	5	≤7	3～6	55
SLHY 15	15	6	≤7	3～6	75

二、双轴桨叶混合机

双轴桨叶混合机以强烈、高效混合为特点，被广泛应用于大型饲料厂、饲料预混料厂、饲料添加剂厂，主要用于粉料、颗粒料及片状、块状、黏稠状物料的混合。

该混合机主要由机体、双转子、卸料门控制机构、传动部分及液体添加系统组成。其结构如图 7-5 所示。机体为双槽形，其截面积形状如 W 形。机体顶盖有 1～3 个进料口，用于进料、排气、观察等。两机槽底各开有一个卸料口，用于快速排空机内混合好的物料。机体内装有两组转子，转子由轴、3 组桨叶和撑杆组成，见图 7-6。桨叶一般呈 45°角安装在轴上。一根轴上最左端的桨叶和另一根轴上最右端的桨叶与轴线的夹角小于其他桨叶，这两个桨叶除了混合作用外，还使物料在此获得更大的径向速度而较快地进入另一转子作用区。两轴安装的中心距小于两桨叶的最大回转直径。转子运动时，两轴桨叶端部在机体中线部分成交叉重叠区。由于桨叶在轴向对应错开，工作时安装在两转子上的叶片互不相碰。卸料门控制机构有手动、电动、气动三种形式。手动控制仅用于小型混合机，大、中型混合机主要是电动和气动控制机构。

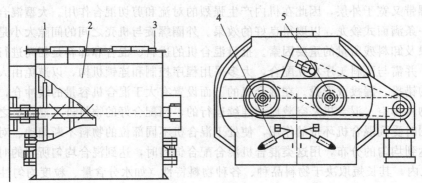

图 7-5 双轴桨叶混合机结构示意图

1—转子；2—机体；3—喷油装置；4—出料口；5—传动装置

工作原理：该混合机内物料受两个相反方向旋转的转子作用，进行着复合运动，即物料在桨叶的带动下围绕着机壳作逆时针旋转运动，同时也带动物料上下翻动，在两转子交叉重叠处形成失重区，在此区域内，不论物料的形状、大小和密度如何，都能使物料上浮处于瞬间失重状态，这使物料在机体内形成全方位的连续循环翻动，相互交错剪切，从而达到快速、柔和、混合均匀的效果。如图 7-6 所示。该混合机的主要技术特性参数见表 7-2。

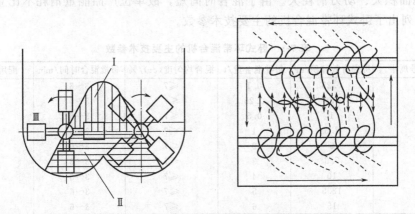

图 7-6 双轴桨叶混合机运动轨迹图

表 7-2 双轴桨叶混合机的主要技术参数

规格型号	SJHJ 0.2	SJHJ 0.5	SJHJ 1	SJHJ 2	SJHJ 4
有效容积/m³	0.2	0.5	1	2	4
每批混合量/kg	100	250	500	1000	2000
每批混合时间/s	45～90（根据物料特性可适当延长混合时间）				
混合均匀度(cv)	≤5%	≤5%	≤5%	≤5%	≤5%
功率/kW	2.2	5.5	11	18.5	30

该机具有以下性能特点：

① 适用物料范围广，对密度、粒度等性状差异较大的物料混合时不产生偏析，能获得高精度混合物；

② 混合均匀度高，混合后物料变异系数 cv 小于 5%；

③ 混合速度快，混合时间 1～3min；

④ 混合过程温和，混合中不会破坏物料的原始物理状态；

⑤ 液体添加量范围大，添加量最大可达到 20%；

⑥ 充满系数可在 0.4～0.8 范围内调节；

⑦ 单位产品能耗低，系节能型设备；

⑧ 噪声低，不污染环境；

⑨ 结构紧凑，占地面积、空间小，安装、使用、维修保养方便。

三、立式绞龙混合机

立式绞龙混合机又叫立式螺旋混合机，主要由螺旋部分机体、进出口和传动装置构成，其结构如图 7-7 所示。机体可划分为上下两部分，上部为圆柱体，主要用以容纳物料；下部分为圆锥部分，用来收集物料。要求锥体部分母线与水平面的倾角大于 60°，以便物料能自然下落。机内的立式绞龙为本机的主要工作部件，是用来在机壳内连续提升物料和混合物料的。绞龙的形状有圆柱形和圆锥形两种，为了制造方便，一般多采用等直径绞龙。

立式绞龙也称快速绞龙，转速在 200～400r/min。为了进料能连续进行，现将喂料斗设在混合机的下部。为了减小卸料后的机内残留量，卸料口大多也都设在混合机的下部。工作时，将计量好的物料依次倒入进料口 6 内，开启混合机后，被搅拌物料从立式混合机的进料斗经引料螺旋进入立式螺旋输送器，被混合物料经过螺旋向上提升到达顶端后，再以伞状飞抛，沿混料筒体四周下落。从顶部抛洒下来的物料掉入混合机底部的缺口处，自动进入立式螺旋输送器，物料被再次向上提升、混合。物料在混合机内部作往复循环混合，直到混合均匀。打开卸料口 7 将物料卸出。

立式螺旋混合机具有配套动力小、投资低、占地面积小、结构简单等优点，但混合均匀度低，混合时间长（一般一批饲料的混合时间在 15～20min，混合均匀度变异系数 cv 可达到 10%），效率低，且残留量大，易造成污染，如更换配方必须彻底清除筒底残料，较为麻烦，一般适于混合均匀度不高的小型养殖场或家用饲料及粗饲料的混合。

四、圆锥行星混合机

圆锥行星混合机又称圆锥绞龙型混合机，该机结构如图 7-8 所示，主要由筒体、电机、减速机、传动机构、螺旋部分及出料阀部分等五个部分组成。混合机工作由顶端的电动机带动双级双出轴摆线针轮行星减速器，输出公转自转两种速度，经传动装置、齿轮传动，两根螺旋轨作行星式的运转。两根非对称的螺旋轴自转，并同时沿筒体壁作行星式的运动，短螺旋靠近中心部位运动，改善了中心部位的混合，从而达到快速均匀的混合效果。由螺旋的公、自转使物料在锥体内产生复合运动，主要产生四种运动形式：

① 螺旋沿壁公转，使物料沿锥壁作圆周运动 [如图 7-9 (b)]；

② 螺旋自转使物料自锥底沿螺旋而上升 [如图 7-9 (a)]；

③ 螺旋的公、自转复合运动使一部分物料被带至螺旋圆柱面内，同时受螺旋自转的离心力作用，使螺旋圆柱面内的一部分物料向锥体径向排放；

④ 在重力作用下下降 [如图 7-9 (c)]。

四种运动在混合机内产生对流、剪切、扩散混合。

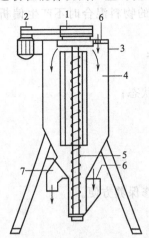

图 7-7　立式绞龙混合机结构示意图
1—传动机构；2—电机；3—机壳；4—绞龙套筒；
5—绞龙；6—进料口；7—出料口

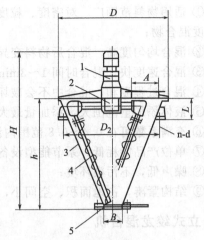

图 7-8　圆锥行星混合机
1—电机、减速机；2—传动装置；
3—筒体；4—螺旋部分；5—出料阀

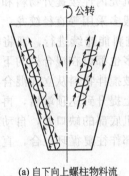

(a) 自下向上螺柱物料流

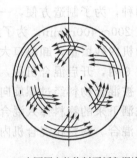

(b) 全圆周方位物料更新和混渗

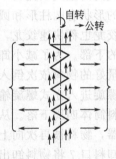

(c) 轴线向下物料流

图 7-9　圆锥行星混合机内物料流动形式

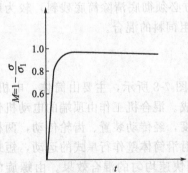

图 7-10　圆锥行星混合机混合
时间与混合均匀度关系曲线

如图 7-10 为混合时间与混合均匀度关系图。因该机混合作用强，能在短时间内很快达到统计的完全混合状态，再继续混合，可使混合质量保持在一定水平上。

该机与其他类型混合机比较，对混合物料适应性广，对热敏性物料不会产生过热，对颗粒物料不会压馈和磨碎，对密度悬殊和粒度不同的物料混合不会产生分层离析现象，还具有混合速度快、混合精度高、动力消耗低、物料残留量小、装载系数大、运转平稳可靠以及操作条件良好等优点。由于采用双向全密封结构，解决了操作过程中粉尘污染问题，改善了劳动条件，可实现生产过程连续化，因此是一种理想的节能、高效、无污染粉粒料混合设备。DSH 型立式行星锥形混合机主要技术特性参数见表 7-3。

五、V 形混合机

V 形混合机是新型、高效、精细容器回转、搅拌型混合设备，主要用于各种粉状、粒

第七章
饲料混合
085

表 7-3 DSH 型立式行星锥形混合机主要技术特性参数

型 号	全容积/m³	装载系数	型 号	全容积/m³	装载系数
DSH-0.5	0.5	0.6	DSH-6	6	0.6
DSH-1	1	0.6	DSH-10	10	0.6
DSH-2	2	0.6	DSH-0.05	0.05	0.6
DSH-4	4	0.6			

状物料的均匀混合，具有很高的混合度，对添加量很少的配料同样能达到较好的混合度。V 形混合机由 V 形筒、机械密封、机架、减速传动、搅拌叶片等构成。其结构如图 7-11 所示。

V 形混合机的工作过程：把需混合的几种物料通过真空输送或人工加料投放到 V 形筒内，上好筒盖，开启设备，V 形筒及搅拌叶片同时转动，旋转的 V 形筒使筒体内物料产生紊乱翻滚混合，物料可作纵横方向流动，高速旋转的搅拌叶片打碎结团物料，使物料在筒体内快速混合，混合均匀度达 99％以上。

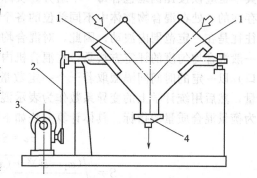

图 7-11 V 形混合机

1—原料入口；2—链轮；3—减速器；4—出料口

V 形混合机的优点：

① 该机由一台电动机拖动，筒体由链轮带动，搅拌叶片由三角带带动，结构简单，传动可靠；

② V 形筒支撑轴承采用了机械密封的隔尘处理，具有可靠的密封效果，粉料不会泄漏，不会因物料进到轴承内，导致轴承快速磨损而破坏；

③ V 形筒进料口采用快开旋开阀，出料口采用大口径 900 旋阀，使用特别方便；

④ 由手轮调节 V 形筒位置机构（VH01 型 V 形混合机无手轮调节），加料、出料方便；

⑤ 具有无死角、无沉积、能耗小、效果好的优点。

另外容器转动型混合机与容器固定型相比，往往混合速度要慢得多。但是最终的混合均匀度较好，因此适用于高浓度微量成分的第一级混合，在容器转动型中则以 V 形及带搅拌叶片的圆筒混合速度较快。物料的充满系数对混合均匀度有较大影响，V 形混合机充满系数小，混合时间短，当充满系数为 30％时效果最佳。

表 7-4 汇集了 VH 型部分混合机的技术参数。

表 7-4 VH 型部分混合机的技术参数

项目型号	净容积/L	混合物料容重 /(g/cm³)	生产能力 /(kg/次)	筒体转速 /(转/分)	混合时间 /min	电机功率 /kW	外形尺寸 (长×宽×高)/mm	设备重量 /kg
VH01	15	3.5	6～20	32	3～8	0.25	880×440×950	100
VH03	35	3.5	12～50	28	3～8	0.55	1600×450×1000	130
VH07	75	3.5	26～100	26	3～8	0.75	2000×650×1600	280
VH18	180	3.5	60～230	25	5～10	2.2	1920×600×1550	400
VH35	350	3.5	120～350	20	8～15	2.2	2550×940×2100	860
VH50	500	3.5	180～500	17	8～15	3	2800×1000×2200	900
VH75	750	3.5	250～750	15	10～20	4	3200×1200×2500	1200
VH100	1000	3.5	350～1100	13	10～20	5.5	3240×1500×3100	1600
VH150	1500	3.5	550～1600	12	10～20	11	3800×1800×3800	3000

第四节　混合质量控制

一、混合质量评定

　　把各种组分的混合物完全混合均匀，这好像是要把各种组分的每一个分子均匀地按比例地镶嵌成有规律的结构体，也就是说在混合物的任何一个部位截取一个很小容积的样品，在其中也应该按比例地包容每一个组分。实际上这种理想的完全混合状态是达不到的，也是不存在的。处在混合物整体中不同部位的各个小容器中所含各组分的比例不可能绝对相等，而往往是在一定范围内波动。因此，对混合均匀度的评定只能是基于统计分析方法的基础上。一般混合均匀度的评定方法是，在混合机内若干指定的位置或是在混合机出口（或成品仓进口）以一定的时间间隔截取若干个一定数量的样品，分别测得每个样品所含检测成分的含量，然后用统计学上的变异系数作为表示混合均匀度的一种指标，因此变异系数 cv 值就作为衡量混合质量的指标。具体计算方法如下：

$$cv = S/\bar{x} \times 100\%$$

$$S = \sqrt{\frac{(x_1 - \bar{x})^2 + (x_2 - \bar{x})^2 + \cdots + (x_n - \bar{x})^2}{n-1}}$$

$$= \sqrt{\frac{\sum\limits_{n=1}^{n}(x_i - \bar{x})^2}{n-1}}$$

$$\bar{x} = \frac{x_1 + x_2 + \cdots + x_n}{n} = \frac{\sum\limits_{i=1}^{n} x_i}{n}$$

式中　S——标准变异值；

　　　　$\bar{x}$——平均含量值；

　　　　x_i——每个样品测定的含量值；

　　　　n——样品的取样数。

　　我国有关标准规定，配合饲料 $cv \leqslant 10\%$，预混合饲料和浓缩饲料 $cv \leqslant 5\%$，与国外规定基本一致，前者称为"合格的混合"，后者称为"优良的混合"。

二、影响混合质量的因素

　　混合过程实际上是由对流、扩散、剪切等混合作用和分离作用同时并存的一个过程，所以凡是影响这些混合作用的因素都将影响混合质量。

1. 混合机型的影响

　　混合机的机型不同，混合机内的主要混合作用不相同，从而影响到混合速度和混合均匀度。

　　① 对流混合是将物料成团地从料堆的一处移向另一处的过程，因此，它可以很快地达到粗略的、团块状的混合。而且在此基础上可以有较多的表面进行细致的、颗粒间的混合。故以对流作用为主的混合机其混合速度快。例如卧式带状螺旋混合机就是这种形式。以对流作用为主的混合，各组分的物理机械性质对混合质量的影响比以扩散作用为主的机型要小。

　　② 以扩散作用为主的机型（如滚筒型连续式混合机等），其混合作用缓慢，要求的混合时间一般较长，物料的物理机械性质（如粒度、粒形、密度及表面粗糙程度等）的差异对混

合质量的影响较大，但是颗粒之间的混合可以进行得比较细致。立式搅拌型混合机的混合作用处于上述二者之间。

混合机的设计结构要求无死角，物料不飞扬，设备的各部分应保证产生良好的对流、扩散作用。例如，卧式分批混合机不会使物料向一端集聚；立式混合机的上部能够均匀地喷散等。为此，往往对桨叶或绞龙的斜度、宽度、直径、转速以及物料在机内的充满度等都有一个适宜的要求。此外，还希望尽量减少自动分级的产生，如减少机械振动及物料散落高度等。

2. 混合机混合时间和转速的影响

多种试验证明，批量混合机的混合速度、混合质量与混合机的转速和混合时间有关。不同规格的混合机都有其适宜转速和最佳混合时间。

3. 混合组分物理特性的影响

混合组分的物理特性主要是指物料的密度，颗粒表面的粗糙程度，物料的水分、散落性、结团的情况和团粒的组分等。这些物理特性的差异越小，混合效果越好，混合后越不容易再度分级。某组分物料在混合中所占的比例越小，则越不容易混合好。为了减少混合后的再度分离，可在混合过程接近完成时添入少量的黏性液体，如糖蜜、油脂等，以减少其分离的可能性。此外，像维生素 B_2 之类的成分，会由于静电效应在混合过程中吸附于机壁上，由此影响混合质量。在混合机制造安装时，可考虑机体妥善接地。

实践证明，不同的混合机、不同的混合转速对密度差异及粒度差异的影响敏感程度并不一样。例如 V 形混合机在达到完全混合以后将会有明显的分离现象，即混合均匀度达到一定程度以后会有明显的降低现象。而卧式、立式螺带混合机即使混合料之间的容重差异很大，而由于混合主要是利用螺带搅拌之力进行混合的，物料的物理特性对混合质量的影响较小，所以用卧式螺带混合机混合容量差别较大的物料，有其一定的优越性，被广泛应用在饲料工业中。

4. 装满系数对混合效果的影响

混合机的装满系数（或装入率）是指装入粉料的容积 F 与混合机容积 V 的比值，即装满系数＝F/V。装满系数的大小明显影响混合精度及速度。例如，对于卧式螺带混合机，其生产能力不能以混合机的总体积为准，要以混合机螺带转子所占有的体积为准。根据实践，当物料料面高度略低于混合机转子的顶部时，可以获得良好的混合效果。我们一般都在这种状态下进行工作。如超过转子时，则混合效果将降低。如果把装满状态称为100％，当物料量少于正常工作料面高度的40％时，混合效果亦将降低。而且混合机的电力消耗亦不再随装料程度而显著降低，所以应该在螺带转子面的40％～100％区间进行工作，以100％时为最好。

三、保证混合质量的措施

饲料混合的质量是否满意，除了必须配备一台结构及技术参数符合工艺要求，能在短时间内获得满意的混合均匀度的混合机外，工序的安排合理与否以及混合机本身的使用合不合理都是先决因素。另外，载体稀释剂的选择、混合机良好的装料、合理的操作顺序以及混合时间的妥善掌握等也是必要条件。

1. 载体稀释剂的选择

由于混合机的可选择种类很多，全价配合饲料饲喂的对象又各异，要精确地说每吨全价配合饲料用多少预混合添加剂是有一定难度的。但是一般预混合添加剂占全价配合饲料的比例不少于0.5％。若某预混合添加剂包括所需的全部微量成分，则可将其用量适当增加到配合饲料的1％，甚至更多。

外购需要稀释的各种添加剂一般都是很细的，因此要选择粒度和密度都与之接近的稀释剂。合适的稀释剂或载体常用的有大豆粉、麦粉、脱脂米糠等。一般是选择粒度细、无粉尘，并对添加剂中的活性成分有亲和性的物料稀释剂或载体。根据所用设备的形式，可能需要油脂作为黏合剂，随着载体吸收能力和所用脂肪的种类不同，可以加入1%～3%的脂肪。第一次试制时，最好先用2%的量。应使脂肪充分地散布到载体中去，然后再添加活性成分。

总之，如果稀释剂或载体得当，成品不需要运送，添加剂中的活性成分不太集中，则不必用黏合剂。要是预混合的成分需要在厂内长距离输送的话，则应当使用油脂。使用油脂的最大缺点是，一部分添加剂的活性成分滞留在混合机的叶片上，影响清理。

2. 混合机的供料

添加各种成分的顺序取决于混合机的形式，经验表明：对于卧式带状桨叶混合机和滚筒式混合机，添加顺序不是关键的，下述方法已能达到要求，一般添加顺序如下：①先将80%的稀释剂或载体送进混合机；②再将称量好的活性成分铺到稀释剂或载体上，有些装置人工铺放不方便，可将活性成分用一般的机械方法送进；③然后再送进其余20%的稀释剂或载体。在立式绞龙混合机中，添加顺序是很关键的。对于此混合机，上述供料顺序应颠倒过来，让活性成分先与小量的稀释剂混合，然后再加其余大量的稀释剂。

3. 消除或减少混合好后预混料的贮运过程

在物料运输过程中，由于重力、风力、离心力、摩擦力等作用，使混合均匀的物料发生很大变化。运输距离越长，落差越大，则分级越严重。因此，混合好的物料最好直接装袋包装，避免或尽量减少混合好的物料的输送、落差，尽可能不用螺旋输送机或斗提机提升，料仓的高度不能太高，以减少或消除混合物的分离或分级。

4. 混合机的合理使用

(1) 适宜的装料　不论对于哪种类型的混合机，适宜的装料是混合机正常工作并且得到预期效果的前提条件。若装料多，一方面会使混合机超负荷工作，更重要的是过多的装料会影响机内物料的混合过程，进而造成混合质量下降；装料过少，则不能充分发挥混合机的效率，也会影响混合质量。所以不论在哪种混合机中，物料的装料程度都应得到有效的控制，这样才能保证混合机的正常工作，并使混合后的饲料满足质量要求。分批卧式螺带式混合机，料位最高不能超过转子顶部平面。常用混合机适宜的装满系数见表7-5所示。

表 7-5　混合机适宜的装满系数

混合机类型	适宜装满系数(F/V)	混合机类型	适宜装满系数(F/V)
卧式螺带混合机	30%～60%	水平圆筒混合机	间歇作业 30%～50% 连续作业 10%～20%
立式绞龙混合机	80%～85%		
行星绞龙混合机	50%～60%	V 形混合机	30%～50%

(2) 正确的混合时间　对于分批混合机，混合时间的确定对于混合质量是非常重要的。混合时间过短，物料在混合机中得不到充分混合便被卸出，混合质量得不到保证；混合时间过长，物料在混合机中被过度混合而造成分离，同样影响质量，且能耗增加。对于连续混合机则表现为有效平均滞留时间的问题。混合时间的确定取决于混合机的混合速度。这主要是由混合机的机型决定的。如卧式螺带混合机，通常每批 3～6min，其长短取决于原料的类型和性质，如水分含量、粒度大小、脂肪含量等；双轴桨叶混合机的混合时间每批小于 2min；对于转筒式混合机，因其混合作用较慢，则要求更长的混合周期。

(3) 合理的操作顺序　饲料中含量较少的各种维生素、药剂等添加剂或浓缩料均需在进入混合机之前用载体或稀释剂进行预混合，制成预混合物，然后才能与其他物料一起进入混合机。

在加料的顺序上，一般是配比量大的组分先加入或大部分加入机内后，再将少量及微量组分置于物料上面。在各种物料中，粒度大的一般先加入混合机，而粒度小的则后加。物料的密度亦有差异，当有较大差异时，一般是将密度小的物料先加，后加密度大的物料。

（4）尽量避免分离　任何流动性好的粉末都有分离的趋势。分离的原因有 3 个：①当物料落到一个堆上时，较大粒子由于较大的惯性而落到堆下，惯性较小的小粒子有可能嵌进堆上裂缝；②当物料被振动时，较小的粒子有移至底部的趋势，而较大的粒子有移至顶部的趋向；③当混合物被吹动或流化时，随着粒度和密度的不同，也相应地发生分离。为避免分离，多采取以下几种方法：①力求混合物各种组分的容重、粒度接近，必要时添加液体饲料。②掌握混合时间，以免混合不均或过度混合。一般认为应在接近混合均匀之前将物料卸出，在运输或中转过程中完成混合。③把混合后的装卸工作减少到最小程度。物料下落、滚动或滑动越少越好。混合后的贮仓应尽可能地小些，混合后运输设备最好采用刮板或皮带运输机，尽量不用螺旋输送机、斗式提升机和气力输送装置，以避免严重的自动分级。④混合后立即压制成颗粒，使粉状混合物的各种物料成分固定在颗粒中。⑤混合机接地和饲料中加入抗静电剂，以减少因静电的吸附作用而发生的混合物分离。

（5）经常检修混合机　就卧式螺带混合机而言，经过一段使用之后，螺带的磨损、损坏和变形，螺带与混合机壳体之间的间隙增加，都将大大影响混合均匀度。此外，排料门漏料也是影响混合机性能的重要因素之一。为确保饲料产品质量，要定期检测混合机的运行性能，及时维修，每半年进行一次。

综上所述，混合过程其实是一个非常复杂的过程，实际生产中一定要引起足够的重视。其生产过程中影响混合质量因素涉及许多方面，从原料选择、机器设备的选型、使用操作、混合过程的最佳工艺参数、混合过程的顺序以及人员的操作等，只有综合考虑影响产品质量的各个方面，才能保证生产出符合产品质量标准的、满足动物生长所需要的饲料。

【本章小结】

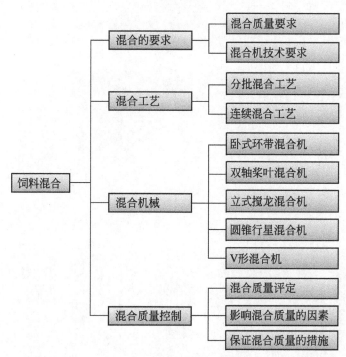

【复习思考题】

1. 什么叫混合？饲料混合的原理是什么？
2. 常用的混合设备有哪些？其工艺流程如何？
3. 混合机如何分类？
4. 以卧式混合机为例，简述混合机的基本结构特点和混合过程。
5. 混合质量的评价指标是什么？
6. 影响混合质量的因素是什么？
7. 保证混合质量的措施是什么？

第八章 预混合料生产

【知识目标】
- 熟悉添加剂预混合料生产的基本要求；
- 掌握添加剂预混合料的生产工艺。

【技能目标】
- 能正确进行预混合料生产各工序操作。

第一节 预混合料生产要求

预混合料是将畜禽需要的各种微量成分如维生素、矿物微量元素、氨基酸、防腐剂、抗生素等，同一定量的载体、稀释剂，采用一定的技术手段均匀地混合在一起，作为配合饲料的一种原料的百分之几的比例添加到全价配合饲料中去的一种饲料的半成品的通称。它在全价配合饲料中起补充营养作用，可以提高有效成分的利用率并改善其质量。与配合饲料相比，预混合料组成成分复杂，用量相差悬殊，所以其生产的过程具有一定的特殊性。

一、生产的基本要求和特点

1. 微量成分活性要得到很好的保护

要求选用纯正的原料，另外，在原料的储存、预处理乃至加工过程中，要注意添加剂间的配伍性，避免不同组分产生交叉影响。

2. 工艺流程要简短

预混合料工厂的设计主要应考虑准确配料与均匀混合，工艺流程应尽可能简短。如配料混合与打包宜呈空间排列，尽可能减少提升与输送次数，以减少物料交叉污染的机会及混合后的分级。

3. 配料精度要求高

微量组分的用量很少，有的甚至是极微量，其允许使用量和可能制毒量相差不大。因此，要求配料系统的配料精度高，误差小。为此应选用适当精度的秤和设计出合理的配料工艺，如选用多级稀释混合，分组配料，某些极微量成分在配制室里用微量天平称取以保证称量准确等。

4. 混合均匀度要求高

预混合料的物料组分微量，尽管选用了高精度的配料系统，保证了每批料总量的精确，但如果混合不均匀，往往达不到产品的质量要求。一般微量组分要求的配料误差是0.01%～0.03%，载体误差是0.1%～0.3%，预混合料生产的混合均匀度要求在5%以内。要实现这个目标，必须选用高效、低残留、高均匀度的混合机，设计出合理的混合工艺。此外，还应对原料的理化特性作必要的改善，如载体或稀释剂的粒度、微量组分的吸湿性等。

5. 包装要求高

在储存中，预混合料中的某些微量组分会逐渐发生变化，失去活性，因此包装材料要有利于储存。预混合料品种多，用法特殊，因此包装要求称量准确，严防污染，标签的使用要正确、谨慎，以防事故发生。

6. 设备要求有防腐蚀性

由于某些元素具有腐蚀性，因此凡与微量元素接触的设备，其工作表面均须用不锈钢或其他防腐蚀性材料制造，故预混合设备价格高，制造也复杂些。

7. 检测系统应完善

生产预混合料，尤其是加药料的厂家，需经严格审核方能生产与销售。所以预混合料的生产除了要求有高质量的生产设备外，还应具有高精密的检测仪器和高水平的检测人员。目前，有些预混合料厂的检测人员甚至比生产人员多，检测仪器也完善、精密，可进行物理、化学、生物等方面的性能测定。另外，预混合料的生产还要求有高素质的生产和管理人员。

8. 劳动保护要求高

预混合料厂所需原料品种繁多，其中有些对人体健康有一定影响，甚至在超过一定剂量后有毒，故应有专人负责添加，计量准确，操作室内应设有可靠的通风除尘系统和其他劳动保护措施。

9. 成品销售要快

由于预混合料中某些成分有一定的时效性，因此一般希望产品尽早出售，包装上准确注明出厂日期。在设计预混合料厂时也应该考虑到这点，如成品的后处理储存应与一般的配合饲料厂有所区别。

二、生产前的准备

1. 原料的采购

为确保预混合料厂的产品质量和经济效益，必须对原料采购工作严格要求。

(1) 原料采购要考虑价格和质量　原料购进品种和数量，多依其价格高低、用量多少和市场供应情况而定。一般原料成本价应占产品价格的 $60\% \sim 70\%$，此时意味着原料的利用状态较佳。

在购进原料时，要对饲料产品的产量、原料价格及其有效成分，各种饲料规定的最大最小加入量等数据进行分析、推算，对载体则还应从含水量、容重、粒度，表面特性如吸水性、结块性、流动性，静电吸附特性和化学特性等方面综合考虑选取。总之，应使原料达到最佳利用状态，以提高企业的经济效益。例如矿物质原料有分析纯、化学纯、工业级和农业级等，从经济角度出发，一般不用分析纯，但也不用农业级，因其重金属含量可能超标。最好用工业级或饲用级，有时化学纯也可以考虑。也就是说，要和配方优化、营养要求等多因素综合考虑，而不仅是采购部门的事情。

此外，购进的原料应与本厂设备的功能、储藏条件相适应，以免将来生产中出现问题。如厂内无矿物盐原料烘干设备，对硫酸盐的采购就应考虑其规格。

(2) 原料采购要加强计划性　由计划部门根据生产任务等诸多因素综合考虑平衡后，提出所采购原料的名称、规格、数量的请购单。采购人员根据请购单采购，不得擅自改变采购的品种、规格和数量。如完不成采购计划，应及时向计划部门报告，研究处理。

对维生素、微量矿物元素等原料，采购时应考虑生产厂家信誉，必要时进行市场调查，对常发生质次、稳定性差或其他劣迹的厂家所生产的产品，不宜采购。采购时，要注意生产日期及质量保证值等，对无质量保证值或质量标准的不应采购。对单品种原料，生产日期不得超过一年，多品种原料不超过半年。特殊原料则根据产品规格要求选定。

（3）要建立原料检验制度　质差的原料生产不出优质产品，原料的质量是关系到预混合料厂成败存亡的大事，稍有疏忽或失误，便会造成经济和声誉的损失。

目前，对载体类原料的检验包括三方面。

① 营养成分　一般进行六大成分和 Ca、P 等的测定，如有必要可增加维生素、微量矿物元素乃至氨基酸分析。

② 卫生指标　包括霉菌、细菌含量及其毒素，有害化学元素含量和农药残留等。

③ 加工指标　用何种制粉工艺所生产的麸皮等。

对微量矿物元素、多维和其他特殊原料，应按产品规格要求进行分析化验。

大宗物料在更换或新增采购点时，必须进行分析化验。有条件时应委托有关科研或大专院校的中心化验室进行。

应强调指出，取样的代表性与真实性是检验化验的基础。否则，不合格的甚至弄虚作假的取样贻害无穷，还不如不取样、不化验。

2. 原料的接收

① 凡原料须经验收方可入库。对不合格的原料、废料，与标签不符或失落标签者，验收人员有权拒绝接收。

② 各种原料入库后，要有专人核对，特别对药物和有毒性原料应建立记录档案，内容包括品名、商品名、数量、批号以及除通常产品标签上注明的性能以外的其他状况。

③ 药物及带有毒性的物料，必须放入专用柜内，专人保管。

④ 维生素需存放在低温处，热敏性维生素最好放在冰箱内或冷藏库内干燥处；库内存放时间冬季不得超过三个月，夏季不超过一个半月。矿物微量元素应存放在干燥阴凉处。

⑤ 所有微量成分均须存储在清洁干燥的处所，且应便于检测、盘存，物料的堆放要便于先进先出。如有可能影响微量成分品质的外来因素，应经常清理和灭菌除虫。

3. 预混合料的配制

由于混合设备多样，要确切地说每吨全价配合饲料应添加多少预混合添加剂是困难的。不过，一般采用的添加比例是在全价料中不少于 0.5%～2%，即预混合料一般均制成高浓度产品，每吨全价料中有 500～2000g。国外许多基础原料生产厂家都接受这个比例。但是，如果一种单一的预混合料包含有所需的微量成分，则可将预混合料添加量增加到全价料的 1%，甚至 3%。

（1）配制步骤

第一步：确定需加预混合的微量成分，并计算出每吨饲料中所需微量成分的数量，把这些数量加起来，得出每吨饲料所需添加剂总量。

第二步：计算所需稀释剂的数量。把微量成分添加剂至少稀释到 4.53kg，而且这个数量至少应是最终预混合物的 70%。载体的重量加上微量成分添加剂的重量，即每吨饲料所需的预混合添加剂重量。

第三步：将混合机每批的物料量除以第二步中确定的每吨全价饲料所需的预混合添加剂的重量，即可得出一个系数，表明一批量的添加剂预混合物可配制若干吨全价饲料。把这一系数分别乘以预混合物添加剂的每一组分重量，即可得出每批预混合添加剂中每一成分的总重。

最后，如果需要添加油脂，按比例计算出所需重量后，在载体重量中减去相应的油脂量。

（2）实例　饲料厂甲每吨全价饲料需含有 1lb（1lb＝0.45359237kg）抗球孢菌补充剂和

1.5lb 抗生素补充剂，以玉米粉为载体。因制成的预混合物需经一台螺旋输送机及一台提升机至储存仓，故添加 2％油脂，以防微量成分飞逸。使用的设备是容量为 2t 的立式混合机。

第一步：每吨全价饲料的微量成分总量是 2.5lb（1lb 抗球孢菌药剂，1.5lb 抗生素）。

第二步：制成 40lb 预混合添加剂的载体重量是 37.5lb（40－2.5＝37.5lb）。

第三步：由上即得表示预混合料能配制的全价饲料吨数的系数为 100（混合机容重 4000lb 除以 40lb 预混合物），并用此系数计算每一预混合批量中各种添加剂与载体的重量，公式如下

每吨饲料中添加剂成分×100＝每一批量中的数量

1lb 抗球孢菌药剂×100＝100lb 抗球孢菌药剂

1.5lb 抗生素补充剂×100＝150lb 抗生素补充剂

37.5lb 玉米粉×100＝3750lb 玉米粉

合计 40lb   4000lb

第四步：脂肪需要量的 2％为 80lb，应取代 80lb 玉米粉。

最后预混合物的组成为：3670lb 玉米粉，80lb 脂肪，150lb 抗生素，100lb 抗球孢菌药剂。总重 4000lb。

混合程序：将 3670lb 玉米粉加进混合机，再加进 80lb 脂肪，让脂肪和玉米粉相互混合 10min。将两种补充剂慢慢加进去。同时打开装袋斜槽，使补充剂冲刷混合机。所有的成分都加好后，至少混合 30min。每隔 5min 混合机进料斗将混合物的一部分循环一次，对抗球孢菌药剂进行取样检验。

第二节　预混合料生产工艺和设备

一、粉碎工艺与设备

1. 粉碎的目的与要求

预混合饲料厂中，需粉碎的物料有四类。一是玉米、麸皮等载体；二是碳酸钙等稀释剂；三是硫酸铜、硫酸亚铁等矿物盐类；四是碳酸钴、碘酸钙和亚硒酸钠等微量盐类。

粉碎的目的都是减小粒径，以便混合均匀，但各类物料对粉碎有自己的特殊要求。如载体是一种能够接受和承载粉状活性体成分的物体，载体的粒度与容重是影响承载性能和混合均匀度的重要因素。在一定范围内，粒度减小，比表面积增大，有利于增强承载能力。经验表明，粒度在 30～80 目之间的物料作载体很理想。

对稀释剂，粒度可在 30～200 目之间。推荐稀释剂的粒度和容重为其稀释活性成分的两倍，这样可减少活性成分分离问题。

粉碎对微量矿物质至关重要，一是矿物质微量组分在预混合料中的添加量差别很大，这就要求粒度大小与之对应，才可能获得满意的混合均匀度。在一定量的饲料中，添加剂用量愈少，要求的粒度愈小。如每吨预混合饲料中添加 0.015kg 碘化钾和 6.63kg 硫酸亚铁，那么前者的粒度应比后者的粒度小许多。二是生物学效价问题，对非溶解性化合物，粒度是获得较大生物学效价的重要因素。因为生物学反应与粒度密切相关，假如某种药物在动物的肠胃液里溶解性非常低的话，期望得到较好的生物学反应就必须粒度变得很小。

在给定重量的条件下，颗粒数是颗粒粒度的对应函数，见表 8-1。

表 8-1　颗粒数和颗粒粒度的关系

筛网目数	颗粒直径/μm	1g 物料的粒数	筛网目数	颗粒直径/μm	1g 物料的粒数
18	1000	1530	60	250	84700
20	840	2580	80	177	281000
25	710	4350	100	149	392000
30	590	7460	200	74	3260000
40	420	20800	325	44	15600000

若 1t 饲料添加 10g 粒度为 20 目的物料，每 35g 饲料中将含有 1 个物料颗粒。如添加 10g 粒度为 325 目的物料，则每 35g 饲料中将含有 5000 个添加物料的颗粒。

2. 粉碎加工工艺

载体物料的粉碎成品，粒度不够均匀，为此可采用二次粉碎工艺。

矿物盐与微量盐的粉碎工艺，很大程度上影响着产品质量，一般可选用以下方式。

(1) 各种物料都经过粉碎加工，然后配料混合　此法优点是工艺与设备简单，配比准确。但有时也会碰到棘手的问题，如某些物料在高速状况下受到强烈的摩擦和冲击，产生热量，可能发生化学变化，比较常见的是氧化变质。某些硫酸盐含结晶水，粉碎时紧紧地糊在筛面上，堵塞筛孔，降低生产率，直至不能正常作业。办法是粉碎时将矿物盐原料破碎、烘干，除去自由水与部分结晶水（含水量降至 1%～2.5%），并在粉碎前加入防结块剂。对硫酸铜、硫酸铁、硫酸锰、硫酸锌，可加入 10% 的石膏或滑石硅酸盐。

某些组分如亚硒酸钠，因用量很少，用一般锤片式粉碎机效果不佳，损失率也很高。办法是在粉碎前加稀释剂，可使用碳酸钙或者有类似特性的硅酸盐，物料密度 1～1.5kg/dm^3。同时应使用微粉碎机或超微粉碎机进行精细的粉碎。

(2) 各种物料按理化性质分别加工，然后混合在一起　如亚硒酸钠，先准确称量，溶解于水中，物料与水的重量比是 1：(15～20)，再分别把溶液喷洒在面粉上进行预混。对易在粉碎中氧化的物质，亦可先制取其饱和水溶液，然后喷洒在 10 倍量的贝壳粉中，再快速烘干。对一般载体则可直接粉碎，分别粉碎后的物料，经计量配料，进入混合机混合，制成成品。这种工艺在我国有相当部分是间歇手工操作，生产效率低，劳动强度大。但配比准确，物料不易变质，有利于保证产品质量。国外亦多采用此种方式。

(3) 混合粉碎　将某些矿物成分（主要是硫酸盐）先行混合，或者和二氧化硅等稀释剂、吸湿剂、稳定剂混合后进行粉碎，以提高粉碎机的工作效能。国外预混合料厂在使用载体配制添加剂预混合物时，尤其是在使用浓度较高的高效预混合物时一般选用混合粉碎方法。

(4) 酸解或水解（盐解）法　对一部分组分原料经水浸、酸解，制成溶液；而另一部分作为载体经粉碎后和该溶液混合，喷雾干燥制得成品。所谓水解（盐解）法即在水浸时可用食盐溶液，借以提高物料的溶解度。此工艺生产的产品可提高畜禽对营养成分的吸收能力，抑制产品变质，但工艺复杂，生产成本也高。

3. 粉碎设备

粉碎设备的选择取决于生产规模、原料特性以及对产品粒度的要求。在预混合料生产中使用的设备种类、规格繁多。对某些微量组分，当生产规模小、用量极微时，可在室内使用研钵或研船磨碎。选用玻璃研钵，易于清理，不易和物料发生反应或黏附。如用以粉碎剧毒组分，此时应在研钵上加覆盖板，以减少粉尘飞扬。研船是一种以研磨为主兼有剪切作用的器具，电机驱动的电动研船效率较高，对操作人员也较安全和卫生，但吸湿性强，可能与铁起反应的组分不宜使用。

目前各工业行业中，使用微粉碎机及超微粉碎机有多种形式，如振动磨碎机、涡流磨、球磨机、轮碾机、雷蒙磨、滚式剪切机、气流粉碎机等。国产雷蒙磨的产品粒度可达到44～125μm，我国有些饲料厂前处理车间使用这种设备。

饲料行业中，用于预混合饲料原料粉碎的粉碎设备，更多的是使用以冲击作用为主的微粉与超微粉碎机。如日本的通用型 ACM 超微粉碎机，联邦德国的 Befsi 牌立轴式微粉碎机，美日生产的 Hosokawa 微粉碎机等等。

下面我们以 ACM 超微粉碎机为例，来了解一下粉碎机的工作原理。

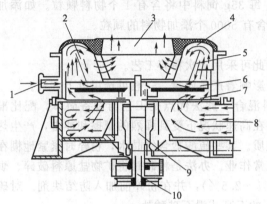

图 8-1　ACM 超微粉碎机

1—喂料口；2—分离带；3—空气物料出口；
4—空气分配环；5—笼环；6—锤片；
7—进气口；8—清洁空气进口；
9—主轴；10—分离轴

ACM 超微粉碎机是一种立轴反射型粉碎机，粉碎部件是销柱冲击式，机体内有气力分级器。它由喂料器、粉碎室、转子、筐笼分离器等部分组成（如图 8-1）。

这种粉碎机不用筛板，原料由粉碎室上部侧壁喂料口进入机内粉碎，同时来自底部主进气口的气流带着已粉碎的物料沿粉碎室内壁上移，当经过辅助进气口产生旋流，并逐渐流向筐笼，粒度合乎要求的粉料经筐笼间隙由排料口气力送出，较粗的颗粒则再落入粉碎室重新粉碎。该机筐笼分离器转速可调，以适应不同性质的物料。采用调节气流流量和筐笼转速的方法，可控制产品粒度。

该机型的特点是效率高，细粉粒几乎全部回收，在不停车的状况下可调节粉碎粒度，维修、操作、清理都方便，粉碎物料温升低，特别适于热敏型材料。它有多种型号规格，最大者有 200 型，动力配备可达 147.2kW，氢氧化铝产量可达 3t/h。

二、配料工艺与设备

科学拟订的饲料配方只有通过合理的工艺设计、采用一定精度的配料设备，才可能实现。然而，与其他衡器一样，配料设备的精度再高也会有误差；预混合料厂中进行配料的各种原料，因其加入量相差悬殊，允许的配料误差也不相同，对微量成分则要求很高，故应根据各种原料的不同，保证所允许的配料误差，来采用相应的配料设备和工艺。

1. 配料工艺

（1）一次性直接配料　所有参加配料的组分，由一台配料秤，根据配方依次从大成分量至小成分量逐一称取。配料秤的最大称量值，以一批次中所有料的总重来选取。此方式工艺简单，投资少，操作管理方便，但配料误差大，适于小型配合饲料厂，预混合料厂一般不宜采用。

（2）分组配料　根据参加配料组分的不同使用量，分成若干区段，选取不同称量范围的配料秤分组称取，然后集中同批送入下道混合工序。简言之，大称用大秤，小称用小秤，以保证各种组分的误差要求，提高配料精度。这是预混合饲料厂内较常用的一种方法。

如果各配料秤放料后，不是重力自流而是机械输送，最好将称量小的药物、抗生素等成分的小秤安排在靠输送机的出口一端，使称量大的物料在输送时起清洗作用，以减少交叉污染，确保产品质量。

（3）预称-稀释混合-配料　将需加入小量或微量的组分，用小称量高精度的秤具称取若干量后，以一定的比例稀释、混合，之后作为一个组分参加配料。这种工艺较为复杂，需增加部分设备，但能显著地降低配料误差，推荐在预混合料厂中采用此种工艺。有时候，甚至可以多次稀释混合再参加配料，借以提高配料的精确度。

以下举一例说明。某个组分需要按 10kg 加入量添加，组成总重为 1000kg 的混合料产品，该组分允许误差在 $\pm 5\%$。

若选用 1000kg 秤（称量误差在 $\pm 1/200$）直接配料，该秤称量绝对误差值为 $1000 \times (\pm 1/200) = \pm 5kg$，故此时 10kg 组分所得的重量实际可能是 5～15kg，配料误差 $\pm 5/10 = \pm 50\%$，显然超差了。

若按分组法，选用小称量的 100kg 秤（称量误差 $\pm 1/200$），称取 10kg 组分，则该秤误差绝对值为 $100 \times (\pm 1/200) = \pm 0.5kg$，配料误差 $\pm 0.5/10 = \pm 5\%$，刚好达标，但缺少安全保险。

若选用预称-稀释混合法，先将加入量为 10kg 的组分用 100kg 秤（称量误差 $\pm 1/200$）预称取 100kg，之后按 1：4 的配比稀释至 500kg，从中称取 50kg 混合料（内含 10kg 加入组分）配料，并在称量误差为 $\pm 1/200$ 的 100kg 配料秤上进行。这时，对于 10kg 加入量而言，两次称量绝对误差值均为 $10 \times (\pm 1/200) = \pm 0.05kg$，总误差 $\pm 0.1kg$。配料误差为 $\pm 0.1/10 = \pm 1\%$，在允许范围内，且有一定安全系数。如考虑到每次混合的不均匀程度，误差可能稍大于计算值，但依然是很低的。

有时原料中含有商品性预混合物，即由药厂或化工厂等基础原料生产厂用各种药品或添加剂配制成的单项预混合料。如果比例适当，又是以小包装形式出现，配料时可不经拆包进仓再由配料秤计量配取；而直接以包数计参加配料，拆包后直接倾入混合机。其他同类组分有相同情况时，亦可采用此种配料方式。

现在一般预混合料厂都采用上述第三种工艺，将配料工序分解成预称—稀释混合和主配料两部分。前者通常在配制室或实验室进行，使用的秤具可以是精密天平、台天平和台秤等，主配料则在主车间内进行。

2. 配料设备

配料工艺不同，选用的配料设备也就不同。

（1）手工称量　如精密分析天平、台天平等。通常设在配制室内，用作微量组分中极微量成分的称量，以保证其重量的准确性。常用规格如表 8-2。

表 8-2　天平的常用规格

名　称	型　号	最大称量/g	感量/mg
阻尼分析天平	TG-528B	200	0.4
全自动光电天平	TG328A	200	0.1
托盘药物天平	HCTD$_{12}$B$_5$	500	500
半自动光电天平	TG328B	200	0.1
单盘光电天平	TG429-1	100	0.1

（2）自动配料秤　适用于载体或经稀释混合的单项预混合料，与配合饲料厂所用自动配料秤相仿，按其称量原理可分为机械杠杆、电子传感器和机电结合三类。控制方式则有继电器型单板机、PLC 和微型计算机等。因预混合原料中有些有腐蚀性，故凡与此类物料接触的工作零部件，应用不锈钢或其他耐腐蚀材料制成。秤的称量范围不宜太大，但精度应适当提高。

（3）微量配料秤　微量配料秤就是用电子计算机控制的小型批量配料系统，它可通过电

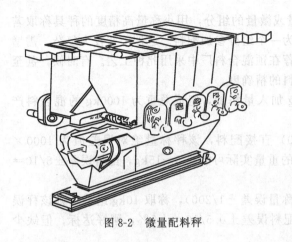

图 8-2 微量配料秤

子配料方式称取各种微量组分纯品和稀释混合后的单项预混合物，并送入混合机制取预混合料。

采用微量配料秤的优点是：①能保证配料质量的均匀性、一致性，避免了浪费价格昂贵的微量组分，或添加量不足所造成的质量问题。②消除了配料过程中的人为误差。③减少了操作人员，改善了劳动条件。④加快了配料速度，提高了劳动生产率。

目前我国已引进若干台 Hough 微量配料秤（图 8-2），它主要由料斗、给料机构、秤体、传感器、传动和控制系统等几部分组成。料斗用不锈钢板或镀锌钢板制成。对腐蚀性材料料斗应用不锈钢。料斗数量为 6～20 个，每个料斗的容量约 50kg。进料采用人工倒料进仓。给料机构是保证微量配料秤配料精度的重要设备，一般用液压电机驱动的螺旋弹簧输送机或螺旋输送机，螺旋直径为 7.62～10.16cm（3～4in）。由于采用液力传送，故可根据给料量的大小方便地实现无级变速。

三、混合工艺与设备

1. 混合性质

混合是预混合饲料厂最重要的工序之一，也是保证预混合饲料质量的关键。它主要用在如下三个方面。

（1）稀释混合　由于微量组分的原料浓度高，加入量少，需要稀释以保证最终产品的均匀度。

（2）承载混合　用载体来承载活性成分，减少分离。

（3）捏合　即粉体和少量液体的均一化。

2. 预混合的特点

预混合饲料厂的混合与配合饲料厂的混合相比，有以下几个特点：

① 各种微量组分的浓度高，所以混合均匀与否对配合饲料质量的影响较大，因此通常要求其变异系数(cv)不得大于 7%，而配合饲料通常为 10%。

② 在承载混合中，不仅是为了均匀，更重要的是能否很好承载及是否易分离，要求一定的结合程度。

③ 为减少污染，尤其是高浓度成分和药物参与混合时，应要求混合机的残留量尽可能小，有的建议残留量不大于 100g/t，还有的要求在 1/20000～1/10000。为此，有的预混合机做成翻斗式，使残留量降至最小程度。

④ 预混合饲料混合过程中一般有添加液体，如添加油脂减少粉尘，促进混合均匀，有利于承载；或者某种组分即是液体，通过喷雾和载体混合做成粉剂。

3. 混合方式

视组分的数量和理化特性来选定，常见的有两种：搅拌混合与研磨混合。

研磨混合是在预混合饲料厂中特有的，应用在有毒组分和用量极微组分的稀释混合中，即在研钵或研船中边研磨边混合，在操作中要注意以下几点。

① 若组分重量比例相差悬殊时，应将量小的物料先行研细，然后加入等容积的其他组

分一起研匀，如此类推直至达到全量。

② 各组分密度相差较大时，一般将轻者先放于研钵内，再加重者适当研磨混匀，以避免轻质组分浮于上部，或飞扬，或重质粉末沉于底部而难以混匀。

③ 当数量极少或某些剧毒物料加入研钵中研混时，最好选取少部分量大的组分或稀释剂放于研钵内先行研磨，以饱和其表面，这能减少研钵吸附造成较大的损耗。

④ 有些组分研混时，往往产生表面静电荷而影响粉末的扩散过程，降低混合效率，因此可以考虑加入抗静电剂。

⑤ 如人工研混时，应注意采取安全防护措施。

搅拌混合是饲料厂中常见的混合方式，以下重点阐述的即是这种方式的混合。

4. 混合工艺

有一次性直接混合和预混合后经其他工序再参加主混合两大类。由于某些添加剂在预混物中的用量非常小，没有相应高质量的设备和管理，不经过预混合就直接将纯微量添加剂添加到预混合物中，可能很难使其在添加剂预混合物中分布均匀，因此结合中国现有国情，推荐采用后者。

影响混合过程的因素很多，主要包括：①进行混合的各种原料的物理性质，如粒度分布特性及不同组分的粒度比、内外摩擦系数、水分含量、容重、附着性和内聚性等。②混合机的作用方式，通常认为有三种方式，即对流、扩散和剪切。③混合机的结构参数和运动学参数。④操作管理水平和工艺的设计。

所以，最佳混合效果的取得，有赖于上述诸因素的综合，并非仅取决于混合设备。但在诸因素中，混合机起主导作用，这一点也是不容置疑的。

5. 预混合设备

常用的预混合设备有以下五种：①V形间歇混合机；②旋转式鼓形混合机；③固定式鼓形混合机；④卧式带状间歇混合机；⑤立式行星锥形混合机。

其中现在使用最广泛的机型是卧式带状间歇混合机，该机既可用于预混合，亦可用在全价料混合。和其他机型相比，制造成本低，混合速度快，均匀度高，易于用重力自流式添加主料和微量成分，能添加液体，其量可达5%左右，观察取样方便。

对于高浓度微量组分的混合，该机底部应做成大开门落底式，并配缓冲仓，以加快卸料速度，提高生产效率，减少物料污染。为了更适合于预混合料的生产工艺要求，以这种机型为基础，做了部分改进，主要有：①将混合机壳体做成可转动，即翻斗式，使卸料比较彻底，清理也更易进行，残留污染可减少到最小程度。②经转动轴中心连通压缩空气网络，在排料终了时，可以通入压缩空气，帮助清理，减少残留。

另外，混合周期应随着不同类型、规格的混合机，混合的物料组成和使用场合而变化，不能用同一个混合周期来对待不同的混合形式。

四、油脂添加工艺

1. 添加目的

在配合饲料生产中有时也添加油脂，但其目的主要是提高能量以及减少粉尘和有利于制粒等后续工序。在预混合饲料厂中就不尽相同，对稀释混合主要是为了减少粉尘，而承载混合则主要是提高载体承载活性成分的能力及减少分级现象。同时亦可以消除静电以及使活性组分隔离空气有利于保存等。

2. 添加量

在承载混合中，添加油脂是十分重要的，其用量虽然在某种极端状况时可高达8%，然而通常是 1%～3%。究竟多少为佳，最好用观察试验的方式来确定。这里介绍一种简易的观察方法，即先在 1%～3% 范围内假定一个用量，然后以此为起点按 0.25% 的幅度增减，观察混合物性状，如果能从添加剂预混合物的外表看出油迹，手感有油，受到挤压后能成球而不散成粉状，表明油量过多，反之，如果添加剂预混合物呈松散的粉末状，或者把少量的添加剂预混合物从 30～40cm 的高空落下，细粉状添加剂会和载体分离，则说明可能需要增大用量。在稀释混合中，用油量通常为添加剂预混合物总重量的 1%。

3. 添加油脂的品种

应尽量采用优质油脂，而低熔点的不饱和植物油是理想品种。动物油、动植物油混合油甚至矿物油亦可选用，但其质量均须保证含杂少、酸值低，没有酸败，含杂菌如沙门菌量少。含水量亦应严格控制，因每增加 1%～2% 水分，油脂对设备和管带的腐蚀速率就增加一倍，油脂本身氧化速率也增加一倍。

4. 添加顺序

有两种方案可供选择：一是载体和油脂先混合，之后加入微量组分再进行混合；另一种是载体和微量组分先行混合，之后加入油脂。美国的几位专家强调油脂必须先于微量组分加入载体，否则的话，即粉末状微量组分先行加入，一待油脂加入时，油脂便会和粉状微量组分结合在一起形成许多小球，只有极少量的油脂才会和载体结合，其结果绝不会令人满意。持相反观点者认为，如果油脂先行加入，不能排除某些载体的表面涂布的油脂层要比同一混合物中别的载体表面的油脂层厚，很自然，表面具有较多油脂的载体，较易吸附微量组分，甚至全部被微量组分包围，由于微量组分的量是如此之少，别的载体粒就很可能难以吸附到微量组分。

5. 添加设备

油脂接收罐容量可适当大些，数量宜配备 2 只，便于定期轮流清理。其底部应有倾斜，可以排杂，顶部应装有呼吸阀，罐体能适度隔热。

中间油罐加热方式，可在罐内设置加热蛇管或罐外夹套。为节省能源，仅在大贮罐下部出料锥底部分设加热蛇管亦可。

油脂输送管道应采取保温措施，必要时亦需增设加热管套。安装时要有一定倾角。油脂加热温度在贮油量内 50℃，中间加热罐和输油管内应高于此，即分段加热。

凡是与油脂接触的设备和仪器仪表最好能选用不锈钢。绝对禁止用青铜或黄铜，因为铜离子能催化油脂氧化、酸败。

第三节　预混合料生产操作规程

预混合饲料厂和其他饲料厂一样，产量大而产值低，产品品种多需经常变换生产过程，设备有限而必须适应不同产品的加工要求等，其经营性质是比较复杂的。但是饲料厂既然属于企业，它的宗旨仍应是提高产品质量，提高生产效率，降低生产成本。对于保证成品质量，除了要有科学的配方、合理的加工工艺、先进高效的设备外，还必须有全体职工参加的质量管理。应该让每个职工都知道，提高产品的质量绝不是仅仅依靠某一部门或某一个人，而是企业各个部门的共同任务。操作规程正是为此目的而制定的，以便让每个在设备操作第一线的工人，明确自己的职责，了解如何去完成，在自己的岗位上充分发挥积极性，以提高质量为中心，高标准严要求地搞好自己的本职工作。

预混合饲料厂的不少工段如原料接收、清理、粉碎等和配合饲料相差不大，其操作规程可参照商业部饲料局制定的《配合饲料厂操作规程》。

一、一般注意事项

1. 特殊物品的贮藏

必须有专门的区域存放微量成分，该区域要和其他部分明确隔开，能加锁关闭，入口要少，只有那些经过培训有专门知识的操作人员方能进入。

纯品添加剂成分应予核对并存放在原来的容器内，如转移至另一容器则必须加注标签以便确认。空的容器必须按照生产厂家的要求进行处理，否则会带来不必要的麻烦。

2. 一般操作要领

极微量组分的处理最好在一个专门的配制室内进行，以使有害粉尘的散布减少至最小程度。同时，必须配备通风除尘系统，定期检查该系统的工作效率，以确保正常运转。

当清理配制室和有关设备时，要使用刷子或真空吸尘器。

3. 操作工人

只有经过训练的人员才能从事这项工作，同时还应采取一些防范措施。

每天要穿戴干净的工作服，包括袜子和帽子。如果工作服有口袋，应予拆除以减少有害物质粉尘积聚在内而污染操作人员的手。

穿上没有通气孔的鞋子，以防止粉尘进入鞋内。手帕宜用纸质，用完即扔。不允许在配制室或有微量组分存在处吸烟、饮食，就餐前要认真擦洗脸和手。有必要时可戴上防毒面具以减少有害物质粉尘的吸入。一有物料洒出应立即清理，不要等到下班时才进行。

操作人员每天应淋浴，使用肥皂和清水，以使沾染程度减少到最小。任何时候都不允许粉尘积聚在皮肤上，还要注意对指甲内的清洗。

4. 医疗检查

根据接触微量成分的时间和程度，应建立定期对操作人员进行医疗检查制度。

二、配料工段

1. 配制室

① 非配制室人员，不得任意入内。

② 对配制室内的原料、药品，任何人不得私自拿取。

③ 矿物微量元素、维生素、药物等微量组分需按配方进行配制，不得私自修改。

④ 配方配制时需两人同时进行，一人取样、称料；一人验秤，核对品种质量等，并签字备案。

⑤ 装有各种微量元素、维生素的各种器皿，都应标明物料的名称、规格、质量、进货日期，对具有毒性的物料，标记必须醒目。

⑥ 预混合料混合顺序，必须先添加稀释剂或载体后加微量组分，投放物料次序不得颠倒。

⑦ 预混合时间，不得少于12min。

⑧ 在更换配方时，对混合机内残留物需用刷子清扫干净。

⑨ 每次下班前需对微量组分的瓶、桶等重量进行复称，一旦发现问题需及时上报车间进行查核，做出处理，以免造成损失，并记录在案。

⑩ 操作人员一律戴防毒口罩。

⑪ 配制室内需每天进行清扫，有物料散落在地上的应立即进行清扫，以免造成交叉污染。

⑫ 配制室内配制的组分，在分组包装时需两人同时进行。在包装袋上需有明确的名称、质量、标志。

⑬ 配制室内衡器，每月须自行检验一次；精密天平，每年请有关部门进行校核一次。

2. 主配料工段

① 配料秤需按操作程序进行，对秤体及控制部分，非专业人员不得自行拆卸。

② 配料秤每天需自行验秤两次，每季度用砝码自行静态核验一次，其误差不得大于规定范围。若达不到要求，经调整，使误差达到允许范围内方可使用。

③ 配料顺序，需按照先大量、后小量的原则进行。若微量组分参加配料，一定将其组分稀释到配料秤最大称量的5％以上时方可参与配料。

④ 配料周期一旦确定后，不得私自缩短或延长周期，以免影响配料误差。

⑤ 料仓，尽量做到当天进料当天用完，料仓每月需检查清扫一次。

⑥ 配料人员应对配料秤、计量秤工作状态密切监视，对其出现异常现象如周期延长、超载、配料误差超过要求等须及时处理，记录在案；不允许私自处理，不做记录。

⑦ 对其他影响产品质量、产量的一切问题，必须及时上报。

⑧ 料仓进料，根据原料加入量决定大料进大仓、小料进小仓。

三、混合工段

1. 稀释混合

① 稀释混合机需按操作规程进行，混合工序中不能增加或减少其组分。一旦发现失误，应主动提出，采取措施，保证质量，不得隐匿不报，以免造成更大损失。

② 更换配方特别是换去含有药物的料时，需用载体进行清洗两次，再用刷子刷洗。

③ 预混合机混合加入的顺序为先加稀释剂后加微量组分。

④ 预混合机的预混合时间不少于6～10min。

⑤ 稀释混合工段必须和主混合机、配料秤进行连锁控制。

⑥ 混合机装满系数不得低于60％，也不得大于80％。

2. 主混合机

① 混合必须严格按照操作顺序进行，如先加载体，后加微量组分，混合(3min)，加油脂，混合（混合时间不得少于6～10min）。

② 更换品种时，特别是含有药物时，必须用载体清洗，同时亦对输送设备清洗。

③ 控制放料速度，不宜过快，料完全排清后才能关门。

④ 混合机装满系数不得低于60％，不得大于80％。

⑤ 清洗后的载体能以0.5％加入量加入混合机内使用。

四、包装工段

① 打包机非维修人员不得自行拆卸。

② 计量秤每天对包装袋验秤不少于三次，当超过称量后，需进行调整。

③ 每月自行验秤一次。

④ 包装袋上需印有产品主要成分、有关质量标准和使用方法。

⑤ 在包装作业时严防不同品种预混合料混杂，保证对每一种预混合料正确地使用标签。

⑥ 存放的标签绝不能混杂，在使用标签前仔细地核对，务必与批量生产记录上标签的说明一致。

第四节 预混合饲料厂生产工艺实例

一、人工配料加工工艺

预混合饲料微量配料秤要求精度高，价格昂贵。人工配制则能减少资金投入，故现在应用较多。图 8-3 是人工配料预混合料加工工艺流程。

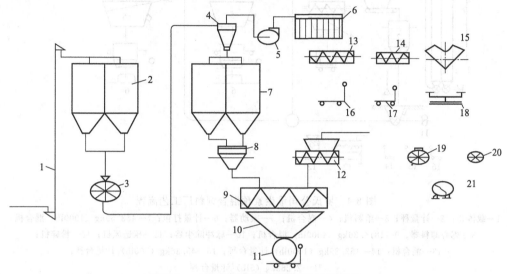

图 8-3 人工配料预混合料加工工艺流程

1—载体提升机；2—待粉碎载体仓；3—粉碎机；4—气力输送卸料器；5—风机；6—集尘器；
7—载体仓；8—天平秤；9—每批 250kg 混合机；10—成品仓；11—成品包装；12—每批 50kg 混合机；
13—每批 50kg 混合机；14—每批 5kg 混合机；15—每批 7kg 混合机；16—50kg 台秤；17—5kg 台秤；
18—1kg 天平秤；19—200kg/h 粉碎机；20—20kg/h 粉碎机；21—球磨机

1. 预处理

利用台秤、天平、混合机、球磨机，将亚硒酸钠、碘化钾、氯化钴、维生素 B_{12} 制成浓度为 1‰的预混料。

2. 载体的处理

载体经接收、粉碎后进入载体料仓，根据需要进行计量。

维生素预混合料生产：按配方比例称取各种维生素，其中维生素 B_{12} 以 1‰预混合料进行配料，以每批配制 200kg 预混合料计算所需的各种维生素，载体分两次加入，第一次人工加入混合机 12，经混合 10min 后进入预盛有载体的混合机 9 继续混合，再混合 10min，即为维生素预混合料成品。

微量元素预混合料生产：以每批生产 200kg 微量元素预混合料计算，按配方比例称取铁、铜、锰、锌及防结块剂后，混合在一起倒入粉碎机 19 粉碎。粉碎后的物料进入预盛有载体的混合机 12，同样称取 1‰含量的硒、钴、碘预盛有载体的混合机 9 再次扩大混合，制成微量元素预混合饲料。

复合预混合料的生产，利用混合机 13 和混合机 14 将维生素与微量元素制成一定含量的维生素预混合料与微量元素预混合料，直接加入预盛有适量载体的混合机 9，然后按配方比例取其他添加剂如氨基酸、抗生素、药物、抗氧化剂等，分别加入混合机 9，经充分混合均

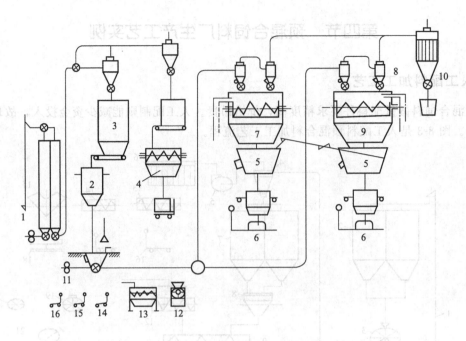

图 8-4　罗氏公司维生素预混合饲料厂工艺流程

1—载体仓；2—计量秤；3—给料机；4—混合机；5—振动器；6—计量打包；7—453.59kg（1000lb）混合机；
8—离心卸料器；9—1814.36kg（4000lb）混合机；10—脉冲除尘器；11—压送风机；12—粉碎机；
13—混合机；14—453.89kg（1000lb）计量台秤；15—45.36kg（100lb）计量台秤；
16—2.268kg（5lb）计量台秤

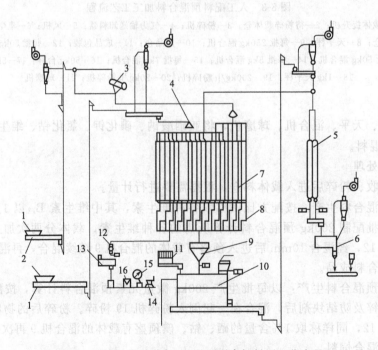

图 8-5　MEC 公司时产 10t 的预混合饲料厂工艺流程

1，2—刮板输送机；3—初清筛；4—分配器；5—成品仓；6—计量打包机；7—配料仓；
8—螺旋给料机；9—2t 自动配料秤；10—2t 混合机；11—微量配料秤；12—200kg 计量秤；
13—0.293m³ 混合机；14—计量台秤；15—混合机；16—料车

匀后，即可得复合预混合料。

二、罗氏公司维生素添加剂预混合料加工工艺

如图 8-4 所示。

三、美国 MEC 公司设计的预混合料生产工艺

该厂产品是各种预混合料和浓缩饲料，其流程如图 8-5 所示。该流程有原料接收、清理、配料、混合、打包和通风除尘几个部分。

四、微量矿物盐前处理工艺

如图 8-6 所示。

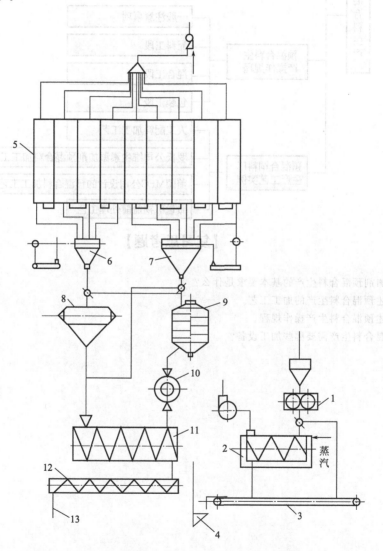

图 8-6　微量矿物盐前处理工艺流程

1—对辊破碎机；2—干燥器；3—带式输送机；4—提升机；5—料仓；6—小计量秤；

7—大计量秤；8—球磨机；9—预混合机；10—高速粉碎机；

11—混合机；12—搅龙；13—成品出料

【本章小结】

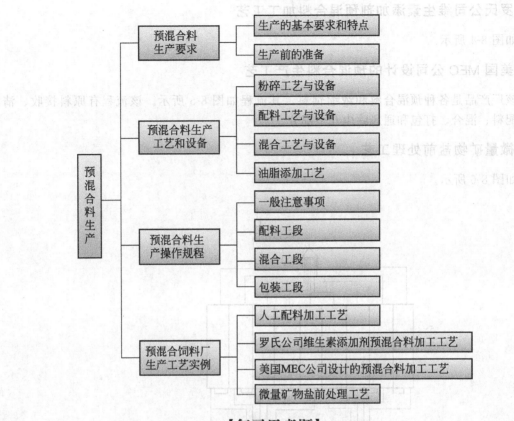

【复习思考题】

1. 添加剂预混合料生产的基本要求是什么？
2. 简述预混合料生产的加工工艺。
3. 简述预混合料生产操作规程。
4. 预混合料生产需要哪些加工设备？

第九章 饲料成型工艺与设备

【知识目标】

- 了解饲料成型的意义及常见工艺；
- 熟悉主要成型设备的工作原理；
- 掌握影响颗粒饲料质量的因素；
- 掌握颗粒饲料的主要质量指标。

【技能目标】

- 能绘出普通制粒工艺流程图；
- 会配置主要饲料成型设备；
- 会正确操作饲料制粒机；
- 能排除饲料制粒机的常见故障。

饲料成型就是把粉状的配合饲料、混合饲料、干草粉、干草段、农作物秸秆、皮壳等加工成粒状、块状、饼状或片状等颗粒饲料。

饲料成型能有效地避免畜禽挑食、择食现象的发生，保证饲料营养全面，提高饲料报酬。另外还能避免饲料的自动分级，保持饲料各成分的均匀性，便于包装、运输、贮存。另外，成型后饲料不会产生粉尘，减少了粉尘对环境的污染，也避免了饲料的损失。在饲料成型的加工过程中，由于压力、热力的综合作用，使饲料各成分的有效养分释放出来，有利于畜禽的吸收和消化。同时，在加工过程中还能杀灭饲料中沙门菌等有害微生物，降低动物消化道疾病发生率，有利于保障动物健康，减少疾病预防、治疗费用，提高养殖业经济效益。

第一节 制粒工艺与设备

一、成型原理与生产技术要求

1. 成型原理

颗粒饲料是一种由全价混合料或单一饲料（牧草、饼粕等）经挤压作用成型的粒状饲料。饲喂动物种类不同，成型饲料加工要求及加工工艺不同，其产品形态也有一定差异，主要有以下几种形态。

（1）普通硬颗粒饲料　普通硬颗粒饲料就是常说的颗粒饲料。颗粒饲料是混合后的全价配合饲料，经制粒机工作部件的挤压，通过模孔成型。产品以短圆柱形为多，通常其水分低于13％，相对密度为1.2～1.3，颗粒较硬，对多种动物皆适宜，是目前产量最大的颗粒饲料，根据动物生长发育阶段不同，颗粒直径、长度有一定差异。

（2）膨化颗粒饲料　按照加工工艺不同，膨化颗粒饲料可分成两种：膨化颗粒饲料、膨胀调质颗粒饲料。膨化颗粒饲料（expanded pellets）是经调质、增压挤出模孔，再骤然降压得到的膨松颗粒饲料，相对密度小于1。膨化饲料形状多样，适用于水产动物、幼畜、观赏动物等。

（3）软颗粒饲料 液体含量较高的颗粒饲料。为便于水产动物摄食，减少浪费及饲料对水体的污染，水产养殖常加工软颗粒饲料。

2. 生产技术要求

（1）对成型饲料的技术要求 产品形状均匀且尺寸满足动物的生理需求。满足动物生理需要的常用颗粒尺寸如下：1～7日龄雏鸡为1～2mm，8～30日龄为2.2mm，30日龄以上为3mm，成禽4～6mm；绵羊、犊牛为5～7mm；体型较大的家畜为14～19mm；兔5～6mm；鱼8～15mm；草饼为21～65mm或60mm×50mm的方草饼。碎粒或碎块不得超过5%。为便于贮存，要求颗粒饲料的含水率不超过12%～12.5%；颗粒密度为1.2～1.3g/cm³，颗粒强度为78.5～98.1kPa，破碎率低于8%，成型率（成型饲料质量与进入制粒机饲料质量之比）应高于97%；对于鱼用颗粒饲料，常要求在水中浸泡20min不散开，对于虾用颗粒料则要求水中浸泡3h不散开。

（2）对成型机械设备的技术要求 要求通用性好，可以加工不同原料，同时还能压制不同规格和密度的产品，生产效率高，产品质量稳定，耗电量小，成本低。

二、制粒工艺

制粒是将粉状饲料压实并挤出模孔制成颗粒饲料。制粒工艺由预处理、制粒及后处理（冷却、破碎、分级）三部分组成，这三部分相互制约、相互影响，决定着成品的质量。

1. 普通畜禽料制粒工艺流程

如图9-1所示，待制粒仓内的原料经供料器供料进入调质器，经蒸汽调质后进入制粒机制粒，压制的颗粒饲料经冷却器冷却，碎粒或不碎粒进入分级筛筛分，不合格颗粒重新制粒，合格颗粒进入成品仓（图9-2）。

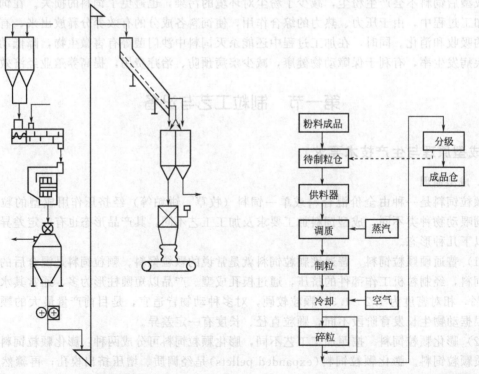

图9-1 普通制粒工艺流程   图9-2 普通颗粒饲料加工工艺流程

2. 膨胀制粒工艺流程

如图 9-3 所示，进入待制粒仓中混合好的饲料，调质后由三通 4 控制可以实现 3 种生产工艺：

（1）加工颗粒料 调质后的饲料经三通 4 直接进入制粒机 8 制粒。

（2）加工膨胀料 调质后的饲料经三通 4 进入膨胀器 5，被膨胀后由打碎机打碎，再经三通 7 进入冷却器 9 冷却。

（3）加工膨胀颗粒料 调质后的饲料经三通 4 进入膨胀器 5，被膨胀后由打碎机打碎，再经三通 7 进入制粒机 8 制粒，然后由冷却器冷却。

冷却后的物料由破碎机 10（物料可破碎也可不破碎，但工艺上必须经过破碎机才能进入下一道工序）破碎，再经分级筛筛分，成品进入成品仓，细粉回到制粒机重新制粒，大颗粒回到冷却器（图 9-4）。

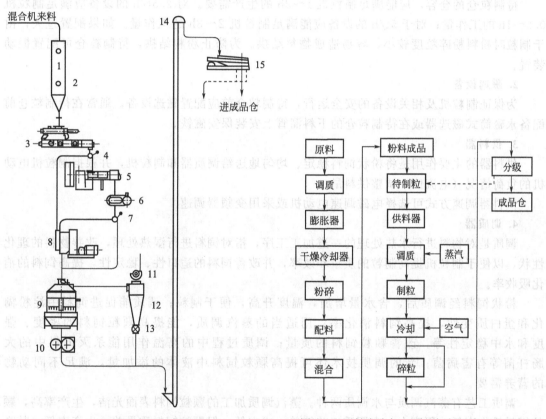

图 9-3 膨胀制粒工段工艺流程图

1—待制粒仓；2—料位开关；3—调质器；4,7—三通；

5—膨胀器；6—打碎机；8—制粒机；9—冷却器；

10—颗粒破碎机；11—冷却风机；12—离心卸料器；

13—关风机；14—提升机；15—分级筛

图 9-4 原料膨胀加工颗粒饲料生产工艺流程

3. 饲料成型工艺流程设计要求

① 为保证制粒机连续工作，制粒机上方设待制粒仓，并且待制粒仓应装有料位器和观察窗。

② 在物料进入制粒机前，应进行磁选处理，常采用永磁筒、磁盒等，以免损坏制粒机工作部件，影响生产。

③ 待制粒仓内物料的出口处应装手动闸门，便于无级调速给料器的维修。

④ 制粒机最好设置在冷却器的上方。这样，从制粒机出来的湿、热物料可以直接进入冷却器内进行冷却。

⑤ 分级筛一般设置在成品仓上方。一方面筛上的大颗粒、筛下的粉状物料便于回流破碎、重新制粒；另一方面成品颗粒料可靠自重直接流入成品仓。

三、设备配置

1. 待制粒仓

为协调生产，保证制粒机连续作业，必须配置一定数量的待制粒仓。

一般每台制粒机配置 1～2 个待制粒仓。小型制粒机常配置 1 个待制粒仓，大型制粒机配置 2 个待制粒仓，便于更换饲料品种。

待制粒仓的仓容，应能满足制粒机 1～2h 的生产需要。对 2.5t/h 的设备应满足制粒机 0.5～1h 的工作量；对于 5t/h 的设备应能满足制粒机 2～3h 的工作量。如果配置过大，由于制粒时粉料粉碎粒度较小，容易造成物料结拱。为防止粉料结拱，待制粒仓可配置振动装置。

2. 磁选设备

为保证制粒机及相关设备的安全运行，待制粒仓前应配置磁选设备。通常在待制粒仓前配备永磁筒式磁选器或在待制粒仓的下料溜管上安装保安磁铁。

3. 供料器

供料器的主要作用是将粉状饲料稳定、均匀地送给调质器和制粒机，并根据制粒机电动机的负荷情况（电流值）调整供料量。

供料器调速方式可选择电磁调速电动机或采用变频器调速。

4. 调质器

调质是对物料进行水热处理的一道加工工序，指对饲料进行湿热处理，改善物料的理化性状，以便于制粒机提高制粒的质量和效率，并改善饲料的适口性、稳定性，提高饲料的消化吸收率。

粉状饲料经调质后，含水量增加，温度升高，便于制粒；调质能促进饲料中淀粉糊化和蛋白质变性，提高饲料消化率；用适当的蒸汽调质，能提高颗粒饲料的密度、强度和水中稳定性等，改善颗粒饲料的质量；调质过程中的高温作用能杀灭饲料中的大肠杆菌等有害病菌；新的调质技术还可提高颗粒饲料中液体的添加量，满足不同动物的营养需要。

调质工艺有蒸汽调质与水调质两种。蒸汽调质加工的颗粒饲料表面光洁，生产率高，颗粒饲料粉化率低，硬度大。水调质工艺简单，成本低，但颗粒饲料质量差，生产率低，其产量是蒸汽调质的 30%～50%。

调质器是将粉状饲料和输入的蒸汽搅拌混合，对粉料进行调质，并提供给制粒机压制成型，一般为 1～3 节（即调质部分有 1～3 段）。畜禽饲料调质器可以为 1～2 节，生产普通水产动物硬颗粒饲料调质器为 3 节。调质器充满系数为 0.5，最佳转速为 7～9m/s。粉料的调质时间为 10～45s。

中国北方冬季气温低，现代饲料企业采用钢板厂房，保温性能差，为保证冬季制粒效率及颗粒饲料质量，常采用带保温层或具有隔层加热装置及保温层的调质器（图 9-5）。

5. 蒸汽及蒸汽供应系统

蒸汽供应系统由锅炉及输送管线组成，蒸汽系统立体布局图见图 9-6。

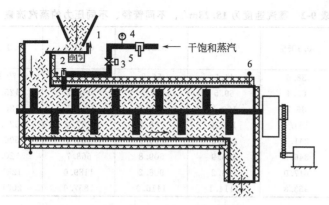

图 9-5 带保温加热层调质器
1—振动式供料器；2—蒸汽温度传感器；3—压力调整阀；4—蒸汽压力表；5—蒸汽阀；6—外加热层

▨ 保温层 ▦ 外加热层

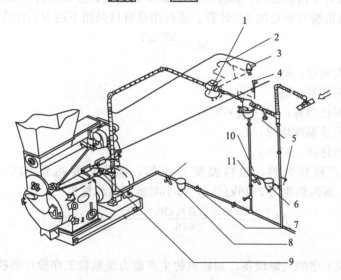

图 9-6 蒸汽系统立体布局示意图
1~3—遥控减压阀；4—压力表；5,8,11—截止阀；6—疏水阀；7—止回阀；9—节流阀；10—滤筛
（引自：方希修，尤明珍. 饲料加工工艺与设备. 中国农业大学出版社，2007）

（1）蒸汽锅炉 蒸汽锅炉应根据蒸汽需要量、应达到的蒸汽压力、管线直径、输送管线压力损耗等选择。小型饲料厂多采用低压蒸汽锅炉，所用蒸汽压力一般为 0.2~0.4MPa。大中型饲料厂产量高、设备多，蒸汽锅炉一般都远离生产车间，其蒸汽输送管道较长（通常在几百米），常采用高温高压蒸汽，来保证制粒调质时的蒸汽质量。一般使用 0.8MPa 和180℃的饱和蒸汽。

（2）蒸汽输送系统 制粒机前常见蒸汽系统蒸汽输送量与管道直径、蒸汽速度有关。管道允许流速与管道直径有关（表 9-1）。减压阀下游蒸汽流速应在 18m/s 左右，管路直径可根据蒸汽用量及压力要求查得（表 9-2）。

表 9-1 蒸汽管道流速与管道直径的关系

管径/mm	管道允许速度/(m/s)	管径/mm	管道允许速度/(m/s)
15~20	10~15	40~80	25~35
25~32	15~20	100~110	30~40

表 9-2　蒸汽速度为 18.28m/s，不同管径、不同压力的蒸汽流量

质量/(kg/h) \\ 压力/MPa \\ 管径/in[①]	0.1055	0.1046	0.2109	0.3164	0.3515	0.457
1	38.6	44.5	56.8	74.5	79.9	97.2
5/4	60.4	69.5	88.5	116.2	125.3	152.1
3/2	86.7	100.3	127.6	167.1	180.2	218.8
2	154.4	178.4	226.5	297.4	320.5	389.1
5/2	241.1	278.3	354.1	464.4	500.3	607.9
3	346.9	400.9	509.8	668.7	720.5	874.9
4	617.0	713.2	906.2	1189.0	1281.2	1555.9
5	963.8	1114.1	1416.0	1857.0	2001.2	2430.7

① 1in=2.54cm。

(3) 蒸汽供应量与蒸汽质量　蒸汽供应量与蒸汽质量是保证调质质量的重要因素。调质所用蒸汽为干饱和蒸汽，温度 130～150℃，到达调质器压力为 0.21～0.40MPa。一般蒸汽用量按粉料质量的 5% 计算。蒸汽用量可以采用下述方法计算。

$$M_s = \frac{MC\Delta T}{C_s} \tag{9-1}$$

式中　M_s——蒸汽质量，kg；

M——粉料质量，kg；

C——粉料比热容，kJ/(kg·℃)；

ΔT——调质后温度增量，℃；

C_s——蒸汽热能，kJ/kg。

例：10t/h 生产颗粒饲料，粉料温度为 30℃，调质后要达到 90℃，粉料比热容为 2.0kJ/(kg·℃)，蒸汽热能为 2676kJ/kg，每小时所需蒸汽量为：

$$M_s = \frac{10000 \times 2.0 \times (90-30)}{2676} \approx 450(kg)$$

6. 制粒机

制粒机是制粒工序的关键设备，制粒机的生产能力是制粒工序设计的核心。制粒机生产能力可按照下式计算：

$$Q_{制粒} = \frac{Qtn \times 1.1}{T\eta} \tag{9-2}$$

式中　$Q_{制粒}$——制粒机生产能力，kg/h；

Q——颗粒饲料设计生产能力，kg/h；

n——每日工作班次，班；

t——每班工作时间，h；

T——制粒机每日工作时间，h；

1.1——分级回粉率为 10%，1.1 表示实际生产能力为 110%。

η——制粒效率，一般 50%。

7. 冷却器

从制粒机刚压制出来的颗粒饲料，温度达 70～90℃，水分含量为 13%～17%。这种状态的颗粒饲料易破碎，不易贮存，需要将其迅速冷却、去水，使其温度降至接近室温（比室温高 2～3℃），水分达到国家标准要求的安全水分以下（一般南方不大于 12%，北方不大于 14%）。这样，颗粒变硬，便于破碎和贮运。冷却就是用流动的自然空气降低颗粒饲料的温度和湿度的一道工序，实现这一工序过程需配置冷却器及风网系统（见图 9-7）。

（1）冷却时间和所需空气量　在一定的冷却风量下，颗粒料的冷却效果与冷却时间有关。冷却时间和颗粒大小及成分有关。根据试验得到最短冷却时间（即颗粒在冷却器内停留时间），列入表 9-3 中。冷却空气量取决于冷却段的高度（容积）和冷却器的产量。表 9-3 给出了最小的冷却空气量。

饲料颗粒大小不同、季节不同，冷却时间也相应不同，应通过调整上下料位开关的位置，来调整颗粒料的冷却时间。在湿度大和热带地区及高海拔地区，冷却时间和冷却风量都应相应增大 5%～15%。在非常干燥的气候或季节，则应相应减小。

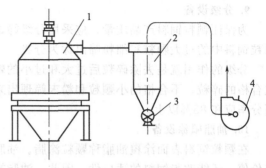

图 9-7　冷却器及风网系统示意图
1—冷却器；2—离心卸料器；3—关风器；4—风机

立式冷却器，料层内风速不应超过 1.8m/s，卧式冷却器不应超过 3m/s。

表 9-3　颗粒饲料的冷却时间和所需冷却空气量

颗粒大小/mm	冷却时间/mim	所需空气量/[m³/(min·t)]	颗粒大小/mm	冷却时间/mim	所需空气量/[m³/(min·t)]
4.0～4.8	5～6	22.6	12.7	8～10	31.1
6.4	6～8	22.5	19	12	31.1
9.5	7～8	28.3	22	15	34.0

（2）风管尺寸及风速　风管常采用圆形截面，直径及风速可通过下列公式运算得到：

$$Q=2826D^2v \tag{9-3}$$

$$D=18.8\times\sqrt{\frac{Q}{v}} \tag{9-4}$$

式中　Q——风量，m³/h；

　　　v——风速，m/s；

　　　D——风管直径，mm。

在冷却风管中，风速以 13～16m/s 为宜，不小于 12m/s，以免积聚粉尘及产生冷凝水。如果水平风管较长，为了防止粉尘在管内沉积，应取偏高值。

（3）冷却器的风网系统　冷却器风网系统的质量对冷却效果影响很大，因此，冷却风网的设计应遵循下列原则：

① 尽可能缩短水平风管长度，以免产生冷凝水。风管外壁最好包有隔热保温材料。

② 尽可能缩短整个风网系统长度，减少弯头数，以减小压力损失。

③ 合理选择风管直径，保证风管中有较大风速，一般应为 13～16m/s。

④ 管道上应设风量调节装置或气流"短路"装置，以便对风量进行调节。

⑤ 合理选择集尘器、关风器，配置好风机，一般以中低压风机较合适。

⑥ 离心卸料器常安装在风机之前，使系统在负压状态下工作。

8. 碎粒设备

一些大、中型饲料企业在制粒工段还配有颗粒破碎机，将冷却后的较大颗粒破碎成较小的碎粒。其目的：一是满足喂饲雏鸡等家禽和幼小动物的要求（一般要求直径为 2～2.5mm）；二是根据制粒原理，压制小颗粒饲料，产量低，动力消耗大，并且饲料难以成型，较易产生细粉，因此在颗粒饲料生产过程中，常常将粉料先压制成较大的颗粒，再用颗粒破碎机破碎成小颗粒。据生产统计，可提高制粒生产率 14% 左右，能耗降低 20%～40%。

9. 分级设备

为保证颗粒饲料产品质量，应采用分级筛进行分级，提取出合格的产品。用筛孔将成型颗粒饲料中的过大颗粒和细粉筛出称为分级。

分级的作用就是去除碎粒后过大和过小的颗粒。不合格的大颗粒再经过颗粒破碎机破碎成合格的碎粒，不合格的小颗粒和粉末筛理出来后将返回制粒机重新制粒。选用的分级筛的筛分率应在85％以上。

10. 油脂喷涂设备

在颗粒饲料表面涂覆油脂称颗粒涂脂。油脂的能值高，添加油脂不仅可以提高饲料的营养价值，还能改善饲料的适口性，因此，油脂被日益广泛地用于饲料加工。

饲料制粒前油脂的添加量一般不超过3％，否则不易混合均匀，有碍淀粉的糊化，缺少黏合性，对制粒不利。畜禽需要的油脂量有的高达9％（肉鸡），因而，常在饲料压制成型后进行表面涂油。这样，既增加了油脂添加量，又不会使颗粒软化。

第二节　饲料制粒机械

饲料制粒机械主要指硬颗粒的制粒设备，包括饲料制粒机、冷却器、碎粒机及分级筛等。

一、饲料制粒机

饲料制粒机的类型很多，依据结构特征来分有以下4种形式：环模制粒机、平模制粒机、对辊式制粒机、螺旋式制粒机。

1. 环模制粒机

环模制粒机有立式和卧式之分。生产中应用较多的是卧式环模制粒机（图9-8、图9-9）。卧式环模制粒机的主轴水平，环模圈垂直配置。

图9-8　卧式环模制粒机

1—供料机构；2—调质机构；3—制粒机构；4—电动机

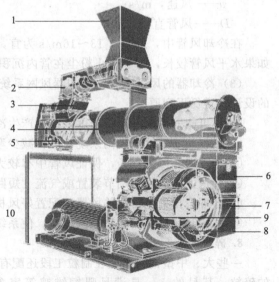

图9-9　卧式环模制粒机的构造

1—料斗；2—供料器；3—下料溜管；4—调质器；
5—蒸汽进口；6—下料管；7—下料斜槽；
8—环模；9—主轴；10—电动机

（1）卧式环模制粒机构造和工作过程　卧式环模制粒机（图9-9）主要由供料机构、调质机构、制粒机构、电动机及传动机构等组成。

① 供料机构　螺旋喂料器（供料器）主要是均匀地向制粒机喂入粉状饲料，能根据制粒电动机的额定电流调整喂料量。供料量的控制有改变螺旋的转速和控制出料闸门的开度两种方法。螺旋供料器（图9-10、图9-11）常采用电磁调速器或通过变频器来控制电动机的转速，一般控制在 17～150r/min。

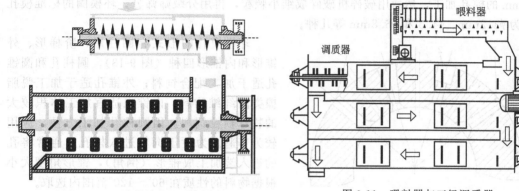

图 9-10　螺旋供料器与调质器　　　　　图 9-11　喂料器与三级调质器

② 调质机构　也称搅拌机构或调质器。其作用是将喂料机构送入的粉状饲料和输入的蒸汽及液体搅拌混合，对饲料进行调质，同时将调质好的饲料输送给制粒机构制粒。调质器（图9-10）的轴上安装有按螺旋线排列的搅拌杆，搅拌杆的安装角度可以调节。在调质器的侧壁，装有喷嘴用来输入蒸汽（物料量的 4% 左右）、油脂（不超过 3%）或糖蜜（不超过10%），使物料在调质器内与添加物均匀地混合并软化，调质时间越长越好，一般畜禽饲料的调质时间为 20s 左右。喷出的蒸汽或浆液与粉料混合，可以增加饲料的温度和湿度，增加物料的弹性和塑性，不仅有利于制粒，提高生产率，而且能减少环模的磨损。一般的普通畜禽饲料厂采用单级调质器（调质器为一节），调质时间保证在 30s 左右，淀粉糊化度达 20%左右，基本满足普通畜禽饲料对加工的要求。对于特种动物、水产饲料，为了提高颗粒饲料的质量，提高耐水性，通常要延长调质时间，可通过多级调质或改变普通调质器浆叶的转速来实现，确保调质饲料的糊化度在 50% 以上。图9-10为单级调质器，图9-11则为三级调质器。

③ 制粒机构　是制粒机的核心部分，主要由环模、压辊、分配器和切刀等组成（图9-12）。环模的周围有许多孔，由电动机经减速器驱动等速旋转，压辊装在一个不动的支架上，安装在环模内部，随环模的转动而自转，但不公转。分配器将调质后的饲料均匀分给各个压辊，数量与压辊数相同。切刀用来将从环模圈挤出的柱状物料切成长度适宜的颗粒，一般颗粒长度为颗粒直径的 1.5～2 倍，一个压辊配用一把切刀，切刀与环模的距离可调。切刀刃口为直线型，可以用普通磨石磨锐。

工作时环模在电动机的驱动下作等速顺时针转动，进入到环模圈的饲料，被分配器分配到转动着的环模和压辊之间，饲料被两个相对旋转的部件逐

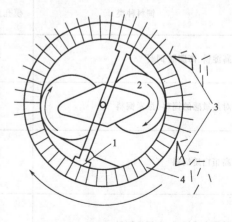

图 9-12　压粒机构

1—分配器；2—压辊；3—切刀；4—环模

渐挤压，通过环模圈上的孔向外挤压，被固定不动的切刀切成短圆柱状颗粒。

（2）主要工作部件　环模和压辊是制粒机最重要的工作部件和易损部件，其性质和质量的好坏直接影响着制料效率和颗粒质量。

① 环模　由镍铬合金钢或不锈钢精加工制成，热处理后表面硬度为 HRC58～62，研磨后模孔内表面粗糙度不大于 1.0。环模孔径一般为 $\phi3.2mm$（鸡用），$\phi3.5～5.5mm$（猪用），$\phi4.5～8mm$（牛用）。为节省能耗、提高产量，加工雏鸡用颗粒料时常用 $\phi4.5mm$ 或 $\phi6.8mm$ 的模孔加工，然后用破碎机破碎成细小颗粒，再用分级筛筛分。环模圈的标准模孔直径为 $\phi3.2mm$、$\phi4.5$ 和 $\phi6.8mm$ 等几种。

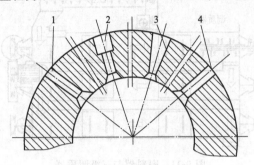

图 9-13　模孔形式
1—圆柱形；2—阶梯形；3—外锥形；4—内锥形

环模模孔的形式有圆柱形、阶梯形、外锥形和内锥形四种（图 9-13）。圆柱孔和圆锥孔适于加工配合饲料；外锥孔适于加工脱脂糠类高纤维物料；内锥也适宜加工体积较大的牧草颗粒饲料。因圆柱孔加工方便，应用较为普遍。为便于饲料进入模孔，通常将孔的进入端加工成锥形（倒角），锥形角度大小根据物料的性质在 60°～120°范围内选取。

环模的使用寿命习惯用加工的物料量来表示，一般为加工 5000～8000t 饲料。

环模的厚度（模孔深度）和模孔的大小对制粒机的生产率有很大影响，孔径越大，则模孔长度与孔径的比值（长径比）越小，物料在模孔中容易挤出，生产率高，但颗粒质地松散。反之，则长径比越大（一定范围内），生产率越低，但颗粒密度越大。生产中一般要求将物料的密度从制粒前的 $0.4～0.7g/cm^3$ 提高到制粒后的 $1.0～1.4g/cm^3$。通常模孔的长径比为 6～12。

实践证明，随着模孔深度（环模有效厚度）增大，颗粒饲料的产量显著降低，能耗增加，颗粒硬度提高。为获得较好的制粒性能，使产量和质量处于最佳状态，对每种物料都有比较适宜的长径比。因此，应根据各种饲料的特性来正确选择模孔深度和孔径。表 9-4 列出了加工不同物料时，环模厚度和孔径大小的参考值。

表 9-4　环模的选择

饲料种类	模孔直径/mm	环模壁厚/mm		
		最小	最大	平均
高淀粉、高脂肪饲料	3.2	35	45	40
	4.5	45	55	50
	6.0	50	60	55
对热敏感的饲料、尿素饲料	3.2	20	30	25
	4.5	25	40	30
	6.0	30	45	40
高蛋白质饲料	3.2	30	40	35
	4.5	40	50	45
	6.0	45	55	50
	9.0	50	60	55
低蛋白质饲料、高纤维饲料	3.2	45	55	50
	4.5	55	70	60
	6.0	60	90	70
	9.0	70	100	90

② 压辊 一般有 1~3 只，用来向压模挤压物料，并使物料从模孔挤出成形。为增加压辊外表面的摩擦力，将其外表加工成不同的结构，有不封头齿型、封头齿型、表面钻孔型、表面阶梯型和表面堆焊硬质合金型五种。

由于在压粒过程中，辊、模的线速度基本相同，压辊的直径仅为压模直径的 0.4 倍，所以压辊更容易磨损。因此，压辊常采用高碳合金或用与压模相同的材料制造，热处理后表面硬度不低于 HRC55。

压辊的宽度与其半径之比可在 1.0~1.6 范围内确定。

压辊与环模圈之间的间隙极为重要。间隙过小，使得环模、压辊间的机械磨损加剧；间隙过大，容易造成物料在环压辊间打滑，降低制粒产量和质量。若加工一般物料，模辊间隙以 0.1~0.3mm 为宜。压辊回转中心与压辊轴心有一偏心距，只要转动压辊轴，就能改变压辊与环模圈之间的间隙。

压辊轴承的工作条件较差，温度高且粉尘多，应采用迷宫式油封来密封轴承。

2. 平模制粒机

平模制粒机有动辊式、动模式和动辊动模式三种，结构简单、制造容易、造价低，特别适于加工纤维性的物料，其中动辊式制粒机的平模固定不动，平模表面磨损较均匀。压辊由主传动装置传动而公转，因为与平模上物料接触而自转，所以压制出的颗粒质量较好，以小型机为主，较常见。

动模式制粒机（图 9-14）的平模在主电动机的驱动下绕立轴转动，压辊在物料摩擦力的作用下自转，以中型机为主。

平模制粒机结构简单、制造容易、造价低，适于加工纤维性的物料，其中动辊式制粒机的平模固定不动，平模表面磨损较均匀。压辊由传动装置带动而公转，因与平模上物料接触而自转，压制出的颗粒质量较好，较常见。

3. 饲料制粒机的使用和维护

（1）制粒机的使用 制粒机的正确使用主要体现在两个方面：让设备高效生产并使颗粒的质量符合要求；能正确使用、维护和保养制粒设备，延长其使用寿命。

启动制粒机工作前必须对机器的各部分进行常规的检查和调整，并且要试车运行再检查一遍，看各部分是否正常工作。只有这样，才能正确地操作制粒机。

① 启动制粒机工作 当试车运行正常后，可正式开机工作。开机时要按照由下而上的顺序逐台启动各设备。步骤如下：

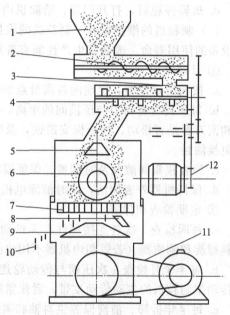

图 9-14 平模制粒机结构简图
1—料斗；2—螺旋喂料器；3—蒸汽孔；4—调质器；
5—分料器；6—压辊；7—平模；8—切刀；
9—出料盘；10—颗粒料；11—皮带；12—链轮

a. 调整蒸汽压力在 20~40kPa，然后将蒸汽管道中的冷凝水放掉。

b. 先启动制粒电机，再启动调质电机，最后启动供料器电机，并将供料器调到最低转速。

c. 打开落料门，同时拧开进汽阀，微调供料电机转速，待压模出料后，再逐渐调整供料器转速和蒸汽加入量到合适的程度。

d. 调整切刀的位置，使颗粒的长度适宜。

e. 继续调整供料器转速，让其工作电流达到额定电流值，还要调整蒸汽的流量，使温度和湿度皆满足生产需要。

② 运行过程中注意事项

a. 观察主机电流表，及时调整进料量和蒸汽量。随时打开落料斜槽的观察门，观察物料的糊化程度并及时取出吸附在磁铁上的铁杂。

b. 根据配方中各成分的特点，调节蒸汽量和供料量。若出现堵塞，及时关闭蒸汽、供料器、调质器和主电机，排除故障，再重新启动。

c. 若制粒机用的是新压模，则应先加工含油量大的物料，当90％以上的模孔都润滑出料后，再加工一般的谷物饲料。在使用新压模时，不仅让压模有足够的时间受热升温，还要细心和耐心，先慢慢调节供料电机转速直到电流表指针稳定，再增加供料电机转速。

③ 停机　工作结束关机时，顺序正好与开机相反。操作方法是：

a. 先关闭落料门，再从观察门看看是否无料，确认无料后按序关闭供料电机、蒸汽阀门和调质电机。

b. 若制粒机需较长时间停歇时，从观察门喂入油性大的物料，使其填满压模的模孔。

c. 关闭主电机，同时关闭油泵电机。

d. 机器停稳后，打开门盖，清除机内余料，并清除磁铁上的杂质。

（2）制粒机的维护保养　制粒机的维护保养分日常保养和定期保养。正确保养对延长制粒设备的使用寿命、改善其生产性能有着重要意义。

① 日常维护

a. 按润滑示意图，定期向各润滑点加注润滑油，并检查油泵。

b. 每班前检查切刀与压模间的距离，保证不低于3mm；检查制粒室内各部位螺栓、螺钉和刮刀看是否松动；检查保安磁铁，及时清除铁杂和积料；检查机器有无漏油，及时调整和更换油封。

c. 检查模辊间隙并及时调整，保证模辊间隙一致。

d. 保持机器外表清洁，及时清除电机外壳上的积尘。

② 定期检查和保养

a. 每周检查1次各连接部件有无松动；检查每个行程开关看动作是否可靠；清理1次供料螺旋和调质器（若短期内机器不用也必须清理）。

b. 每半个月检查1次压模与传动轮连接键的磨损情况，有问题及时更换；检查1次皮带传动型制粒机的主动传动皮带，看张紧度是否适宜。

c. 每半年拆卸、清洗保养供料轴和调质器轴的轴承1次。

d. 新制粒机刚开始工作时，主传动箱和两个减速器内的机油在500h后更换，以后连续工作约半年（1000h）换油1次（夏季、冬季分别用N46号、N32号机械油）。

③ 压模的存放

a. 应将压模存放于干燥、清洁的环境中，以免模孔被腐蚀，降低寿命和制粒效率。

b. 长时间不用压模时，用含有非腐蚀性的油性且易于清除的物料填充模孔。若存放期超过6个月，必须除去模孔中的填充料，以免填充料老化，清除困难。

4. 制粒机常见故障及排除方法（表9-5）

二、冷却器

冷却器主要用于制粒工段中颗粒饲料的冷却。

表 9-5　制粒机常见故障与排除方法

序号	故障现象	故障原因	排除方法
1	原料能正常进入压制室,但压不出粒	①模孔堵塞 ②水分太多或太少 ③模辊间隙太大 ④喂料刮板损坏	①用钻头打通模孔 ②调节蒸汽流量 ③调整模辊间隙 ④更换喂料刮板
2	无原料进入压制室	①存料斗结拱 ②保安磁铁处堵塞 ③绞龙内堵塞	①破拱 ②清除杂物,疏通堵塞 ③抽出绞龙,疏通堵塞
3	安全销折断	压制室进入硬质异物	清除异物,更换安全销
4	主机启动不起来	①压制室内积料未消除 ②电路有毛病	①清除积料 ②排除电路故障
5	噪声大	①主轴轴承太松 ②轴承磨损而失效 ③环模或压辊磨损严重	①收紧主轴尾部圆螺母或螺钉 ②更换轴承 ③更换环模或压辊
6	压辊跳动厉害	主轴轴承未收紧	收紧主轴轴承
7	主轴轴承未收紧	①水分不恰当 ②原料配方有问题 ③原料粉碎粗细度不合适 ④颗粒太硬 ⑤轴承的油封收得太紧 ⑥电流未达到额定值	①调整蒸汽流量 ②改变原料配方 ③改善粉碎质量 ④如不能变换配方,可更换环模,用模孔有效长度短的环模 ⑤适当放松 ⑥增大变速器转速,加大物料流量

1. 冷却器工作原理

不同类型的冷却器工作原理基本相同,都是将高温、高湿的颗粒饲料从冷却器的进料口送入冷却器,在机内停留一段时间,同时风机工作,使冷空气穿过物料层进行热交换,带走颗粒料散发出来的热量和水分,使得颗粒料冷却,达到降温、去湿的目的。由于冷却器的型号不同,颗粒料的进料方式、机内停留时间、物料排出方式和冷空气穿透料层的方式也有所不同。

2. 冷却器的分类

冷却器根据形式不同分立式冷却器和卧式冷却器两大类。常用的立式冷却器有塔式冷却器、逆流式冷却器和圆形干燥冷却器。其中逆流式冷却器因其排料方式不同,又分为摆动式排料机构的冷却器(图 9-15)和滑阀式排料机构的冷却器(图 9-16)两种形式。滑阀式排料机构的冷却器适用于一般颗粒料的冷却。而摆动式排料机构的冷却器比滑阀式排料机构冷却器的适用范围更广,可用于大直径颗粒料和团块状物料的冷却。

立式冷却器占地面积小,结构简单,动力消耗小,对厂房高度要求较高,且易出碎粒,冷却不均匀,特别适宜于小颗粒饲料的冷却;卧式冷却器占地面积大,通风量大,冷却效果好,颗粒不易破碎,对厂房高度要求较低;逆流式冷却器具有自动化程度高、吸风量小、功耗低、占地面积小等优点,在饲料企业应用广泛。生产中可按工艺流程和厂房的条件来选用。

3. 逆流式冷却器

(1) 工作原理(见图 9-15、图 9-16)　刚从制粒机压出的湿热颗粒料,由冷却器顶部的进料口进入,散料器使颗粒饲料从前、后、左、右、中五路流入仓体中。开始时,颗粒料在料仓中逐渐堆积,当饲料料层到达上料位开关时,排料电动机的电路接通,排料机构开始工作,电机经减速器和偏心机构带动排料框作左右往复运动,当排料框与固定料框之间的缝隙达到一定程度时,颗粒料经排料框与固定料框之间的缝隙中排出。当排料量大于进料量

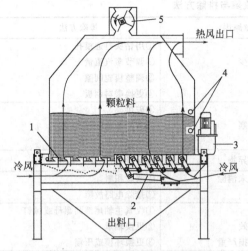

图 9-15 摆动式排料机构的冷却器结构简图
1—进风口；2—液压油缸；3—液压油泵；
4—热风出口；5—闭风机

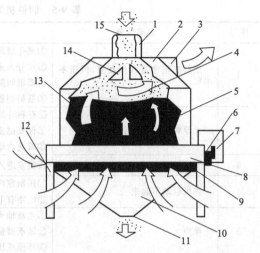

图 9-16 滑阀式冷却器工作原理图
1—关风机；2—出风顶盖；3—出风管；4—上料位开关；
5—下料位开关；6—固定框调整装置；7—偏心传动装置；
8—滑阀式排料机构；9—进风口；10—出料斗；
11—出料口；12—机架；13—冷却箱体；
14—散料器；15—进料口

时，机内的颗粒料层逐渐下降直到下料位开关时，电动机停止转动，排料停止。而进料继续进行，直到料层又到达上料位开关时，排料电机又开始工作。冷却器在物料冷却的过程中，风机是始终工作的，因为物料是从上向下流动，而冷空气是由下向上流动的，与物料流动的方向相反，并且冷风与冷料接触，热风与热料接触，使得颗粒逐渐冷却，所以这种冷却器被称为逆流式冷却器。逆流式冷却器避免了热料与冷风接触，骤冷干裂的现象发生，所以大中型饲料厂颗粒料的冷却多采用这种冷却器。

(2) 结构

① 滑阀式排料机构的逆流冷却器（图 9-17）　主要由供料器、散料器、冷却器箱体、风机、料位开关、机架、观察窗、集料斗和排料机构
等组成。

a. 供料器　冷却器多采用叶轮供料器，又称关风机或闭风机。作用是将冷却器箱体的气压与大气隔离，进行供料。

b. 散料器　由两个间距可调的半棱锥体和支撑架组成。作用是使物料均匀地散落在冷却器箱体内。

c. 排料机构　由固定料框、分隔框和排料框、导轨座、电机、减速器偏心传动机构、滚轮及固定料框调整装置等组成。

工作时，排料框由电机减速器和偏心机构带动，在轨座上作往复运动，冷却器箱体内的物料经排料框和固定料框变化的缝隙中排出到集料斗，冷空气由排料机构底部的进风口全方位进入，垂直穿过料层，冷空气与热物料进行热交换并带走颗粒料中的热量和水分，从出风口排出，使得颗粒料冷却。这种排料机构

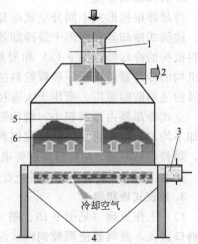

图 9-17 逆流式冷却器结构图
1—关风机；2—风机；3—排料驱动装置；
4—冷料出口；5—上料位开关；6—下料位开关

不排料时,由行程开关和电机控制排料框和固定料框之间的相对位置,使排料机构处于不漏料位置(图9-18)。排料量的多少,通过固定料框的调整装置、改变排料框与固定料框之间的相对位置来控制。

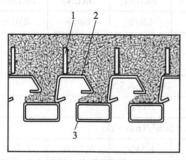

(a) 不排料位置　　　　　　　(b) 排料位置

图 9-18　滑阀式排料机构工作状态
1—分隔框;2—活动框;3—固定框

② 摆动式排料机构的逆流式冷却器(图9-19)　结构与滑阀式排料机构的逆流式冷却器相比,不同处在于匀料机构、排料机构、传动机构和电气控制部分。

a. 匀料机构　安装在冷却器箱体内上部的旋转式匀料机构,由电动机经万向联轴节带动减速器旋转。物料由进料口进入,经旋转的倾斜溜板及其间隙处,落入冷却器箱体内,在匀料杆上安装的匀料板的作用下,均匀地平铺在冷却器箱体内。

b. 排料机构(图9-20)　由机架、行程开关、液压泵站、转轴、摆杆等组成。转轴的一端装有摆杆,摆杆间通过能调节的连杆连接,转轴的另一端装有一个限位箱,箱内装有两个位置可调的料位开关,作用就是控制摆杆机构的摆动角度来改变排料量。工作中停机时,排料机构处于不排料位置,当生产结束后,通过手动开关使机内物料排空。

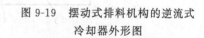

图 9-19　摆动式排料机构的逆流式
冷却器外形图

c. 传动机构　由液压传动系统带动排料机构工作。

d. 电气控制机构　当冷却器箱内料层高度到上料位时,液压系统开始工作,进行排料;当料层低于下料位时,液压系统停止工作,不排料。且停止排料时,排料机构处于不漏料位置。

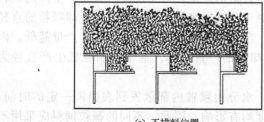

(a) 不排料位置　　　　　　　(b) 排料位置

图 9-20　摆动式排料机构的工作状态

（3）主要技术参数（表9-6）

表9-6　滑阀式逆流冷却器的主要性能参数

型号	SKLN1.5	SKLN2.5	SKLN4	SKLN6	SKLN8	SKLN10	SKLN12
生产能力	3t/h	5t/h	10t/h	15t/h	20t/h	25t/h	30t/h
冷却时间	不少于10～15min						
冷却后料温	室温+3～+5℃						
降水率	≥3％～3.5％						
风压	2000Pa						
吸风量	34m³/(min·t)						
主动力	0.75kW	0.75kW	1.5kW	1.5kW	1.5kW	1.5kW	1.5kW
喂料动力	0.37kW	0.55kW	0.55kW	0.55kW	0.55kW	0.75kW	0.75kW

注：表中型号含义：S—饲料加工专业代号；KL—颗粒冷却；N—逆流式；数值：冷却器仓容，m³。

4. 卧式冷却器

卧式冷却器又称输送带式冷却器（图9-21），有单层和双层两种。由链板构成的输送带以较低的速度(0.65～1.8m/min)向前移动，将湿、热的颗粒从进口带到另一端（单层）或再带回到原来端（双层）的卸料口卸下，冷却空气由底部进入冷却器内部，垂直向上穿过慢慢移动的物料层，带走物料的热量和水分，使物料冷却。卧式冷却器适合冷却易碎的颗粒饲料和块状饲料。为保证冷却干燥的均匀性，应保持颗粒饲料在冷却器内的厚度均匀。

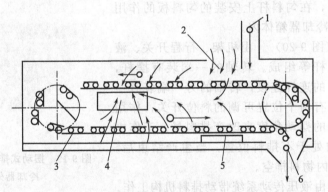

图9-21　双层卧式冷却器示意图
1—进料口；2—进风口；3—链板；4—出风口；5—机架；6—出料口

5. 影响冷却效果的因素

（1）冷却器的产量　冷却器的产量取决于制粒机的产量。对于制粒机来说，生产的颗粒直径越小，产量越低；反之则产量就越高。但对于冷却器来说，正好相反，冷却颗粒的直径越小，所需的时间越短，风量越少，产量越高；反之则需要的冷却风量越大，产量越低。因此，用制粒机生产较大直径颗粒的产量来做冷却器的产量指标。通常以制粒机生产直径为8mm的颗粒为设计依据。

（2）冷却时间　在颗粒饲料冷却的过程中，水分由颗粒内部散发到表面需一定的时间，颗粒饲料的成分、直径等因素对水分的散发速度均有影响。因此，不同的颗粒饲料应采用不同的冷却时间。

（3）冷却的吸风量　冷却时的吸风量和颗粒饲料的直径有关，随粒径的增大，吸风量也需增大。因为颗粒的冷却是由表面开始的，若风量过大，会导致颗粒表面干裂，包装后颗粒出现发热结露现象，影响颗粒质量。所以吸风量不能选得太大，一般根据大直径颗粒的吸风量来计算。颗粒料的冷却时间要稍长一些，只有对颗粒料进行小风量、长时间的冷却，才能使颗粒内部和外部充分冷却，得到合格的冷却颗粒料。表9-7列出不同直径颗粒所需吸风量供参考。较合适的吸风量为 $28\sim34\text{m}^3/(\text{t}\cdot\text{min})$。

表 9-7 不同直径颗粒所需吸风量

颗粒直径/mm	≤5	6	10	20	22
吨料颗粒吸风量/[m³/(t·min)]	22	25	28	31	34

三、颗粒破碎机

颗粒破碎机就是将大颗粒($\phi3\sim6\text{mm}$)破碎成小颗粒($\phi1.6\sim2.5\text{mm}$)的专用设备。

1. 颗粒破碎机工作原理

颗粒破碎机（图9-22）是利用一对转速不相等的轧辊相对转动，颗粒饲料由冷却器经碎粒机的活门直接进入两个轧辊中间，通过两个轧辊上锯形齿的差速运动，对颗粒进行剪切、挤压使之碎裂。破碎粒度通过调节两个轧辊的轴间距来获得。若颗粒料不需破碎，可操作操纵杆，使进料活门关闭，颗粒料从旁路通过，破碎机的电机不工作。

2. 颗粒破碎机的结构

颗粒破碎机主要由活门控制装置、位置固定的快辊、可移动的慢辊、轧距调节机构、机架和传动装置组成。

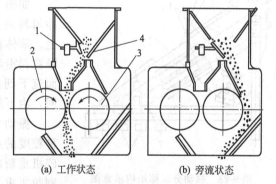

(a) 工作状态   (b) 旁流状态

图 9-22 颗粒破碎机结构及工作示意图
1—活门控制装置；2—快辊；3—慢辊；4—翻板

（1）轧辊 一般颗粒破碎机装有一对轧辊，大型颗粒破碎机由于轧辊长度受加工设备和制造成本的限制，多采用两对轧辊。轧辊是颗粒破碎机的主要工作部件，有快、慢之分，快辊和慢辊的直径、长度、齿形都相同，只是转速不同，通常快辊转速是慢辊转速的1.5倍或1.25倍。轧辊表面的齿距一般为 $2.5\sim3\text{mm}$，适用于破碎成 $1.5\sim2.5\text{mm}$ 的碎粒。为使轧辊运转平稳，增大对颗粒的剪切作用，提高破碎效率，常将两轧辊的辊齿按一定的斜度（斜率为 $1:20$）加工。

（2）轧距调节机构 轧距对颗粒破碎机的破碎效果有很大影响。轧距过大，破碎不完全，不合格的大颗粒增多；轧距过小，粉末增多，功耗增大。因此应根据颗粒的破碎要求来调节轧距。轧距调节机构就是调节两个轧辊之间间距的装置，由锁紧手柄、调节手轮、调节螺杆、限位螺钉、压紧弹簧等组成。调节轧距时，先松开锁紧手柄，转动调节手轮，带动调节螺杆使慢辊的轴承座前后移动，轧距就随之改变。调好轧距后，锁紧手柄必须锁紧。调节轧距时，应使两轧辊平行，轧距均匀。通常轧距为颗粒直径的2/3。

（3）活门控制装置 活门控制装置有手动和气动两种，用来控制颗粒料的流向。通过操纵杆控制，使颗粒料破碎或旁流（图9-22）。这是因为即使颗粒料不需破碎，在生产工艺上也要经过颗粒碎粒机，才能进入下一道工序。用活门控制装置，使两轧辊间的通道关闭，饲料从轧辊的一侧流过，轧辊不转动。

四、分级筛

1. 分级筛工作原理

分级筛依据颗粒料的粒度大小进行分级，粒度大于筛孔尺寸，不能通过筛孔的颗粒料称为筛上物，粒度小于筛孔尺寸，穿过筛孔的称为筛下物。为保证较高的筛分效率，应选择适当的筛孔和相对运动速度，使颗粒料与筛面充分接触。

分级时，将筛孔规格不同的筛面组成一定的顺序进行筛选，按筛孔由大到小排列的筛选程序工作。

2. 分级筛分类

颗粒分级筛主要有振动筛和平面回转筛两种形式。振动筛产量小，一般用于小型饲料厂；回转筛产量大，一般用于大型饲料厂。

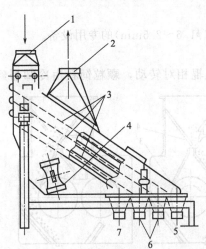

图 9-23　振动分级筛结构示意图
1—进料口；2—吸风口；3—筛网；
4—振动电动机；5—大颗粒出口；
6—合格颗粒出口；7—碎粉出口

（1）振动分级筛　振动分级筛是利用振动的多孔工作面将颗粒饲料按粒度进行分级的机械。为保证良好的分级效果，应使筛体有一定的振幅和振动频率。

如图 9-23 所示，工作时，颗粒料从进料口经缓冲匀料后进入，并由吸风口除杂，均匀地流到筛体上。筛体在振动电动机的驱动下振动，迫使筛面上的颗粒料沿着筛面流下的同时上下跳动，较大颗粒沿筛面流下到出口；不合格的小颗粒和粉尘穿过上端筛网，由下层筛面下流出；成品从中间层筛面上流出。

振动分级筛有两层筛和三层筛，两层筛可得到 3 种粒度的产品。第一层筛面上的大颗粒，返回颗粒破碎机重新破碎，第二层筛面下的碎粉或小颗粒，送回制粒机重新制粒，第二层筛面上的是合格品。

（2）平面回转分级筛　中国产 SFJH 系列平面回转分级筛安装灵活，振动小，噪声低，对支承物的强度要求低，在筛体上更换筛面不仅方便，还可降低占地面积。其结构如图 9-24 所示。

工作时，颗粒料由进料口集中喂入筛面，平面回转筛通过偏心机构带动筛面上的每一点作平面圆周运动，颗粒料由于受到重力、摩擦力和离心力的作用，在筛面上作相对圆周运动并产生自动分级。因筛面略微倾斜，颗粒料相对于筛面回转的同时，沿筛面向下滑动，较小的颗粒始终紧贴筛面，随时迅速过筛；由于筛体出料端的运动形式为近似往复直线运动，筛理作用减弱，使大于筛孔的颗粒迅速向出口方向移动，直到排出机外。整个筛理过程中，弹性小球不断跳动，有效地防止物料对筛孔的堵塞，保证了筛理的高效率。

平面回转分级筛通过更换不同孔径的筛面，既可用于颗粒饲料的筛选和分级，还可用于原料的初清。

五、喷涂设备

当颗粒饲料中油脂添加量大于 3% 时，

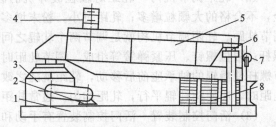

图 9-24　平面回转分级筛结构示意图
1—机架；2—电动机；3—传动箱；4—进料口；
5—筛船；6—滑动支承；7—拉杆；8—出料口

需采用专用的油脂添加设备在制粒后的颗粒表面喷涂油脂。

1. 喷涂方式。

制粒后的喷涂有两种方式。

（1）颗粒自流过程中进行喷涂　自流喷涂方式设备的结构紧凑，但颗粒接受喷涂时间较短。美国的海斯公司和英国的西蒙公司采用这种喷涂方式。

（2）颗粒在滚筒内翻动过程中进行喷涂　滚筒喷涂方式设备体积较大，颗粒接受喷涂时间较长，喷涂易均匀。瑞士的布勒公司和意大利的贝加尔公司等采用这种方式。

2. 自流式油脂喷涂机

也称转盘式涂油机，其结构如图 9-25 所示。

工作时，颗粒饲料由料斗经振动给料器均匀、稳定地流到喷涂筒内转动的分料圆盘上（上下两个盘或一个盘），由于离心力的作用，颗粒料被抛撒在圆盘四周，形成空心状流柱体向下流动。安装在分料圆盘下部的两个喷嘴对下落的颗粒进行喷涂，喷涂好的颗粒经下面的输送器排出。

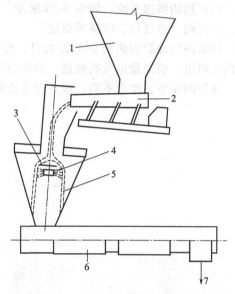

图 9-25　自流式油脂喷涂机结构示意图
1—料斗；2—振动给料器；3—分料圆盘；4—喷嘴；
5—料流；6—输送器；7—出料口

物料流柱体的直径和料层厚度由圆盘的转速调节，以利于油脂喷涂均匀。为使颗粒迅速吸收油脂，在料流柱的外围设有环形蒸汽加热层，对颗粒进行加热。

喷涂的油脂量可手动控制，也可自动控制。自动控制是在料斗和喷涂筒之间安装一个测出颗粒流量的传感器，通过控制系统控制调速油泵的转速调节喷油量。

3. 卧式滚筒涂油机

如图 9-26 所示，卧式滚筒涂油机主要由料斗、流量调节器、导流管、滚筒和喷油系统等组成（外形见图 9-27）。

工作时，颗粒料由料斗经供料器进入流量调节器以保持稳定的流量，通过导流管流入旋转着的滚筒，颗粒在滚筒内翻滚抛扬，与此同时喷油系统按需要的喷量由喷嘴向颗粒喷涂油脂，已经喷涂油脂的颗粒料从滚筒末端排出。

（1）料斗　主要起缓冲作用，通常容积为 $1 \sim 2 \mathrm{m}^3$。料斗内装有两个料位开关，上料位开关是在料斗装满料时发出信号并联动停止供料工作；当斗内料位低于下料位开关时，先停止供油，延时后喷涂机停车。

（2）流量调节器　也叫流量平衡器，内有流量冲击板控制流量孔的

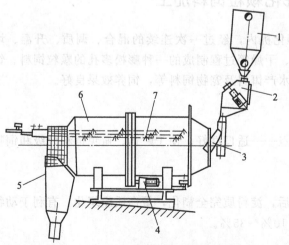

图 9-26　卧式滚筒涂油机结构示意图
1—料斗；2—供料器；3—导流管；4—电动机与减速机；
5—出料口；6—滚筒；7—喷管与喷嘴

大小。

（3）滚筒　滚筒由两对橡胶滚轮支撑，向出口方向倾斜放置，为防止滚筒下滑，在滚筒前端装有一个限位轮。滚筒中间装有喷管和喷嘴，内壁装有将颗粒料抛起的阻板，颗粒在被抛起的过程中接受油脂喷涂。滚筒由减速电机经皮带传动驱动，转速一般为 30～50r/min。

（4）油脂添加系统　如图 9-28 所示，油脂添加系统由油罐、蒸汽加热管、过滤器、油泵、溢流阀、流量计、喷嘴等组成。

油罐内的油脂加热到 50℃左右时，经过滤器进入油泵，通过阀门、流量计和气阀由喷嘴向外喷出，喷油量由气阀控制，多余的油脂由溢流阀被送回油罐。

油脂因季节、种类不同，应进行适当的加热处理，并能自动控制油温。

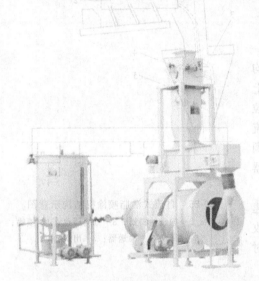

图 9-27　卧式滚筒涂油机外形图

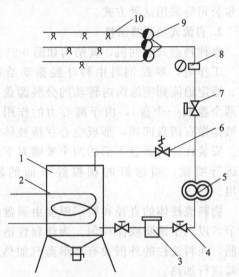

图 9-28　油脂添加系统

1—油罐；2—加热管；3—过滤器；4,7—阀门；5—油泵；
6—溢流阀；8—流量计；9—气阀；10—喷嘴

第三节　膨化颗粒饲料加工

膨化饲料是将粉粒状饲料原料送入膨化机内，经过一次连续的混合、调质、升温、增压、挤出模孔、骤然降压，以及切成粒段、干燥等过程制成的一种膨松多孔的颗粒饲料。饲料行业生产的膨化料，主要用于乳猪料、水产饵料及宠物饲料等，饲养效果良好。

一、膨化的目的和作用

膨化饲料除具有普通颗粒料的一般特点——适口性好、便于贮运、避免饲料分级和饲喂损失等外，还具有下列优点。

1. 提高动物对饲料的消化吸收率

原料经膨化过程中的高温、高压处理后，淀粉质完全糊化，蛋白质组织化，有利于动物的消化吸收，如鱼类膨化料可提高消化率 10%～35%。

2. 扩大饲料资源的开发利用

农作物秸秆、荚壳、矿物蛋白等，经膨化加工后，改善了适口性，提高了消化率，扩大了饲料来源。

3. 膨化饲料有良好的消毒作用

原料经高温、高压膨化后不仅能杀死多种细菌，预防动物消化道疾病，还可钝化天然存在的毒素（某些真菌毒素、配糖碱和应变素）和抗营养因子（胰蛋白酶抑制剂、棉酚等），杀灭有害微生物，因而有良好的消毒效果。

4. 膨化饲料能满足动物的喜好

膨化设备的模板可以设计不同形状的模孔，压制出动物喜爱并熟悉的各种几何形状的膨化颗粒饲料。

5. 水产膨化料可减轻水质污染

挤压膨化使膨化饲料质构膨松、多孔，具有适宜的飘浮特性和抗水稳定性，起到减轻水质污染和避免浪费的效果。

当然，挤压膨化也会产生不利的影响：对维生素 C 和氨基酸等有一定的破坏作用，所以维生素和氨基酸一般在膨化后再添加到膨化饲料中。

二、膨化的原理

挤压膨化通过水分、热量、机械能、压力等的综合作用完成，是高温（达 150℃）、短时加工过程，是对饲料进行调质，连续增压挤出骤然降压，使其体积膨大的工艺操作。根据调质方法不同，膨化分湿法膨化和干法膨化两种。干法膨化利用摩擦产生的热量，使饲料加温，在挤压螺杆的作用下，强迫饲料穿过模孔，同时获得一定的压力，饲料挤出模孔后，压力骤然降低，水分迅速蒸发，饲料内部形成多孔结构，体积增大，达到膨化的目的。干法膨化水分含量一般为 15%～20%。湿法膨化原理与干法膨化基本相同，只不过饲料中水分含量常高于 20%，有时甚至达到 30% 以上。

三、膨化颗粒饲料加工工艺

膨化颗粒饲料加工工艺流程见图 9-29。图 9-30 是膨化饲料的生产加工设备。

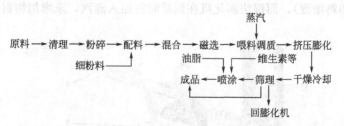

图 9-29　膨化颗粒饲料的加工工艺流程图

各种原料经配料混合后，进入调质器内进行调质处理。此时将饱和水蒸气喷入调质器中进行调温调湿，同时还将调味剂、色素、油脂及肉浆等液体添加到调质器中，依靠调质器工作部件的搅拌混合使物料各部分的温度和湿度均匀一致。调质的温度、湿度依原料的性质、产品类型、膨化机的型号以及运行操作的参数等因素综合考虑。对于干膨化饲料，物料调质后的湿基含水量 20%～30%，通常在 25%～28% 之间，温度在 60～90℃ 之间为适宜。

为便于物料在膨化机内的流动，减轻摩擦，此时应加入少量的油脂，一般油脂量不超过物料量的 5%，否则就应在干燥冷却后喷涂补加。调质好的物料进入膨化设备被挤压膨化成颗粒饲料后送入干燥冷却系统，强制降温去湿。

干燥冷却后的膨化饲料经过筛理，筛下的细小颗粒和粉末送回膨化机再次加工，筛上的合格颗粒送入喷涂机进行油脂、维生素、香味剂和色素等的喷涂，以补充必要的饲料成分，

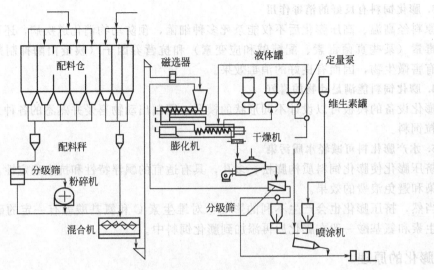

图 9-30 膨化饲料生产加工设备

提高饲料的表面感观质量,对于鱼、虾饵料还可提高抗水稳定性。

喷涂后的膨化颗粒饲料成品经称量包装,就可入库贮存。

四、膨化颗粒饲料机械

1. 分类

颗粒饲料的膨化设备因螺杆的结构不同,分单螺杆(图 9-31)和双螺杆两种。单螺杆挤压膨化机结构比较简单,造价低廉、操作方便,但不能加工高脂肪、高水分的物料。双螺杆结构较复杂,但能生产加工黏稠状物料,且出料稳定受供料波动的影响较小;按调质方法不同,将挤压膨化设备分为干法膨化机和湿法膨化机两种。干法膨化机在调质时不加蒸汽(有时加水是为了让物料增湿),而湿法膨化机在调质时需加入蒸汽,来增加物料的温度和湿度。

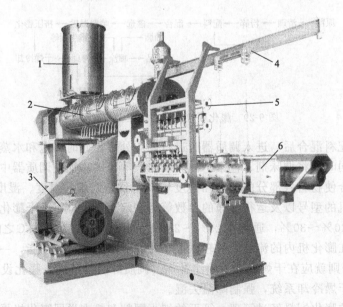

图 9-31 单螺杆挤压膨化机外形图

1—缓冲仓;2—调质机构;3—电动机;4—吊梁导轨;5—蒸汽入口;6—切碎部分

目前，饲料工业中常用的膨化设备是单螺杆挤压膨化机和双螺杆挤压膨化机。一些水产饲料压制成颗粒时为提高饲料的熟化度，还需将饲料用膨胀器进行膨胀调质处理。

2. 单螺杆挤压膨化机

（1）构造 单螺杆挤压膨化机的结构如图 9-32 所示，主要由供料装置、调质机构、膨化机构、模板、切刀装置和传动机构等组成。

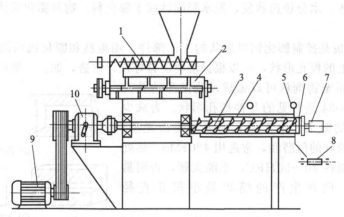

图 9-32 单螺杆挤压膨化机的结构示意图
1—螺旋供料器；2—调质机构；3—挤压螺杆；4—挤压螺筒；5—压力表或温度表；
6—成型模板；7—切刀装置；8—输送带；9—电动机；10—减速机

① 供料装置 由机体、供料螺旋及传动部分组成。作用是提供给膨化机稳定、均匀的物料，供料量靠改变螺旋转速来调节。螺旋的转速由调速电机控制。

为保证膨化机作业的连续性，供料装置的入口端常设置缓冲仓，仓内有料位开关，有的还装有破拱装置。

② 调质机构 调质机构与制粒机的调质器作用、结构基本相同，只是膨化机调质后的水分较多，约为 20%～30%。

③ 膨化机构 如图 9-33 所示，膨化机构由螺杆、螺套、模板、抱箍等组成。按作用和位置可将膨化机构沿长度分三段：喂料段、压缩段和挤出段。

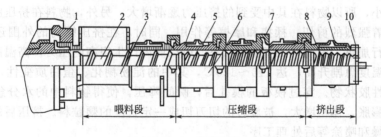

图 9-33 膨化机构
1—传动箱；2—喂料螺杆；3—喂料螺套；4—阻力圈；5—压缩螺杆；6—压缩螺套；
7—抱箍；8—挤出螺杆；9—挤出螺套；10—模板

a. 喂料段 此段为单头螺杆，螺杆由螺杆轴和螺旋叶片组成，占螺杆总长的 10%～25%。螺杆可选 40Cr、17-4 不锈钢、38CrMoAl 等材料经浇注成形或车床加工做成，热处理后表面硬度达 60～70HRC。作用是将已调质好的物料向前输送并压缩，使物料充满螺旋槽内。

b. 压缩段 此段螺杆为等径双头螺纹，螺槽沿物料前进方向由深变浅，对物料形成压缩，因此压缩段距离较长一些，占螺杆总长的 50%。

c. 挤出段　也是等径双头螺纹，螺槽更浅，约占螺杆总长的 15%～30%，是物料压力最大（可达 30～100kgf/cm²，即 2.94～9.81MPa）、温度最高(120～170℃)的一段，因此挤出段的螺杆、螺套磨损最为严重。

挤出段的出口是模板，物料从模板的模孔中挤出后，直接进入大气，压力和温度骤降，使其体积迅速膨胀，水分快速蒸发，脱水凝固就成了膨化料。物料膨化后体积增大为原来的 9～13 倍。

④ 模板　模板是控制膨化饲料形状的工作部件，用抱箍和膨化机构的最后一节螺套固定在一起。模板上的模孔形状，可以根据动物的喜好设计制造，如：一般的鱼、虾等水产饲料常做成圆形，而宠物饲料可以做成动物熟悉的骨头形、环形等。图 9-34 是常见的几种模孔形状。为减少物料挤出模孔时的阻力，加工模孔时要求表面光滑，其制造材料须有较好的耐磨性，常选用 42CrMo，热处理后表面硬度控制在 40～50HRC，不能太硬，否则易造成模板开裂。现在生产的模板最小模孔直径为 1.0mm。

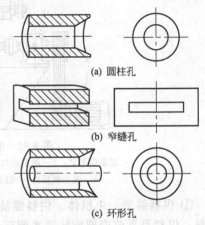

(a) 圆柱孔

(b) 窄缝孔

(c) 环形孔

图 9-34　几种模孔形状

⑤ 切刀装置　一般情况下单螺杆膨化机安装 1～4 把切刀，刀片刃口贴紧模板面旋转，转速常为 500～600r/min，刀片的刃口应锋利。切刀由调速电动机驱动工作，它的传动装置安装在可移动的支架上。

⑥ 主轴传动机构　主轴（即螺杆）由电动机通过三角皮带传动驱动旋转，大功率主轴的转速是 450～550r/min，小功率主轴的转速低于 400r/min。在其传动箱中有止推轴承、轴承套、油封、端盖及润滑油箱。

（2）工作过程　淀粉含量为 20% 以上的粉状原料由供料螺旋均匀稳定地送入调质器，对物料进行湿、热的调质处理，经调质器工作部件的搅拌混合使物料各组分的温度、湿度均匀一致。然后进入螺杆挤压腔内，因为螺杆的螺槽逐渐变浅，挤压腔的空间容积沿物料前进的方向逐渐变小，所以物料在其中受到的挤压力逐渐增大。另外，物料在挤压腔内前移的过程中，还伴随着强烈的剪切、揉搓和摩擦等作用。同时，在挤压螺筒的外围还设有加热装置，对物料进行加热，因物料处于密封状态，所以筒内产生很高的压力。高温高压的共同作用，使得物料温度急剧升高，达 110～120℃，其中的淀粉糊化、蛋白质变性，整个物料变成了熔化的塑性胶状物。穿过模板的模孔后，瞬间降压，使得物料中的水分急剧汽化而喷出，物料失水膨胀，体积增大，被旋转的切刀切成一定长度的颗粒料。挤压后的颗粒料可以进入冷却、干燥和喷涂等后处理工序。

3. 双螺杆挤压膨化机

在膨化颗粒饲料和食品加工中，双螺杆挤压膨化机的使用日益增多。双螺杆挤压膨化机与单螺杆挤压膨化机的膨化原理基本相同，区别在于膨化时需要的热量不仅靠挤压物料所产生的"应变热"（机械热），还设有专门的外部加热控温装置，螺杆的作用主要是推进物料。

因螺杆的啮合方式不同，双螺杆挤压膨化机的两个螺杆有以下四种啮合形式（图 9-35）：异向旋转啮合式、同向旋转啮合式、异向旋转非啮合式、同向旋转非啮合式。其中同向旋转啮合式应用较多。这种类型的挤压膨化机在工作时，一个螺杆的螺纹与相邻螺杆的流

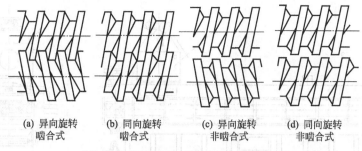

(a) 异向旋转　　(b) 同向旋转　　(c) 异向旋转　　(d) 同向旋转
　　啮合式　　　　啮合式　　　　非啮合式　　　　非啮合式

图 9-35　双螺杆挤压膨化机的啮合类型

槽存在着相互作用，因此螺筒壁不必提供物料的防转机构，对物料有良好的混合效果，单机产量较高且螺杆表面有自清能力。工作中物料被相互啮合的螺杆齿廓分隔成多个小腔室，各腔室的物料在螺杆的推动下均匀地向前移动，因而使各小腔内的物料温度和所受的剪切力比较容易控制。

双螺杆挤压膨化机也是分段结构，可以根据水生动物饲料和宠物饲料对调质的要求，增减挤压螺套的长度，来改变被挤压的物料在机器内停留的时间，通常要求挤压螺杆长度与其直径之比的范围为(10∶1)～（20∶1）。若膨化全脂大豆，效果更好。

双螺杆挤压膨化机优于单螺杆挤压膨化机的特点如下：

① 通过螺杆的物料流量稳定，通常不会出现断流或波涌现象，生产过程平稳可靠。

② 膨化所需的大部分热量来自双螺杆挤压膨化机在工作过程中机械转化的热量，只有少量的热量来自加热夹套。单螺杆挤压膨化机则需要单独设置调质设备预热物料。

③ 物料在双螺杆挤压膨化机内停留的时间分布范围较窄，使物料的温度容易控制，能量利用充分，膨化机的产量和饲料产品的质量都很稳定。

④ 双螺杆挤压膨化机的螺杆表面自清功能，使得改变生产品种比较方便，并且物料输送稳定，工作结束后机内物料残留少。

⑤ 双螺杆挤压膨化机生产率较高，适合加工含高油物料（含油量＞17％）和高湿度的物料（含水量＞30％）。

虽然双螺杆挤压膨化机构造比较复杂，工作部件加工精度要求高，设备投资比较大，但可以在产品的效益中得到补偿。

4. 后熟化处理设备

由膨化机刚膨化出来的产品水分为22％～28％，温度为80～135℃，这种高温高湿的膨化料较软，不宜贮存和运输。为提高其硬度和糊化度，必须对膨化产品进行后熟化处理，即干燥和冷却。

（1）后熟化处理设备的构造及工作过程　膨化饲料常采用连续输送式干燥机（图 9-36）进行干燥处理。高温高湿的物料进入干燥机后，均匀地散布在移动着的输送器上，膨化机的生产能力和输送带的线速度决定了料层的厚度。通常物料表面热空气的温度范围约为100～200℃，并以 1m/s 的速度穿过物料的料层。干燥过程与时间和温度有关，因此，常把干燥器做成多层结构，以提供有效的干燥面积，满足冷却所需要的空气温度。

膨化产品经干燥后，水分降低了，但温度较高，还需降温、冷却。因此，常把干燥机和冷却器设计成一体，即干燥冷却器。把多通道的干燥机上部用来干燥，下部用来冷却。膨化产品采用吸风的方法，借助周围的空气来冷却降温和干燥。

（2）使用注意事项

① 若膨化物料的淀粉含量较高，不宜堆积太厚，以减少物料的变形和结块。

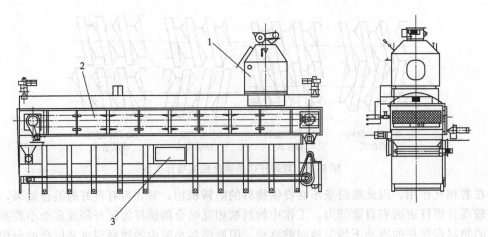

图 9-36 后熟化干燥冷却器

1—熟化部分；2—干燥部分；3—冷却部分

② 物料在干燥的过程中应该翻转和搅动，可以加速干燥，打破团块。

③ 为迅速、有效、均匀地干燥，气流应相对较快且均匀地通过物料。

5. 膨胀器

膨胀器的结构与挤压膨化机的结构基本相似，不同之处在于膨胀器的出料口开度在一定范围内可以任意调节，使螺杆对物料的挤压作用能在一定范围内调整。因而根据需要可以生产膨化率不同的多种膨胀料，还可直接生产膨胀粗屑料。

膨胀饲料的特点如下：

① 膨胀料对饲料选择范围广，可利用廉价的原料，降低生产成本。

② 因螺杆的挤压作用，使物料的温度较高（可达 110℃），提高了淀粉的熟化程度，增加了动物对饲料的消化率，提高饲料报酬。据报道，谷物经膨化后，猪对饲料的消化率可提高 5%～15%，豆粕消化率提高 2%～6%。

③ 生产膨胀颗粒料，能提高制粒机的产量，降低制粒机的电耗，并且适用范围广，能适用各种配方的制粒。

④ 能增大添加液体饲料（糖蜜、油脂）的比例，生产高能量饲料。

⑤ 饲料在膨胀过程中能杀死沙门菌，降低动物消化道疾病的发生率。

（1）膨胀与膨化的区别 膨化加工生产需要的颗粒，膨胀加工生产不同膨胀率的粉状料或不规则颗粒料。膨化加工适合生产膨化颗粒饲料，而膨胀生产则用于原料的预处理。

（2）膨胀器的工作原理 膨胀器有一副螺杆和螺套，具有混合和揉搓的功能，螺套的外壳装有蒸汽喷射阀和油脂喷射阀，用来添加蒸汽和油脂。出料口的开度由液压系统驱动滑阀机构可任意调节。经调质后的物料温度一般要求控制在 70～90℃，水分控制在 17%～21%，进入膨胀器后，物料在螺杆螺套之间受到挤压、摩擦、剪切等作用，其内部温度和压力不断升高，最大到 4MPa，温度最高到 140℃。在 3～7s 的时间内，温度和压力的急剧升高，使物料的组织结构发生变化，淀粉进一步糊化，蛋白质变性，粗纤维被破坏，杀死沙门菌等有害菌。高温高压物料从出料口出来后，内部压力瞬间被释放，水分发生部分闪蒸，冷却后物料呈现出疏松多孔结构，膨胀后的物料为团状、絮状或粗屑状。

（3）膨胀器构造 如图 9-37 所示，膨胀器主要由喂料器、调质器、螺杆螺套总成、环形隙口出料机构、传动机构和油脂添加系统等组成。

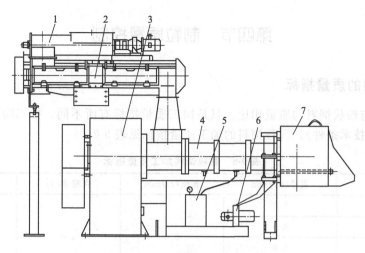

图 9-37 膨胀器的结构图

1—喂料器；2—调质器；3—主传动箱；4—螺杆螺套总成；
5—油脂添加系统；6—液压泵；7—环形隙口出料机构

① 喂料器 由喂料螺旋、变频控制器及变频调速电动机等组成。采用变频调速控制是为了保证主机满负荷工作。

② 调质器 调质部分的桨叶设计成扇形，每段轴向断面装 4 片，按螺旋线在横向方向上排列。为方便调整桨叶角度和维修清理等作业，在调质器上设两个大开门的清理门。外壳上的分配阀用来添加液体饲料和蒸汽。

③ 螺杆螺套总成（图 9-38）

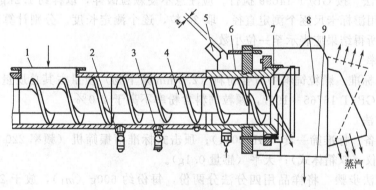

图 9-38 螺杆螺套总成

1—进料口；2—蒸汽喷射口；3—油脂喷射口；4—螺杆；5—环形隙口调节系统；
6—螺套；7—环形隙口；8—卸料箱；9—出料口

a. 螺杆 螺杆是膨胀器的主要工作部件。沿长度方向分 4 节，输送能力越来越小，压缩比一般在(1.05：1)～(2.6：1)，每两节之间由圆柱销连接，相互之间传递动力。进入其中的物料在被输送过程中受到的压力越来越大，到环形隙口处达到最大，此时，物料对螺杆的磨损也越来越激烈。

b. 螺套 螺套与螺杆相似，也采用分体装配式结构，相互之间用弹性柱销连接。

④ 环形隙口出料机构 环形隙口出料机构在机座前端接分料盘，机座外圈装滑阀机构，滑阀机构后端连接与滑阀机构和液压系统相连的出料开度显示装置，出料机构的开度根据需要通过液压系统和出料开度显示装置驱动滑阀机构进行大小调节和定位。

第四节　制粒质量控制

一、颗粒饲料的质量指标

颗粒饲料与粉状饲料的质量相比，只是加工质量指标有所不同。按 GB/T 16765—1997《颗粒饲料通用技术条件》，颗粒饲料的加工质量指标见表 9-8。

表 9-8　颗粒饲料加工质量指标

种类	直径(d)/mm	长度(l)/mm	含粉率/%	粉化率/%
肉鸡料	5.0			
蛋鸭料	8.0	2.0	4.0	10.0
仔猪料	5.0			
兔料	6.0			

注：测定含粉率及粉化率通常是在颗粒冷却后立即测定。颗粒温度与环境温度之差应在5℃以内。含粉率、粉化率为饲料生产厂成品库取样测定数值。

1. 颗粒饲料的加工质量指标

（1）粒度

① 粒度要求　颗粒饲料的粒度包括颗粒的直径和长度。颗粒的粒度随动物种类及生长发育时期而异。一般情况下，颗粒的长度为直径的 1.5～2.5 倍。例如按国家推荐标准 GB/T 16765—1997，仔猪料颗粒最大直径 5.0mm，长度不超过直径的 2 倍。

② 测定方法　按 GB/T 14699 执行。应注意不使颗粒破碎，取样约 1.2kg，从样品中随机选取 5 粒，用游标卡尺逐个测定直径；取 20 粒，逐个测定长度。分别计算颗粒直径与长度的平均值，所得结果应表示至一位小数。

（2）含粉率

① 含粉率标准　颗粒饲料中所含粉料（2.0mm 筛下物）质量占其总质量的百分比。按国家推荐标准 GB/T 16765—1997，颗粒饲料含粉率不高于 4.0%。

② 测定方法

a. 仪器设备　标准筛一套（GB 6004）；顶击式标准筛振筛机（频率 220 次/min，行程 25mm）；粉化仪（双箱体式）；天平（感量 0.1g）。

b. 测定方法步骤　将样品用四分法分两份，每份约 600g（m_1），放于 2.0mm 的筛格内，在振筛机上筛理 5min 或用手工筛（每分钟 110～120 次，往复范围 10cm），将筛下物称量（m_2）。

c. 含粉率计算：

$$F(\%) = m_2/m_1 \times 100\% \qquad (9-5)$$

式中　m_2——2.0mm 筛下物质量，g；

　　　　m_1——样品质量，g。

③ 允许差　两次测定结果之差不大于 1%，以其算术平均值显示结果，数值保留一位小数。

（3）颗粒饲料粉化率

① 粉化率标准　颗粒饲料粉化率指颗粒饲料在特定测试条件下产生的粉末重量占其总重量的百分比，是评定颗粒饲料质量的重要指标之一。粉化率过高，在贮运中易破碎、分

离，造成营养的损失；粉化率过低，则动物消化困难，还会增加能耗和成本，降低颗粒的产量。按国家推荐标准 GB/T 16765—1997，颗粒饲料粉化率不高于 10.0%。

② 测定方法　将样品用四分法分为两份，每份约 600g，放于规定筛孔的筛格（颗粒直径 2.5mm、3.0mm、3.5mm、4.0mm、4.5mm、5.0mm、6.0mm、8.0mm，筛孔尺寸分别为 2.0mm、2.8mm、2.8mm、3.35mm、4.0mm、4.0mm、5.6mm、6.7mm）内，在振筛机上预筛 5min，也可用手工筛（每分钟 110～120 次，往复范围 10cm），从筛上物中分别称取样品 500g 两份。各装入粉化仪的两个回转箱内，盖紧箱盖，开动机器，使箱体回转 500 转，停机后取出样品，放于规定筛孔的筛格内，在振筛机上筛理 5min，或用手工筛，将筛下物称量（若同时测含粉率，可在预筛时用 2.0mm 及规定筛孔的筛格相叠使用）。

$$F = m_2/m_1 \times 100\% \tag{9-6}$$

式中　m_2——回转后筛下物质量，g；

　　　m_1——回转前样品质量，g。

③ 允许差　两次测定结果之差不大于 1%，以其算术平均值显示结果，数值保留一位小数。

（4）硬度　制粒工段的能耗，约占整个饲料厂生产能耗的 1/3。因此，合理控制颗粒硬度，对饲料厂的能耗控制具有重大意义。对于乳猪颗粒饲料，硬度会直接影响乳猪的采食量，影响乳猪的生产性能。

颗粒饲料硬度指颗粒饲料对外压力所引起变形的抵抗能力。颗粒饲料硬度采用硬度计测定。养殖户通常希望颗粒比较坚硬，但不是越硬越好。用颗粒饲料硬度计来测量，一般 0.06～0.12MPa（0.6～1.2kgf/cm²）。

（5）颗粒饲料水中稳定性　水中稳定性主要相对鱼虾等水产颗粒饵料而言，用规定数量的颗粒（含水率 13%）全部溶化在水中所用的时间表示。一般要求鱼料达到 0.5～2h，虾饲料达到 3～6h。测定方法如下。

① 烘干若干颗粒使其水分含量在 13%，取出其中的完整颗粒 100 粒。

② 将取出的 100 粒饲料摊开放在 8 目筛片上，将筛片放入盛有清水的量杯里，水面高于筛片 3cm。

③ 从颗粒入水后开始计时，每隔 3min 将液面摆动 1 次（在量杯液面上 2cm 处画一横线，手捧量杯，使杯子倾斜，当一边液面到达横线时马上复位，再向另一侧倾斜，来回一次，就完成 1 次摆动）。

④ 摆动 1 次用时 10s，直到颗粒全部溶化从孔中漏下（每个颗粒只要全部溶化并漏下筛孔达 1/2 以上，就算全部溶化），记录总时间，即为颗粒饲料在水中稳定时间。

⑤ 上述测定重复 3 次，取平均值为颗粒的水中稳定时间 T。

2. 颗粒饲料的综合质量标准

饲料颗粒外观光滑，大小均匀一致，硬度适宜，粉化率低，水分符合标准。综合质量标准具体应达到：

（1）安全性　饲料产品无毒、无害，没有违禁药物。

（2）营养性　饲料产品具有较好的营养价值，各种营养物质齐全，符合国家或企业"饲料标准"，满足动物需要。

（3）饲用性　饲料没有霉变、氧化、酸败现象，适口性好。饲喂过程中没有拒食、腹泻、便秘现象，动物采食后毛顺、皮亮，休息正常。

（4）促生产性　畜产品的数量、质量以及饲料转化率较高，饲料消耗与成本较低。

（5）经济性　饲料产品市场竞争能力的先决条件，使用户和饲料企业利益最大化。

二、制粒质量控制

1. 颗粒饲料加工的技术要求

① 颗粒形状均匀，颗粒尺寸满足乳猪的生理需求。

② 颗粒饲料的含水率不大于 12％～12.5％，以便于贮存。

③ 颗粒饲料的成形率不低于 97％。

④ 颗粒饲料的密度为 1.2～1.3g/cm³，堆积密度为 0.6t/m³ 左右，颗粒强度为 78.5～98.1kPa，破碎率为 5％～8％以下。

2. 颗粒饲料质量的影响因素

如图 9-39 所示，影响颗粒质量的因素主要有：配方、调质、粒度、压模结构。

(1) 饲料配方和原料特性　饲料配方中各种原料的容重、粒度、含水率、粗糙度等都直接影响颗粒饲料的质量、制粒生产率及电耗。通常饲料配方中能量饲料占 60％～70％、蛋白质饲料占 20％～25％、矿物质饲料占 3％～5％、添加剂预混合饲料约占 1％～2％。能量饲料和蛋白饲料是主要的组成成分，也是影响颗粒质量的主要因素。

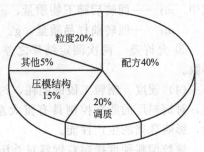

图 9-39　影响颗粒质量的因素

① 原料的多样性　为降低饲料的成本，各种替代原料越来越多，如玉米蛋白粉、麦麸、稻糠、DDG、啤酒糟、菌体蛋白、酵母、菜粕、棉粕、血粉、肉（骨）粉、蚕蛹粉等。由于这些替代原料的品质相差较大，导致饲料吸收蒸汽的能力降低，成品颗粒表现为松散、表面无光泽、硬度差、粉化率高。

为改善颗粒质量，常在配方中添加小麦、次面粉或膨润土等增加黏结力的成分。根据生产中的使用情况，小麦或次面粉因富含面筋蛋白和可溶性纤维素，易于吸收蒸汽而熟化，适量添加可提高颗粒质量。

② 蛋白质含量　由于蛋白质受热后可塑性增加，黏性增大，当配方中蛋白质含量较高时，能提高制粒产量和颗粒饲料的质量，因此，蛋白质含量是决定颗粒饲料质量的重要因素。但配方中蛋白质含量过高（超过 35％）时，颗粒质量会严重下降。

③ 水分含量　饲料调质前的水分低于 12.5％时，吸收蒸汽的能力较强，调质温度高，颗粒质量好。生产实践表明，粉状饲料调质后水分在 15.5％～17％时，制粒生产率较高，颗粒质量好。但若含水量过高，则原料吸收蒸汽的能力下降，调质温度降低，淀粉糊化和蛋白变性程度降低，饲料粒子间的黏结力下降，颗粒质量降低。同时，冷却时含水量降不到贮藏标准。

④ 脂肪含量　脂肪是制粒良好的润滑剂，能减少摩擦阻力，减轻制粒机环模的磨损，降低能耗，提高颗粒饲料的质量。但饲料中加入的脂肪含量超过 3％时，颗粒质量反而下降，表现为颗粒不易成形，易碎裂。若饲料中要求较多的脂肪时，可在制粒后喷涂添加。

⑤ 纤维素含量　因为纤维自身的黏结力差，能降低饲料成分粒子间的结合力，影响饲料吸收蒸汽的能力，使饲料颗粒的硬度、成形率和产量降低，严重增大制粒设备的磨损，因此，纤维对于制粒是不利的。但多筋类纤维：紫苜蓿、甜芽茎、甘薯茎等在调质时能吸收蒸汽软化，在颗粒中起黏结剂的作用，提高颗粒强度；燕麦、黄豆、棉籽等带壳类纤维不仅不能吸收蒸汽，反而在颗粒中起分散作用，降低颗粒饲料的质量。因此，饲料中纤维含量一般不超过 8％（紫苜蓿含量可达 25％）。

另外，若配方中某成分的吸湿能力较强时，若生产准备时间长，也会导致饲料的制粒性能差，颗粒质量下降。

（2）压模结构　压模几何参数对颗粒饲料质量的影响主要表现在模孔有效长度、模孔直径、孔壁的粗糙度、模孔间距和模孔形状等方面。

① 模孔有效长度　模孔有效长度是指物料被挤压成形的模孔长度。有效长度越长，形成的颗粒越密实，硬度越高。反之，颗粒就较松散，粉化率高，颗粒质量较低。

② 模孔直径　对一定厚度的压模来说，孔径越大，压缩比（模孔长度与孔径之比，又称长径比）越小，制粒生产率越高，但颗粒较松散，易碎；孔径越小，压缩比越大，物料在模孔中受挤压的强度升高，不易被挤出，生产率低，但颗粒齐整，硬度高，密度大，粉化率降低，颗粒质量好。有资料表明，模孔为 $\phi2\sim3mm$ 的饲料颗粒对乳猪、雏鸡的饲养有益。加工畜禽颗粒饲料时压缩比一般为 $6\sim10$。加工水产动物颗粒料则为 $10\sim12$。

③ 孔壁的粗糙度　孔壁粗糙度越低，模孔内表面就越光滑，物料容易被挤压成形，制粒生产率高，且颗粒表面光洁，颗粒质量好。

④ 模孔间距　模孔间距与待制粒的原料性质有关。考虑到颗粒的质量和压模的使用寿命，若原料的磨损性较小，可采用小间距的压模；若加工高纤维或含矿物较高等磨损性较大的原料，应采用模孔间距大的压模。

⑤ 模孔形状　模孔形状见图9-13，内锥孔物料易于进入模孔，被压缩后密度大，硬度高，颗粒的粉化率较低；外锥孔物料不易进入模孔，但颗粒排出有利，密度小，硬度也低；阶梯形孔减少模孔的有效长度，缩短物料被挤压的时间；直形孔性能适中，制造容易，应用普遍。

为保证制粒产量和颗粒质量，模孔的进料端必须加工成锥形。

（3）调质　调质是制粒前的重要环节，调质对提高制粒产量，降低制粒机振动和电耗，提高颗粒饲料质量有直接的影响。

① 调质质量的指标

a. 调质后原料的温度和水分　调质温度和水分之间存在一定的关系。物料的调质温度主要靠加入的蒸汽满足。一般情况下，加入的蒸汽量按制粒机最大生产率的 $4\%\sim6\%$ 来计算。蒸汽添加量少，粉料糊化度低，颗粒表面粗糙，易裂，粉化率高，电耗大，且生产率低；添加蒸汽过多，则导致物料中水分过多，冷却时达不到水分要求，降低颗粒饲料质量。

进入制粒机的蒸汽必须是温度高、水分少的过饱和蒸汽，一般要求蒸汽压力为 $0.2\sim0.4MPa$，温度为 $130\sim150℃$。经验表明，使用饱和蒸汽时，吸收 1% 的水分，物料温度升高 $11℃$。

通常猪料调质后温度不低于 $80℃$，水产料不低于 $90℃$，禽料不低于 $65℃$。经熊易强博士研究表明，在不堵机的条件下，调质温度越高，越有利于保证颗粒质量和营养成分尽量少地被破坏。

b. 调质时间　调质时间指物料通过调质器所需的时间。根据国内外制粒机的生产实践表明，调质时间一般在 $10\sim45s$。

调质时间的调整有下列三种方法：

降低调质器搅拌轴的转速。若调质器搅拌轴的转速为 $200\sim450r/min$，物料在调质器筒体内的留存时间短，调质效果差；若搅拌轴的转速低于 $200r/min$，物料在调质器筒体内通过的时间长，调质效果好，颗粒的产量和质量高。

改变调质器叶片的安装角度。调质器内搅拌轴上的叶片安装角度有 $15°$、$30°$、$45°$、$60°$、$75°$、$90°$ 等几种，其中 $90°$ 时调质时间最长，但考虑制粒产量等因素，通常采用 $45°$ 的安装角度。为匀料和改变物料的流动方向，有时将末端的 2～3 片叶片改为 0°安装。

增加调质器长度。若叶片的安装角度固定，调质器越长，调质时间就越长。但单级调质器的长度一般要求不超过 4m，所以，为延长调质时间，常采用多级调质器来增加调质器的总长度。

② 影响调质质量的因素

a. 饲料原料的特性 原料的容重、成分、含水量及细碎程度对调质质量有较大影响。原料粒度小，表面积大，吸收蒸汽的速度快，易于制粒成型，且对压模磨损较小。但原料不能太细，最好粗、中、细适度（粗、中粉料的比例不超过 20%）。

b. 蒸汽质量 蒸汽质量主要由蒸汽量、蒸汽压力和温度来表示。不同原料的蒸汽添加量也不同。表 9-9 列出了各类型饲料适宜的调质参数。

表 9-9 不同饲料适宜的调质参数

饲料类型	料温/℃	水分增加/%	水分高限/%	蒸汽压力范围/MPa
含谷物高的配合饲料	82～93	4～6	16.5	0.071～0.14（大给汽量）
奶牛配合饲料	48～50	2～2.5	13～13.5	0.2～0.35（有控制的给汽量）
含高天然蛋白的浓缩料	60～77	1～2	12～13	0.28～0.35（有控制的给汽量）
含尿素敏感的饲料	32～43	2～3	15～16	0.28～0.35（很小给汽量）
含尿素或矿物质的高蛋白补充料	21～38	0～1.5	11～12.5	0.28～0.35（极小或不给汽）

c. 调质时间 理想的调质时间是物料充满系数不小于 0.5，调质输送量满足制粒机的要求时，物料在调质器内停留的时间。

另外，调质器的性能也对调质的质量有一定的影响。

（4）粒度 物料粉碎后的细碎程度也是影响颗粒饲料质量和制粒生产效率的重要环节。粉碎细度决定着饲料组分的表面积。粉碎粒度越小，则表面积越大，吸收蒸汽的水分均匀且快速，原料中淀粉糊化度高，压制出的颗粒质量好，环模和压辊磨损小。相反，若原料的粉碎粒度大，会导致压制出的颗粒破裂和断开，导致粉料增加，颗粒质量变差。

（5）操作 不同操作人员的操作方法对颗粒饲料的质量也有一定的影响。

① 供料量 为保证制粒机稳定工作，供料应均匀。供料量的多少根据原料成分、调质效果和压制颗粒的大小进行调节，以保证最佳制粒效果。供料量依据制粒电机的电流值调整。供料量大，制粒电机电流就大，生产能力也高，一般不超过制粒电机的额定电流值。

② 蒸汽 物料的调质主要靠蒸汽来进行，蒸汽质量好且进气量适中，调质效果就好，颗粒质量好。一般要求蒸汽的压力在 0.2～0.4MPa，并且是不带冷凝水的干饱和蒸汽，温度 130～150℃，压力越大，温度也越高，调质后料温一般在 65～85℃，适宜制粒的最佳水分为 15.5%左右。

③ 压模的转速 压模转速影响饲料在模孔中的挤压效果，对颗粒饲料的硬度和粉化率有一定的影响。同一台制粒机加工不同直径颗粒料时，最好采用不同的压模转速。若压制直径低于 6mm 的颗粒饲料，适宜的压模线速度为 4～8m/s。

④ 模辊间隙 适宜的模辊间隙为 0.05～0.3mm，环模旋转时刚好能带动压辊转动为好。间隙大，模辊间的楔形空间摄入饲料的能力下降，模辊对饲料的挤压力减少，当压力小于模孔内壁对饲料的摩擦阻力时，制粒机就会堵机，影响颗粒质量。

若更换压模或压辊，最好配对更换。正常生产时，应在每班开机前调整模辊间隙。

⑤ 切刀及调整 切刀的刃口是否锋利以及切刀与压模圈的间距对颗粒饲料的质量都有

影响。若切刀的刃口较钝，从压模圈模孔出来的柱状物料就不是被切断而是被打断的，颗粒两端面粗糙或弯曲成弧形，导致颗粒的含粉率增加，颗粒质量下降。若刃口锋利，则颗粒两端平整，含粉率低，颗粒质量就好。

切刀与压模圈的间距对颗粒的长度有一定的影响。切刀调整就是调节切刀与压模之间的间距（图9-40）。通常，颗粒长度为颗粒直径的 1.5～2 倍，也可根据用户的需要来定。颗粒长度靠切刀调整来实现，切刀退出，距离变大，颗粒变长；反之则颗粒变短。切刀与压模间的最小距离不得低于 3mm，以防刀头触撞压模发生事故。

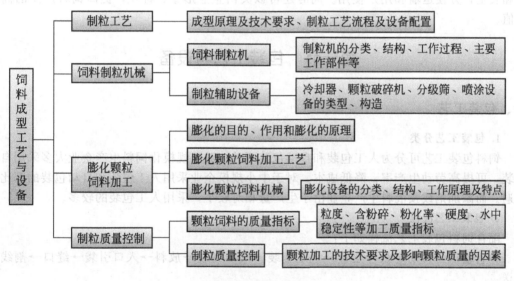

图 9-40　切刀的调整
1—压模；2—切刀；3—门盖；4—锁紧螺母；
5—调节手轮；6—切刀杆

（6）季节、气候　季节不同、气候差异对颗粒饲料的质量也有一定的影响。颗粒饲料生产过程中，应当根据季节及当地的气候情况适当地调整制粒工艺参数，确保颗粒质量。

【本章小结】

```
                    ┌─ 制粒工艺 ──── 成型原理及技术要求、制粒工艺流程及设备配置
                    │
                    │                  ┌─ 饲料制粒机 ──── 制粒机的分类、结构、工作过程、主要
                    ├─ 饲料制粒机械 ──┤                    工作部件等
                    │                  └─ 制粒辅助设备 ── 冷却器、颗粒破碎机、分级筛、喷涂设
  饲料成型工艺与设备 │                                      备的类型、构造
                    │
                    │                  ┌─ 膨化的目的、作用和膨化的原理
                    ├─ 膨化颗粒饲料加工 ┤─ 膨化颗粒饲料加工工艺
                    │                  └─ 膨化颗粒饲料机械 ── 膨化设备的分类、结构、工作原理及特点
                    │
                    │                  ┌─ 颗粒饲料的质量指标 ── 粒度、含粉碎、粉化率、硬度、水中
                    └─ 制粒质量控制 ──┤                         稳定性等加工质量指标
                                       └─ 制粒质量控制 ── 颗粒加工的技术要求及影响颗粒质量的因素
```

【复习思考题】

1. 名词术语解释：颗粒饲料、调质、冷却、分级、膨化。
2. 绘出普通颗粒饲料加工工艺流程图。
3. 饲料制粒机械主要由哪些设备组成？如何排除其常见故障。
4. 环模制粒机的结构及主要工作部件有哪些？
5. 冷却器的类型及逆流冷却器的构造及工作原理是什么？
6. 分级筛的类型有哪些？
7. 喷涂设备的类型及特点是什么？
8. 挤压膨化机的类型有哪些？膨化机与膨胀器的区别是什么？
9. 颗粒饲料加工质量指标有哪些？
10. 影响颗粒饲料质量的因素有哪些？

第十章 饲料包装与贮藏

【知识目标】
- 了解饲料包装工艺及饲料产品贮藏要求；
- 掌握常用饲料包装设备的结构及工作原理；
- 了解饲料包装质量控制方法。

【技能目标】
- 能够熟练操作饲料包装设备，并对简单故障进行维修；
- 能够设计合理的饲料产品贮藏方案。

饲料包装是饲料产品生产的最后一道加工工序，对饲料产品进行包装可以保证饲料的质量和安全，方便运输和用户使用。同时还可以突出企业形象、标识，提高饲料产品的商业价值。

第一节 包装工艺与设备

一、包装工艺

1. 包装工艺分类

饲料包装工艺可分为人工包装和自动包装两种，对于规模化饲料生产企业大多采用自动包装，可提高劳动生产率，降低成本。对于中小规模企业采用人工包装和自动包装的都比较普遍。而添加剂或预混料生产企业由于生产量相对较小，采用人工包装的较多。

2. 包装工艺流程

配合饲料包装工艺流程如下：

料仓接口→自动定量秤定量→人工套装→气动夹袋→放料→入口引袋→缝口→割线→输送

二、包装设备

1. 定量包装秤

饲料定量包装是饲料工业的重要生产环节。饲料称量包装准确与否将直接影响到企业信誉和经济效益。过去由于技术条件和生产规模有限，较多采用机械称量、人工装袋，劳动强度大、速度慢、精度低。近些年，随着自动控制系统的应用和饲料企业快速发展对称量精度和速度要求的提高，电脑自动称量设备得到广泛应用。采用电脑自动称量设备可使静态称量精度和动态称量精度大大提高。

（1）定量包装秤的分类 按照机械设备的自动控制程度可分为机械定量包装秤和电脑定量包装秤。按照定量包装秤的称量方式分单次称量包装秤和分量称量包装秤。单次称量方式称量速度快，但是精度较低。分量称量方式精度高，一般可分为双料斗或三料斗称量。生产中，可根据实际需要来选择适宜规格和标准的包装秤。

（2）定量包装秤的组成　定量包装秤由供料部分、称量部分与卸料部分组成。供料部分分为储料斗和供料装置。储料斗用于存储需要灌装的物料，供料装置主要是向称量料斗中提供物料。称量部分即称量斗，它通过和称量传感器相连，测量物料重量。卸料部分用来完成标准重量物料的卸料装袋过程。如图10-1所示，为机械定量包装秤的组成图。

① 供料装置　由传送机构和调节机构组成。传送机构传送物料的方式有皮带传送式、螺旋传送式、振动溜槽式、刮刀传送式。调节机构用于改变传送机构的传送速度。供料装置的主要功能是保证下料的均匀性，能控制下料的精度，并能满足快速给料和慢速给料的要求。不同类型的供料装置是为了适应各种物料物性的要求。

② 截料门或挡板　主要用于检修和出现故障后将物料截断。

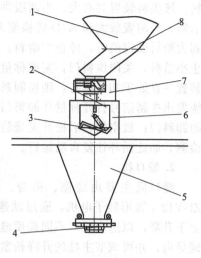

图 10-1　机械定量包装秤

1—储料斗；2—称重传感器；3—卸料门；
4—夹袋装置；5—卸料斗；6—称量斗；
7—供料门；8—挡板

③ 杠杆系统　它是由接近开关、砝码、阻尼装置、游铊、标尺、两根平行横梁构成的框架、十字簧片（不锈钢）结构等组成的。其基本原理是杠杆天平臂比关系与阻力天平应力和应变关系的有机组合，秤斗的物料重量通过这两者的关系用接近开关控制得以称量。杠杆系统采用1∶5的杠杆臂比，用十字型簧片结构代替常规衡器常用的刀子、刀承结构，灵敏稳定，用它作杠杆的受力点进行计量。侧壁装有阻尼装置，使称量动作平稳。横梁上装有刻度标尺，每格分度值调节相差100g，进行无级调节。游铊用于平衡空间料柱和抵消系统误差。

④ 称料装置　由称量斗、承重支架、承重传感器、斗门、连杆、汽缸摇臂组成，称量斗做成倒圆锥形，以免挂料。由汽缸推动摇臂动作来开关底门；摇臂一端装有平衡重块，使称料斗处于平衡状态。称料斗还装有环钩稳定机构，使饲料进料时冲击秤斗摆动速度平稳，保持恒定位置。

⑤ 卸料斗　连接称量装置与夹袋装置的通道。

⑥ 夹带装置　由装袋口、汽缸、夹带臂等组成。它主要是把料袋夹持在卸料斗筒口，经精确称量的物料落入套在筒口的袋内。袋要承受饲料落入袋内的冲力，为了使料袋不从夹带机构中滑落，夹袋机构采用弹簧和四连杆机构的联合装置。

（3）定量包装秤工作原理与过程　以电脑定量包装秤（图10-2）为例，定量包装秤初始工作状态为：当系统通气、通电后，螺旋供料器处于停止状态，供料装置供料门和称量斗的卸料门均处于关闭状态，夹袋装置处于松开状态。当启动自动运行按钮，控制系统打开供料门，并启动螺旋给料器开始加

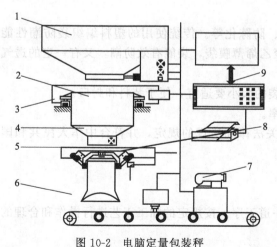

图 10-2　电脑定量包装秤

1—储料斗；2—称量斗；3—传感器；4—卸料门；
5—夹袋装置；6—传送带；7—缝包机；
8—开关；9—控制仪表

料，该供料装置共有大、小两级供料；物料的重量信号经传感器转变为模拟信号送入称重显示器，经前置放大和 A/D 转换变为数字信号，以便进行数据的计算及控制；当物料重量达到大给料设定值时，停止大给料，继续保持小给料；当称量物料重量达到最终设定值时，停止小给料，关闭供料门，完成称量过程。此时系统检测夹袋装置是否处于预定状态（若夹袋装置一直处于初始状态，则控制系统一直处于等待状态，不放料），当包装袋已夹紧后，系统发出控制信号打开称量斗卸料门。称量斗物料进入包装袋中，物料放完后自动关闭称量斗的卸料门；放空物料后松开夹袋装置，包装袋自动落下。同时控制系统进行下一循环的称量检测，如此循环往复自动运行。

2. 缝口机

缝口机主要由底座、机身、丝杆、立柱、回转架、缝纫机头和电机等组成。选用 ZDY12-4 锥形转子电机，通过减速箱驱动丝杆转动，使回转架和缝纫机头以 20mm/s 速度上下升降，以适应袋口不同高度缝口的需要。电机断电停车后能自动制动，机身上有两个偏键导向，并可调节主柱的升降松紧。工业缝纫机头由一台 0.6kW 电机驱动，转动时松开紧定螺丝，到位后再固定。操作前应调节针距，以适应缝袋和输送机皮带速度的要求。由电控箱控制缝纫机头的启动、停止。在袋包输送机上装有一行程开关，包袋通过碰击行程开关，使缝纫机割线自然停下。

3. 袋包输送机

它是由驱动滚筒、从动滚筒、输送带、传动链及电机等组成的。电机通过减速器、传动链，带动两副伞齿轮同步驱动成 90°驱动滚筒（机头），以保证两条皮带线速度一致。机尾（从动滚筒）下部带有张紧螺杆，用来调节整条皮带的松紧程度；皮带托辊可调节两皮带长度上的微小差异。输送皮带是由两条 200×4 输送带组成 90°槽沟，与袋底形状一致，使装满的袋子夹紧并保持直立。工作时，输送带将过秤装满袋子稳定地通过缝口机处进行缝口，运袋和缝口二者速度配合一致，袋子缝口后再运到机尾卸下。

第二节 包装要求与质量控制

一、包装要求

① 对饲料包装的要求主要是防潮、防虫、防陈化等。传统使用的塑料编织袋防潮性能差，最好采用防潮包装袋，即在袋中衬一层聚乙烯薄膜袋，袋能有效防潮，又有一定的透气性，对饲料的储存有利。

② 包装袋要求严密无缝，无破损，包装袋的大小要适宜，便于装料和封口。

③ 包装工艺要能保证包装质量和包装效率。

④ 饲料标签标示的内容必须符合国家有关法律和法规的规定，并符合中华人民共和国国家标准《饲料标签》（GB 10648）的要求。

二、包装质量控制

包装过程是饲料加工和质量控制的最后一道工序。按规定的加工工艺进行操作和合理的质量控制，是饲料质量控制的重要环节。

1. 包装饲料的质量控制

（1）包装前的质量检查 饲料经过包装，其外观质量缺陷不容易被发现。所以，包装前的检查是十分必要的。包装前应检查和核实以下几方面。

① 被包装的饲料和包装袋及饲料标签是否正确无误。

② 包装秤的工作是否正常。

③ 包装秤设定的数量是否与要求的重量一致。

④ 从成品仓中取出部分待包装饲料，由质检人员进行检验，检查饲料颜色、粒度、气味以及颗粒饲料的长度、光滑度、颗粒成型率等，并按规定要求对饲料取样。

（2）包装过程中的质量控制　包装饲料的质量应在规定的范围之内，一般误差应控制在1%～2%；打包人员应随时注意饲料的外观，发现异常情况及时报告质检人员，听候处理；缝包人员要保证缝包质量，不得将漏缝和掉线的包装饲料放入下一工序；质检人员应定时抽查检验，包括包装的外观质量和包重。

2. 散装饲料的质量控制

散装饲料的质量控制一般比袋装饲料简单。在装入运料车前对饲料的外观检查同包装前；定期检查卡车地磅的称量精度；检查从成品仓到运料车间的所有分配器、输送设备和闸门的工作是否正常；检查运料车是否有残留饲料，如果运送不同品种的饲料要清理干净，防止不同饲料间的相互污染。

第三节　原料与成品贮藏

一、原料与成品贮藏

原料与成品的贮藏在饲料厂中是一个十分重要的问题，它直接影响到生产的正常进行及工厂的经济效益。仓型和仓容是保证原料（成品）贮藏质量、贮藏能力的关键因素，在选择时应考虑以下几个方面。

① 根据贮藏物料的特性及地区特点选择仓型，做到经济合理。

② 根据产量、原料及成品的品种、数量计算仓容量和仓个数。

③ 合理配置料仓位置，以便于管理，防止混杂、污染等。

原料仓型有房式仓与立筒仓之分。房式仓造价低，容易建造，适合于粉料、油料饼粕及包装物料等；其缺点为装卸工作机械化程度低，特别是卸料要花费较多的人力，劳动强度大，操作管理较困难。立筒仓的优点是便于进出仓机械化，操作管理方便，花费劳动力少，但造价高，施工技术要求高，适于存放谷物等粒状原料。

饲料厂的原料和成品品种繁多，特性各异，所以选择立筒仓与房式仓相结合的贮存方式往往效果较好。

1. 饲料原料贮藏

饲料厂接收后的饲料原料在正式进入生产加工工艺流程前，都需要一定时间的贮藏。饲料原料在贮藏期间要求积存到厂内固定的设施内，并采取有效的贮藏技术避免饲料变质、产品损失和生物的侵害，实现饲料原料保质保量地成功贮藏。

（1）谷物饲料原料贮藏　为保持和维护各种类型谷物饲料原料于贮藏期间的品质和数量，饲料厂在生产和管理过程中必须充分认识和全面掌握原料长期贮藏过程中可能发生的各种问题，并利用已有设施条件、有效的贮藏技术和管理方法等，及时处置各种损害饲料原料品质和数量的现象。

饲料厂在谷物原料贮藏过程中，导致饲料谷物变质的因素很多，综合分析可包括谷物水分、贮藏温度、异物杂质、昆虫和霉菌等。为减少不必要的损失，首先必须检验谷物原料的水分、含杂、发芽等情况。实行按不同质量分开存放，以便分期使用。为了防止粮食自热，应配备通风或转仓设施，在有条件的情况下可配备烘干与制冷设备。

油料饼粕常为片状、粉状、团块状等形式的混合体，大小很不整齐，孔隙度较小。堆垛时，包堆不能太高太大，防止自热或倒塌，垛与垛之间留有一定宽度的走道，勤检查，发现问题及时处理。由于饼粕内含有一定的油分，在含油高、水分低的情况下，容易局部自热甚至自燃，应加强管理，掌握温度变化情况。

（2）液体饲料贮藏　饲料厂经常使用的液体饲料原料包括油脂、糖蜜、液态胆碱、液态蛋氨酸等，其中油脂和糖蜜应用最为普遍。

① 油脂的贮藏　饲料厂通常接收的油脂包括植物油和动物油两种，植物油常温条件下为液态，动物油（猪、牛、羊脂肪）常温条件下为固态。脂肪的外观颜色变化范围从乳白色到深棕色，颜色越浅，表明脂肪品质越高。水分是导致油脂贮藏罐产生酸渣和磨损的主要因素。所有脂肪都含有少量异物，如碎骨、毛发、金属和一般的脏物，它们沉淀析出，并沉积在缸底成为酸渣，导致筛网和喷油嘴堵塞。为及时清理脂肪贮藏过程中的酸渣、水和沙子等杂质，油罐应该每隔 6 个月至少清理一次。

② 糖蜜的贮藏　饲料厂通常将糖蜜贮藏在钢制、混凝土或木质贮藏罐内。无论是在地上还是地下，整体浇筑混凝土或钢罐均得到普遍采用。糖蜜贮藏罐应设置适当的通风口。入孔盖要松紧适当，既可保证空气循环，又能防止谷物、粉尘或雨水漏入罐内。在寒冷地区，糖蜜贮藏罐必须外包隔热材料或设在地下，以防御严寒。加热糖蜜的温度不能高于 46℃，否则易导致糊化及炭化。

（3）药物与微量原料的贮藏　饲料厂必须设专门的地方或划分的专门区域贮藏药物与微量原料，且贮藏区尽可能远离日常加工操作路线并在正常的环境下贮藏。贮藏区对人员控制相对严格，只有直接使用药物与微量原料的人员才能进入这一区域。

2. 饲料成品贮藏

成品库的建筑要求是防潮、防水、地面平整（水磨石地面）、内墙光滑、顶棚隔热良好、具备足够的高度等。成品库的高度应在 4m 以上，最好为 6.5～8m，以利于卡车的进入与设备安装。成品库应设在阴凉的一侧。有条件的可建地下室或配备制冷设备。要求每种产品占用一个明确的位置，地面有托架。可以设置多层货架以充分利用空间。成品库的面积应与生产规模相适应，保证每种产品有 1～2 个货位，以便于码放与识别。

预混合饲料中活性成分受载体等影响较大，应控制在生产后 1 个月内用完，最多不超过三个月，贮藏于低温、通风场合，要求库温不超过 30℃，仓库的墙顶应有隔热措施，仓内光线不宜太强。

通常包装配合饲料用塑料编织袋，包装价格较高的饲料用牛皮纸。牛皮纸袋内壁衬塑料薄膜，一次性使用。预混合料矿物添加剂最大每包 50kg，最小多维添加剂每包 100g，通常用塑料袋，较好的用两层牛皮纸袋中间夹一层塑料薄膜的三层袋，可以避免内部结块及外部纸袋的破损。

散装成品筒仓必须根据成品发放的运输情况决定容量，一般可以考虑一个仓的成品发到一节车厢，散装成品仓一般不少于 4 个。每一种饲料，包括散装与包装至少应保证 1～3 天的贮藏量，一般应考虑一个星期的贮藏量。

二、仓库管理规范

① 饲料原料及成品在库房中应码放整齐，合理安排使用库房空间。
② 建立"先进先出"制度，以防码放在下面和后面的饲料因存放时间过长而变质。
③ 不同饲料之间要预留足够的距离，以防发生混料或发错料。

④ 防止破袋，保持库房清洁。对于因破袋而散落的饲料应及时处理，防止不同饲料之间的污染。

⑤ 特别应注意防潮，检查库房顶部和窗户是否有漏雨等现象。

⑥ 贮藏时间应不超过产品的保质期，最好备有温度和水分检测控制装置，以防产品变质。

⑦ 定期对饲料库进行清理，并做好盘存记录，发现变质及过期饲料及时处理。

⑧ 做好防虫、防鼠、防鸟工作。

【本章小结】

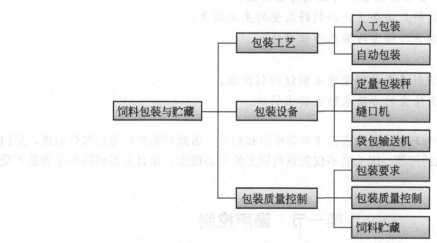

【复习思考题】

1. 饲料包装工艺的分类有哪些？
2. 常见的饲料包装设备有哪些？
3. 简述定量包装秤的基本结构。
4. 电脑定量包装秤的结构与工作原理是什么？
5. 饲料包装有哪些要求？
6. 饲料产品贮藏时应注意哪些问题？

第十一章　饲料生产的环境保护

【知识目标】
- 了解饲料厂安全卫生管理与控制的重要性；
- 理解影响饲料厂安全生产和饲料质量的主要因素；
- 掌握控制噪声和粉尘污染的有效措施。

【技能目标】
- 能够根据饲料噪声控制原理来制订控制措施；
- 能熟练运用除尘的办法来防止粉尘爆炸。

　　饲料厂对人身和环境产生危害的主要是噪声和粉尘。因此对饲料厂进行综合治理，是饲料生产中不可忽视的问题。因为它不仅关系到职工的身心健康，而且关系到周围环境是否受到污染和危害。

第一节　噪声控制

　　噪声污染已成为全球性的问题，它和空气污染、水污染一起构成当代三大污染源。随着饲料工业的发展，人类健康意识的提高，人们对噪声的污染日益重视。国家早在 1998 年就制定了《工业企业噪声卫生标准》、《城市区域环境噪声标准》等一系列标准，规定饲料厂及其作业环境的噪声不得超过 85dB（A）。

　　饲料厂的许多设备和装置，如饲料粉碎机、高压离心风机、初清筛等在工作时产生的噪声，最高可达 100dB（A）以上，使人感到刺耳难受，烦躁不安，久而久之会使人听觉迟钝，甚至导致噪声性耳聋，并引起多种疾病，降低劳动生产率。因此，加强饲料厂工艺、设备的噪声控制，保护生产人员的身体健康，改善劳动环境，提高劳动效率，是十分必要的。

一、噪声的种类和特点

　　依据噪声源，可将工业噪声分为空气动力性噪声、机械性噪声和电磁性噪声三种。其噪声量一般都在 78dB（A）以上，有的甚至高达 110dB（A）以上。见表 11-1。

表 11-1　饲料厂主要噪声源

饲料加工设备名称	目前一般噪声范围/dB（A）	饲料加工设备名称	目前一般噪声范围/dB（A）
锤片式粉碎机	93～98	中压风机 4-72（6#）	82～85
制粒机	94～98	空气压缩机（国产）	93～98(间歇工作)
高压风机 6-23（6#）	80～85	空气压缩机（进口）	80～86(间歇工作)
6-30（6#）	82～88	谷物冲击空料仓及溜管	95～98
8-18（6#）	88～93		

　　对饲料厂来说，不同的设备所产生的噪声亦不尽相同。如风机以空气动力性噪声为主，而粉碎机则空气动力性噪声和机械性噪声兼有。不同噪声的频率也有高低之分。在众多的机

电设备中，以粉碎机的噪声最强，它往往是整个饲料厂噪声高低的决定因素，而气力输送的高压风机，除尘用的中压离心风机以及粒料输送管道、制粒机、初清磁选设备在工作中所发出的刺耳噪声，对生活环境和周边环境的污染也相当严重。

二、噪声控制的原理

饲料厂噪声控制最根本的方法是从声源系统、传播途径、接收者三个基本环节所组成的声学系统出发，因地制宜，对这三个因素进行全面考虑，才能制订出既经济又能满足降噪的措施。在声源处抑制噪声，这是最根本的措施，包括设计、制造和安装低噪声设备，以及改变操作程序或改造工艺过程降低噪声等。在声传播途径中控制噪声，这是噪声控制中的普遍技术，包括隔声、吸声、消声、隔振、阻抗等措施。

控制噪声最根本、积极的办法是从声源上着手，应在产品设计、制造和安装等多方面考虑声学要求。如设计噪声较低的新型饲料粉碎机等。如果由于技术上或经济上的某些原因，目前尚难以从声源上解决噪声，或经过努力仍达不到噪声的允许值时，就要采取控制噪声传播途径的方法来减少它向周围的辐射。

三、控制噪声的方法

1. 吸声降噪

室内的噪声由两部分组成，一部分是机器通过空气媒质传来的直达声，另一部分是从各个壁面反射回来的混响声。因此，室内噪声级比同样噪声源放在室外所产生的噪声级要高出10dB(A)左右。采用吸声就是利用吸声材料或吸声结构来吸收声能，使一部分声能转化为热能而被吸收，它是控制工业噪声的主要措施之一。

吸声材料一般装饰在房间的内表面上，也可把吸声材料做成"空间吸声体"的形式，悬挂在屋顶下。吸声材料和吸声结构的种类很多，一般根据其吸声原理和结构，可分为三大类。

(1) 多孔性吸声材料 它一般适用于中、高频，该材料的吸声能力与材料的厚度、表面保护的情况、有无空气层等因素有关。

(2) 板状、膜状材料 在木丝板、石膏板、石棉水泥板、合成板等板状材料后面有空气层。将板固定在框架内，当声频与其共鸣频率相同时，则板共鸣并振动，产生吸声效果。

(3) 共鸣型结构 把建筑用板开孔并在其背后加一空气层时，该结构可用于吸声。原理与板状结构的吸声原理相似，利用共振吸声。

2. 隔声降噪

利用隔声罩、门窗等装置把声波遮住和反射回去，使噪声源与接收者分隔开来的措施。隔声是依靠材料的密实性，利用声能的反射而隔声。坚实厚重的壁面对空气噪声和固体噪声的隔声效果较好。隔声的办法，一般是用隔声罩把噪声源密闭，如锤片式粉碎机、风机等高噪声设备放置于隔声间内，使用墙壁把噪声源与操作人员隔开。但有时为了维修方便或有利于机器设备的散热通风，也可用声屏障将噪声屏蔽起来，使噪声源向声屏障后面辐射的声能降低。或者在最吵闹的车间建立控制用的隔声间，保护操作者不受噪声干扰。

隔声结构的种类很多，有单层墙、两层空气墙或充填吸声材料的双层墙等。这要视隔声要求而定。对于饲料厂的粉碎机组、高压离心风机等噪声源，一般选用单层密实均匀的隔声结构件已能满足要求。

3. 隔振降噪

机器运转时，其振动通过基础设施传递而产生的噪声，称为固体声。固体声往往比空气传递的噪声传得更远、更强烈,隔振技术所要解决的问题是降低由于振动而产生的固体噪声。隔振就是把传来的振动波,通过反射等措施使其改变方向或减弱。隔振装置有隔振橡胶、弹簧、空气垫、缓冲器等,饲料厂通常采用橡胶减振器。

目前,饲料厂中最大的固体噪声是锤片式粉碎机、颗粒机等,为了达到降低噪声的目的,可根据设备的质量、重心、激振源的大小等合理地选用减振器,一般每台使用4只或8只JG型橡胶减振器,降低设备的固体噪声20dB(A)以上。

4. 阻尼降噪

通风机、气力输送管道、机器防护罩壁、隔声罩的外壳等一般由金属薄板制成。机器的噪声常由它辐射出来,形成空气声。用某种材料粘涂在金属薄板等振动体上,使振动产生的机械能转化为热能而消失,这种机械能的损耗作用称为阻尼。阻尼的材料如沥青、橡胶以及其他一些高分子材料,具有内损耗、内摩擦大的特点。阻尼降噪是减弱空气噪声的一种常用方法,一般在金属板、管上涂上一层阻尼材料,如橡胶、毛毡等。饲料厂中颗粒物料的输送设备是主要噪声源之一。为了达到降噪目的,可在溜管的底部、初清磁选机送料轨道底部粘贴橡胶垫,或采用较厚的且耐磨的材料制作的溜管。但为取得满意的减振效果,阻尼涂料的涂敷厚度一般应为金属薄板厚度的2倍以上。

5. 消声降噪

消声器是利用声音的吸收、反射、干涉等措施达到消声目的的装置,它安装在空气动力设备的气流管道上,在保证气流通过的同时,阻止或减弱声波传播,达到降低噪声的效果。消声器一般可分为三类。

(1)阻性消声器 它是利用通道内表附有的吸声材料来吸声使声音衰减的装置。

(2)抗性消声器 它主要通过管内通道断面的变化,利用声的能量反射来达到降声的目的。

(3)阻抗复合消声器 为在宽频率的范围内得到较高的消声效果,在实际应用中,往往将对高频有效的阻性消声器和低、中频有效的抗性消声器组合成阻抗复合消声器来使用。

由于饲料厂中的通风机多用于气力输送和除尘系统,气流中含有较多的粉尘,一般不宜像常用的通风机在其出口管道内安装各种消声器。如果除尘系统中风机布置在除尘器后面时,可以在其出口管道内装抗性消声器、干涉消声器、共振腔消声器来减少空气动力噪声。

6. 绿化环境

在车间外多植密叶树木(如减噪声强的松柏、杨柳、水杉等),不仅可以改善环境,而且一定密度和具有一定宽度的种植面积的森林、草坪具有衰减噪声的作用。因为声波传至树林后,能被浓密的枝叶不定向反射或吸收,因此可以利用林带、绿篱、树丛来阻拦噪声。绿化植物应尽量靠近声源而不要靠近受声区,且以乔木、灌木和草地相结合,形成一个立体、密集的障碍带。

7. 个人防护

对于在声源和传播途径无法采取措施,或采取了声学措施仍达不到预期效果的必须长时间工作于高噪声环境的工作人员,应该采取个人防护,包括佩戴耳罩、防声耳塞或防噪声头盔等有隔声作用的防声用具,减少噪声对接收者的危害。

但在实际应用中,防制噪声要采取综合措施。有时既要采用吸声、隔声、消声的办法,又要采取隔振、阻尼的措施,有时还要与建筑结合起来,如运用改变声源方向、合理布局、绿化等措施,就可取得较好的效果。

第二节　吸尘与除尘

粉尘问题也是饲料厂环保工作的重点。粉尘易使环境污染，影响人的身体健康。长期吸入过多的灰尘，会引起鼻腔、咽喉、眼睛、气管和支气管的黏膜发炎。因粉尘越细，在空气中漂浮停留时间越长，被吸入的机会越多，对肺组织的致纤维化作用也越明显，是造成尘肺（肺尘埃沉着病）、矽肺（硅沉着病）等疾病的直接原因。粉尘还能加速机械的磨损，影响生产设备的寿命。粉尘落到电气设备上，有可能破坏绝缘或阻碍散热，易造成事故。灰尘排至厂外，会污染厂区周围的空气，影响环境卫生。在条件具备的情况下，粉尘还会出现燃烧或爆炸事故，它具有很大的破坏性。

一、粉尘的性质与来源

1. 粉尘的性质

能在空气中悬浮一定时间的固体粒子叫做粉尘。它是饲料工业对空气的主要污染物。在饲料原料与成品加工过程中，常常会在空气中传播细粉颗粒，由于空气动力分离作用而使粉尘散布。因此，粉尘的扩散和飞扬主要是由于空气流动的结果，称为"尘化"作用。在饲料生产过程中，以下几种情况容易导致"尘化"作用：①诱导空气造成的尘化作用；②剪切作用造成的尘化；③装入物料时所排出的空气流引起尘化；④二次尘化过程，其中二次尘化气流是粉尘大面积扩散的主要原因，但粉尘的产生量与物料性质（含水量、密度、结构等）有关，同时还与加工设备的运动（混合、加工量、输送方式等）有关。

粉尘按成分可分为：矿物质性的无机粉尘（如石英、水泥、金属等），动、植物性的有机粉尘（如谷物、毛发、炸药等）和混合性粉尘。按粉尘的颗粒大小可分为：可见粉尘（其粒径大于 $10\mu m$，可用肉眼辨出），显微粉尘（其粒径为 $0.25\sim10\mu m$，需在普通显微镜下分辨），超显微粉尘（其粒径小于 $0.25\mu m$，需在超倍显微镜或电子显微镜下才可分辨）。按粉尘的卫生要求可分为：有毒粉尘、无毒粉尘和放射性粉尘等。按粉尘爆炸性质可分为：易燃、易爆和非燃、非爆性粉尘两种。

饲料厂的粉尘大多数为有机、无毒、可燃性粉尘，且浓度高，细小粉尘的存在增加了火灾和爆炸的危险性。矿物质预混合饲料厂主要是无机粉尘，它具有一定的毒性。

2. 粉尘的来源

在饲料厂，粉尘的来源（产生点）包括原料接收区、锤片式粉碎机、对辊式破碎机、压片机、混合机、搅拌系统、斗式提升机、分配器、螺旋式和刮板式输送机、带式输送机、颗粒分级筛、打包机以及卸料区等，可简单归纳为原料接收区、散装物料输送区及加工区三大产生点。不同产生点的粉尘污染情况不一样，见表 11-2。

表 11-2　粉尘排放量的一般估测

产生点	排放量/(kg/t)	产生点	排放量/(kg/t)
原料接收	1.3	锤片式粉碎机	0.1
装运	0.5	辊压机	0.1
处理	2.7	颗粒料冷却器	0.2

（1）原料接收区　在饲料厂，原料接收区是一个粉尘散发源，因为在这些原料接收区内，原料的接收常常是非密闭的，由于货车和铁路车皮的多样性，使原料接收区的粉尘控制相当困难。大多数饲料厂设计某种形式的收料地坑即卸料坑，通常，卸料坑有敞开式、部分

（半）封闭式、全封闭式三种形式。如果是敞开式卸料坑，必须考虑风的影响，因为它是原料接收区导致粉尘问题的主要因素。为了有效地抽吸粉尘，饲料厂应尽可能在所有的原料接收区采取某种形式的封闭措施。部分（半）封闭运行模式对风速不大的有限区域可能有效，而全封闭运行模式将确保饲料厂在任何情况下实现高效率的粉尘控制。卸料坑结构、输送车辆类型、原料自由下落的距离、卸料速度、原料特性、环境条件等都是影响粉尘产生的因素。原料特性和运输车辆类型是饲料厂无法控制的，但可以通过控制物料流量和自由下落距离尽可能减少粉尘的产生。

（2）散装物料输送区　散装物料可以通过不同的设备输送，如螺旋式输送机、带式输送机、气力输送机、刮板式输送机、斗式提升机以及重力流动输送。输送机的类型、应用及其操作和维护对粉尘的产生都有很大影响。一般来说，螺旋式和刮板式输送机容易密封，产生粉尘较少。带式输送机有时用于输送散装物料，具有操作简单和成本低等优点，但不易密封，因此作业时会产生粉尘。气力输送机是通过输送管、利用吹送或抽吸物料原理工作的，因此粉尘污染大是该系统的固有特征。但是，粉尘产生后，又随物料一起被输送。尽管气力输送机适合环保的要求，但除尘器排气口的位置和高度、滤尘器过滤介质的类型，以及维修保养等都影响其安装与作业。斗式提升机和分配器安全性应引起人们足够的重视，应设计得更加合理和完善。因为在以往发生的粉尘燃烧和爆炸事故中，引起爆炸的起因均源于斗式提升机。研究表明，在斗式提升机机座上方的斗提上升柱体处，吸气的效果比在机座的顶部好。同时，随着抽气量的增加，粉尘浓度降低，但要注意不要从斗式提升机抽出太多的饲料，即应合理控制抽气管。物料重力自流须在一个密闭空间内进行，如溜管或斜管。利用防尘密封圈来控制粉尘，还可在转换处加装通风设备。

（3）加工区　饲料加工包括清理、粉碎、混合、制粒、冷却、挤压或压块、包装等工序。

原料清理是去除灰尘、茎秆、枝条、石头及其他杂质。可采用振动式或旋转式清理设备。原料通过筛子的速度较慢，且设备又密封防尘，所以不需要采取任何复杂的防尘措施，但要定期维修保养，以防止出现车间内部和空气排放问题。

粉碎机运行时物料一般借助于辅助气流强行通过筛子，经粉碎的原料由气力输送到旋风分离器或除尘器，将其与空气分离开，也可采用机械输送或斗式提升机输送。集尘效率、除尘器的安装位置及定期维修保养是影响空气排放和车间内部的因素。

在混合工序中，各种已过秤的原料卸入混合机时会产生粉尘，故在料斗秤和混合机之间以及混合机和缓冲仓之间安装一个排气孔，用于排出混合机内的空气，并尽量减少粉尘溢出。混合系统在工作时，由于内部压力将导致含粉尘的空气沿着料门周围和通过其他开口外溢，导致混合机附近区域的粉尘弥漫。连接一根旁路管到粉尘控制箱，可以有效地消除内部压力，将旁路管与吸风管连接，可以更有效地减少从混合设备的粉尘外溢。

制粒、挤压和压块等都是生产成型产品（如颗粒料、小方块料、块状饲料）的方法，它们很少甚至没有粉尘溢出。但是，制粒和挤压之后需要用大量空气进行冷却和干燥，从这些设备中排出的空气里含有粉尘，应从气流中去除。

包装系统中粉尘产生源有几处，即装袋时，缝袋口处及袋料被拉扯通过缝纫机时。通过安装一个足以封闭整个装置的吸风罩以完全控制粉尘是不可能的，因为这样会妨碍操作者的视线。设置3～4个吸尘点，即固定夹两侧的上方、料斗上的抽吸接口、紧挨缝包机头的前面等，对每个吸尘点确定适宜的抽气量，用合适的集尘器可有效控制该区粉尘。

总之，了解和熟悉粉尘的产生点，对于确定吸尘点的数量和制定适合于工厂的除尘和防爆措施具有重要作用。

二、防尘措施

为了降低饲料厂的含尘浓度，达到环保标准，免除和和减少粉尘的危害及粉尘爆炸的可能性，必须采取除尘、防尘措施。饲料厂的防尘应以"密闭为主，吸尘为辅，结合清扫"为原则。除尘方法主要有干法和湿法两种。湿法除尘是利用对含尘空气喷水或使含尘空气通过水膜或泡沫层，增加尘粒之间的黏附作用而使灰尘与空气分离，如水浴除尘器、水膜除尘器和泡沫除尘器等，这些除尘器在饲料厂很少采用。干法除尘是利用尘粒的质量力（重力、惯性力、离心力）使灰尘与空气分离，例如降尘室、惯性除尘器、离心除尘器等除尘设备。

饲料厂中防制粉尘在车间中扩散的最有效的方法是：在粉尘产生的地点直接把它收集起来，经除尘器将尘粒与空气分离，净化后再排出或再利用。这种通风除尘的方法称为局部排风（吸风）。与局部排风相对应的另一种方式是全面通风。全面通风是对整个车间进行通风换气，用新鲜空气把车间内有害粉尘的浓度冲淡到允许浓度以下。

综合近代通风除尘技术，防尘除尘措施主要有以下几方面：①设计合理的吸尘装置（合理通风量、管道风速、进风和出风口风速、静压及吸风点处捕尘风速等），合理安装和布置吸尘系统（减少管路，特别是水平管道的长度等），在使用中加强管理和维修（如及时清除积尘，防止管道堵塞和漏风，定期监测袋式除尘器分压变化等）。②密闭尘源设备与设施，防止粉尘外溢。③简化物料流动（特别是饲料添加剂预混料和配合饲料），减少物料自由落入料仓或其他容器的次数与落差，以减少粉尘形成的机会；在保证物料（包括微量组分）要求粒度的条件下，避免物料过度粉碎，以达到降低饲料尘化和抑尘的目的。④提高除尘设备的效率，及时排除已沉积的粉尘，以免使已收集的粉尘扩散导致二次尘化。⑤确保所有设备接地良好，并在粉料中喷入液体（如一定量的油脂或糖蜜），应减少或避免静电蓄积而导致微量组分尘化和分级。⑥除非在密相输送下，尽量减少气力输送粉料，而采用其他输送方式。⑦通过成型或添加液体降尘剂，防止成品在操作过程中再次出现粉尘或分离。⑧用吸尘器等设备经常清理已沉积在地面、机器上的粉尘，防止二次尘化。

三、吸尘与除尘设备

饲料厂的吸尘装置的主要任务是用来吸除灰尘，同时也用来完成某些工艺任务，如降温、吸湿和分离杂质等。利用吸尘设备将机器设备（或车间）中的含尘空气吸出之后，不能直接排入大气中，还必须进行净化处理，否则将污染周围空气，影响环境卫生。而除尘设备的主要任务是从含尘空气中去除或收集粉尘。

1. 吸尘装置

吸尘装置是饲料厂通风除尘系统中的重要组成部分，在选择和设计吸尘装置时应考虑以下几方面：①吸尘装置应尽可能使尘源密闭，并缩小尘源的范围。密闭装置要避免连接在振动或往复运动的设备上。②吸尘装置的吸口应正对或靠近灰尘产生最多的地方，吸风方向应尽可能与含尘空气运动方向一致。但为了避免过多的物料被抽出，吸口不宜设在物料处于搅拌状态的区域附近（如流槽入口），或粉料的气流中心。吸风罩的收缩角一般不大于60°，保证罩内气流均匀。③吸尘装置的形式不应妨碍操作和维修，对于密闭装置可开设一些观察窗和检修孔，但数量和面积应尽量小，接缝要严密，并躲开正压较高的部位。与吸尘罩相连的一段管道最好垂直敷设，以防进入物料造成堵塞。④为防止吸走原料和其他物料，吸口面积应有足够尺寸，使吸风速度降低（谷粒 $3\sim5m/s$，粉料 $0.5\sim2.5m/s$）。⑤高浓度微量组分宜用独立风网，它的吸风沉降物料不宜直接加入混合机内，应稀释后或采用小比例（$1\%\sim2\%$）加入。从大容积密闭室或贮存仓吸风时，可不设吸风罩，将风管直接插入即可。

⑥所需风量，在满足控制灰尘的条件下尽量减少，以节约能耗，并防止房间形成真空。

吸风罩有密闭式和敞开式两种。密闭式吸风罩是防尘密封罩与吸风罩相连，其特点是把尘源的局部或整体完全密闭，将粉尘限制在有限的空间内。由于工艺条件等各方面的限制和要求，机器设备无法密闭时，就只能把吸风罩设置在尘源附近，依靠负压吸走含尘空气，即使用敞开式吸风罩。

2. 除尘装置

饲料厂的粉尘，有的是饲料，有的是危害人体健康的无机灰尘。因此，饲料厂的除尘装置既是环境保护设备，又是生产设备。除尘装置的种类很多，按其作用力不同，可分为重力除尘、惯性力除尘、离心力除尘、过滤除尘和声波除尘等类型。目前饲料厂使用最多的是离心式除尘器和袋式除尘器两种装置。

(1) 离心式除尘器 又称离心分离筒、集料筒、旋风除尘器或沙克龙。其结构简单，没有可动部件，设备费用也便宜，是饲料厂使用最普通的除尘器。它的工作原理为：使含尘气流高速旋转，利用离心力将高速混合气流中的粉粒与空气分离，并捕集沿周壁分离沉降的粉尘。它捕集或分离 $5\sim10\mu m$ 以上的粉尘效率较高，但处理 $1.0\mu m$ 以下粉尘的除尘效率低。通常用作粉气混合流的集料装置或在除尘效率要求高的除尘系统中，用作第一级除尘设备。

工作时，含尘气流以 $10\sim25m/s$ 的流速由入口进入分离筒，气流将由直线运动变为圆周旋转运动，旋转气流将绕着假想圆筒呈螺旋向下，含尘气流在旋转过程中产生离心力，粉尘在其离心力的作用下被甩向筒壁，粉粒便失去惯性力，由于重力作用将沿筒壁面下落至锥体底部，经叶轮排出。

影响离心式除尘器除尘性能的有分离筒的类型、进风口的结构与风速、底部排尘装置等因素。

(2) 袋式除尘器 袋式除尘器主要采用滤料（织物或毛毡）对含尘空气进行过滤，将粉尘阻挡在滤料上，以达到除尘的目的。过滤过程分为两个阶段，首先是含尘气体通过清洁滤料，这时起过滤作用的主要是纤维；其次，当阻留的粉尘量不断增加，一部分嵌入滤料内部，一部分覆盖在滤料表面，而形成粉尘层，此时含尘气体的过滤主要依靠粉尘层进行。这两个阶段的效率和阻力有所不同，但对于饲料工业中用的袋式除尘器，其除尘过程主要在第二阶段进行。

袋式除尘器的主要优点有：除尘效率高，特别是对细微粉尘（$5\mu m$ 以下）也有较高效率，一般在 99% 以上，经除尘后的空气含尘浓度小于 $0.1mg/m^3$，可以回到车间再循环；工作稳定，便于回收干料；一般不被腐蚀。其主要缺点是：滤袋中的粉尘浓度可达到爆炸浓度，管理不好，易发生爆炸事故；体积大，占地面积大，设备投资高；换袋的劳动条件差，对操作工作健康有损害；不宜处理湿粉尘。

决定袋式除尘器性能的是滤袋和清灰机构。为了提高滤尘性能，需选择合适的滤袋材料，如工业涤纶绒布、毛毡及新材料聚四氟乙烯（滤膜）等。滤袋的除尘效率还与过滤风速有关，过大过小都不利，通常在 $0.9\sim6.0m/mim$ 范围内选用。此外，为了使体积缩小，减少占地面积，滤袋常做成圆筒状。振打清灰装置有机械振动式、反吹风式和脉冲式等多种。现代饲料厂多采用脉冲式。脉冲式滤袋除尘器是利用高压气流对滤袋进行脉冲喷吹，使滤袋积尘得到清理。其每次清灰时间极短，且每分钟将有多排滤袋受到喷吹清理。

四、粉尘爆炸及其防控

可燃粉尘与空气混合形成可燃的气固混合物，称为可燃粉尘云。它快速燃烧的火焰在未燃粉尘云中传播，快速释放能量，引起压力急剧升高的过程，称为粉尘爆炸。饲料厂是比较容易发生粉尘爆炸的生产单位之一。据有关资料统计，各部门粉尘爆炸次数的情况，配合饲料厂占48％。在饲料厂中，筒仓和料仓、斗提机和吸风系统的爆炸次数占75％，其相应比例各为40％、20％和15％。爆炸多数是由于电焊、气焊或其他明火作业引起的。

1. 饲料厂粉尘燃烧爆炸的条件

有机物粉尘在空气中达到一定浓度，与空气中的氧气具有极大的接触面积，一旦因偶然原因出现火星而发生燃烧，其蔓延非常迅速，由于强烈燃烧产生的大量气体和热量在短时间来不及散开，使局部压力猛增，就发生爆炸。如果采取的措施不当，就在整个饲料厂发生连续爆炸。

饲料厂的粉尘燃烧与爆炸必须同时具有四个条件。

（1）粉尘粒度与粉尘浓度 含有500μm以下粒度的可燃性粉尘才可能发生爆炸。随着粒度的减小，则最大爆炸力和最大压力上升速率都会增大。易燃粉尘只有一定浓度下才会燃烧与爆炸。有资料表明，当面粉在$1m^3$空气中悬浮15～20g时，最易爆炸。特别是10μm左右的粒子，当浓度为$20g/m^3$时，危险性最大。这一浓度相当于看不清2m以外的物体。

（2）要有足够的氧气 如果粉尘浓度过高，氧气的数量就相对减少，氧气不足不会造成爆炸。因此粉尘浓度有一个最高的界限，即粉尘在空气中的浓度为$65g/m^3$，粉尘浓度超过此界限，一般没有爆炸危险。

（3）有点燃粉尘氧气混合物的火源因素 这些因素包括机械摩擦、撞击等产生的热源，电机等各种电器的过热、短路、闪电放电、雷击等带来的火花，以及管理不善而造成的物料结块、自燃、吸烟等。

（4）存在一个有限的封闭空间 在车间或机器内存在一个有限的封闭空间，使浓度适中的易燃粉尘与空气混合，然后点燃，就造成粉尘爆炸。如果没有一个有限的空间，就不会形成巨大的压力，粉尘也不会爆炸。

2. 防止粉尘爆炸的措施

为了防止粉尘爆炸，可采取多种措施或满足各种防爆要求。

（1）建筑设施的防爆要求 从建筑布局方面，饲料厂的生产区与生活区要分开，在生产区内设置专门的吸烟室；生产性房间尽量做成小车间，并在它们之间设置保护通道；为防止机动车辆排出的气体成为燃烧源，在装卸散装饲料点建造斜平台，使装卸时产生大量粉尘时，车辆可以不启动发动机而顺坡离开。从建筑结构方面考虑，每个生产性房间安装易脱落的保护结构（易脱落部件的面积和房间体积之比不小于$0.03m^2/m^3$，覆盖易脱落部件的重量不大于$120kg/m^3$），门和窗向外打开，可以作为易脱落件的补充；在楼梯间和升降机中装设泄爆孔，且泄爆孔需布置均匀；在生产性房间，不应设计上面可能沉积粉尘的突出建筑结构，由于工艺原因必须采用这样的结构时，突出部分与水平的倾斜角不应大于60°；料仓、楼板以及房中墙的表面、梁、柱等要光滑，建筑结构中的结合点要做平整，墙与墙之间的夹角做圆，不留下沉粉尘的空穴；房间内表面最好染上与粉尘的色泽有区别的色调。

（2）工艺、设备的防爆要求 由于设备运动机件的摩擦和发热，当管理、维修不善或运动机件有毛病时，可能很快过热。为此，要采取相应措施。例如，在斗提机和胶带输送机的被动轮上安装速度继电器等自动控制的连锁装置，防止传动带打滑、摩擦造成胶带发热起火。为防止原料内的金属及其他异物进入设备中碰撞摩擦产生火花，在饲料加工工艺中必须安装清选机和磁选机。由于悬浮在空气中的易燃粉尘产生的静电电压达到3000V以上，在一定条件下，静电放电会点燃粉尘，引起爆炸。因此，对绝缘材料的输送带、塑料制造的风管、气力输送管等，要安装金属防护网等措施，并保证各种机器设备安装在地上。在工艺设备中，合理使用泄爆装置是安全措施之一，泄爆管与机器或机组的专门洞眼连接，它不小于$0.0285m^2/m^3$被保护设备的内部体积，泄爆管的孔用易破坏的隔膜密封，当发生爆炸时，隔膜破坏泄压，从而保护了设备；泄爆管一般用有弹性的、紧固的、不易燃烧的、厚度不大于 0.04mm 铝片或铜片制成；不准把几根泄爆管连接在一个集流管中，以免一台机器发生爆炸而传播到其他机器中。机器设备一般涂上不燃烧的涂料，在离心除尘器、料仓、风管、斗提机的进料口处等要安装挡火器，防止火势蔓延。

（3）电器的防爆要求　电气设置、电气通风系统要符合安全规范，都必须选用防爆型和接地装置，防止电机过热，电线漏电和短路起火。高大建筑物安装避雷针。由于普通照明电器上易沉积粉尘，造成灯泡温度升高可能形成火源。因此，要采用有保护的照明装置，保护罩和垫圈一起安装。对于可携带光源，应具有不传播爆炸的性能，其玻璃罩应用金属网保护。

（4）明火作业的防爆要求　在饲料加工企业中，几乎有 1/3 的粉尘爆炸是由于违反规范而进行明火作业发生的。因此，许多国家都禁止在筒仓、配合饲料厂的生产性房间等地方进行明火作业。但如不得不进行明火作业时，应做到以下几点：首先，操作人员要有在生产性房间进行明火作业的许可证，并严格遵守安全操作规程。其次，完全停止全部机器的工作。再次，仔细清除房间中的粉尘，包括墙、天花板、金属结构物、设备和管道内外的粉尘。最后，关闭风管、通风井以及设备的检查孔和洞眼。

另外，加强对工作人员的培训，增强他们的安全意识和知识，是防爆最根本的措施。全体员工应熟悉除尘的办法、可能着火的火源、爆炸保护和挡火装置、疏散办法等，应遵守安全管理的规章制度，才能有效地防止粉尘爆炸。在饲料厂内还应设置醒目的警告标志。

【本章小结】

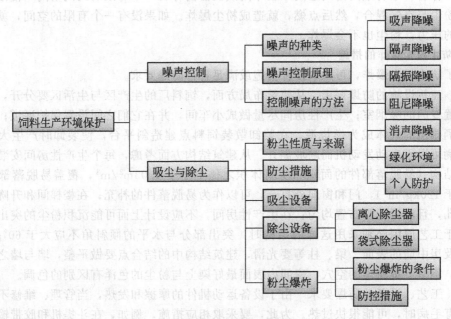

【复习思考题】

1. 饲料厂噪声对人体有何危害？
2. 饲料厂噪声的主要来源及其控制措施有哪些？
3. 饲料厂粉尘的主要特征是什么？
4. 除尘的原则是什么？
5. 饲料厂除尘设备主要有哪些？它们各有什么性能？
6. 产生粉尘爆炸的条件是什么？防制的措施是什么？

第十二章　饲料生产的自动控制

【知识目标】
- 了解自动控制的一般原理和 PLC 自动控制系统的特点；
- 熟悉饲料生产过程中的自动控制；
- 比较开环控制系统与闭环控制系统的优缺点。

【技能目标】
- 能够正确操作粉碎机、油脂添加及制粒工序自动控制系统。

第一节　概　　述

一、饲料生产自动控制的一般原理

在工业化生产中，电源、温度、流量、压力、转速等设备运行的相关物理指标要保持相对的恒定，但是由于负荷、电压、气压、元器件漂移等波动，使相关的物理量渐渐偏离给定值。出于工艺要求和设备正常工作的需要，要把上述偏离值调节过来，使实际值自动调节到给定值，完成这一功能的过程叫自动控制。

自动控制分为开环控制（手工控制）和闭环控制（自动控制）。

1. 开环控制系统

由输入设定量、控制器、执行机构、控制对象和输出量组成。其控制工艺如图 12-1 所示。

输入设置量 → 控制器 → 执行机构 → 控制对象 → 输出量

图 12-1　开环控制系统

饲料厂中粉碎机常采用开环控制系统，通过电磁调速机控制粉碎机喂料器转速，从而控制喂料器流量，最终控制粉碎机的工作电流。图 12-2 是一个典型的粉碎机开环控制系统。

设定转速 → 调控器 → 喂料器 → 粉碎机 → 工作电流

图 12-2　粉碎机开环控制系统

开环控制系统控制简单、成本低、维护方便，但是控制过程受各种扰动因素的影响，它们会直接影响到系统输出量的稳定性，可是系统又不能有效迅速地自动修正和提示报警。

2. 闭环控制系统

在开环控制系统中，把系统的输出量通过反馈环节作用于控制器部分形成了闭合环路，这样的系统称为闭环控制系统。

闭环控制系统由输入设定量、比较环节、控制器、执行机构、控制对象、输出量和检测反馈环节组成，见图 12-3。

图 12-3 闭环控制系统

饲料厂粉碎机可采用闭环控制系统，其自动调节过程如下：当粉碎机的工作电流大于输入的设定电流时，所产生的负偏差值通过调速控制器的数字 PID（P 为比例系数，I 为积分系数，D 为微分系数）运算后，输出一个较小的控制值，使电磁调速机的转速、喂料器流量相应减少，从而粉碎机的工作电流下降，逐步回归到设定电流。通过这样一系列的修正，实现自动控制。如下所示（箭头的上下表示该值的增减）：

粉碎机电流↑→调速控制器输出↓→滑差调速电机↓→喂料器流量↓→粉碎机电流↓

粉碎机在工作中，其工作电流由于受干扰因素的影响而经常偏离所设定的电流，采用闭环控制系统能快速准确地修正工作电流的偏差，使粉碎机处在高效运转状态。闭环控制系统能快速修正偏差，安全稳定运行，其优点显而易见。

二、饲料生产自动控制方式

饲料生产的自动控制方式就是按照工艺的要求，以一定的规律控制电动机或闸阀门的启动或停止，使生产中的所有设备能有序地协调运行。

饲料厂生产自动控制方式可分为继电控制方式、微机控制方式、PLC 控制方式等。

1. 继电控制方式

饲料生产中继电控制方式可用于设备的开启和停止、闸阀门的开关等简单的控制。在大中型饲料厂中设备数量增多，设备间相互影响，一台设备故障可能使整个生产处于瘫痪，为此继电控制在原有的基础上加入中间继电器、时间继电器来实现设备的连锁控制。

继电器控制装置使用寿命不长，系统的可靠性不高，系统的通用性和灵活性因固定接线方式的不同而受到影响，系统调试维修的工作量很大。另外由于继电控制系统元器件数目多，需要更多的控制柜来安装这些元器件，从而使集中控制室的面积增加，给土建设计、设备布置、防水防爆处理等带来诸多不便。

2. 微机控制方式

微机控制方式是计算机在机电控制领域的成功应用。它使饲料厂配料混合阶段生产过程自动化控制，而且控制设备具有灵活性适用性。但是由于其他环节仍是继电控制、人工手动操作，整个生产过程很不协调，而采用通用的计算机完成饲料生产全部开关量的控制又不是理想的控制方式，微机控制方式的局限性显而易见。

3. PLC 控制方式

可编程序逻辑控制器(programable logic controller，PLC)简称 PLC 控制器。它是一种专门为在工业环境下应用而设计的数字运算操作的电子装置。它采用可以编制程序的存储器，在其内部存储用来执行各种操作的指令，并能通过数字式或模拟式的输入和输出，控制各种类型的机械或生产过程。PLC 控制器具有体积小、功能强、可靠性高、编程方便、通用性和灵活性好的特点，现在已广泛地应用于饲料厂生产全过程的自动控制中。

三、PLC 自动控制系统的组成及工作原理

1. 系统组成

PLC 系统组成包括 CPU、存储器、输入接口电路、输出接口电路、键盘与显示器。

2. 各部分的作用

（1）CPU运算和控制中心 CPU运算和控制中心是整个控制器的"司令部"，起"心脏"作用。一方面从编程器输入的程序存入到用户程序存储器中，然后CPU根据系统所赋予的功能（系统程序存储器的解释编译程序），把用户程序翻译成PLC内部认可的用户编译程序。另一方面当输入状态和输入信息从输入接口输进，CPU将之存入工作数据存储器中或输入映像寄存器，然后由CPU把数据和程序有机地结合在一起，把结果存入输出映像寄存器或工作数据存储器中，然后输出到输出接口，控制外部驱动器。

CPU由控制器、运算器和寄存器组成，这些电路集成在一个芯片上。CPU通过地址总线、数据总线与I/O接口电路相连接。

（2）存储器 具有记忆功能的半导体电路，分为系统程序存储器和用户存储器。系统程序存储器用以存放系统程序，包括管理程序、监控程序以及对用户程序做编译处理的解释编译程序，由只读存储器（ROM）组成，供厂家使用，内容不可更改，断电不消失。用户存储器分为用户程序存储区和工作数据存储区，由随机存取存储器（RAM）组成。

（3）输入/输出接口

① 输入接口 光电耦合器由两个发光二极度管和光电三极管组成。当光电耦合器的输入端加上变化的电信号，发光二极管就产生与输入信号变化规律相同的光信号。光电三极管在光信号的照射下导通，导通程度与光信号的强弱有关。在光电耦合器的线性工作区内，输出信号与输入信号有线性关系。

输入接口电路工作过程：当开关合上，二极管发光，然后三极管在光的照射下导通，向内部电路输入信号。当开关断开，二极管不发光，三极管不导通，向内部电路输入信号。也就是通过输入接口电路把外部的开关信号转化成PLC内部所能接受的数字信号。

② 输出接口 即PLC的继电器输出接口电路，其工作过程：当内部电路输出数字信号1，有电流流过，继电器线圈有电流，然后常开触点闭合，提供负载导通的电流和电压。当内部电路输出数字信号0，则没有电流流过，继电器线圈没有电流，然后常开触点断开，断开负载的电流或电压。也就是通过输出接口电路把内部的数字电路化成一种信号，使负载动作或不动作。

输出接口电路有三种类型：继电器输出、晶体管输出、晶闸管输出。继电器输出有触点、寿命短、频率低、交直流负载，晶体管输出无触点、寿命长、直流负载，晶闸管输出无触点、寿命长、交流负载。

（4）编程器 编程器分为两种，一种是手持编程器，另一种是通过PLC的RS232口，与计算机相连，然后敲击键盘。通过NSTP-GR软件（或WINDOWS软件）向PLC内部输入程序。

3. 可编程序控制的工作过程

首先编制出程序，程序编写依据控制过程的要求和机器的指令。控制过程所要求的条件和顺序，以及在这些条件和顺序下所规定执行的操作都要体现在程序中。第二步是将程序存储到存储器里。程序的存储可分两种情况，一种情况是只读存储器，需要专门的写入装置写入程序；另一种情况是随机存取存储器，可通过键盘或磁带输入。程序的存储是在机器脱离生产线的情况下进行的，即离线作业。第三步启动机器以后，机器在控制器的作用下自动连续地取出存储器的程序并同步执行指令。控制器根据程序的内容指令有关设备（被控对象）进行规定的操作，被控对象就按照程序规定的条件和顺序进行操作，直到完成全部指令。

4. PLC 与继电器控制系统、微机的区别及其特点

（1）PLC 与继电器控制系统、微机的区别　PLC 与继电器控制系统相比较，前者工作方式是"串行"，后者工作方式是"并行"，前者用"软件"，后者用"硬件"。PLC 与微机相比较，前者工作方式是"循环扫描"，后者工作方式是"待命或中断"。

（2）PLC 控制器的特点

① 可靠性高、抗干扰能力强；

② 配套齐全、功能完善、适用性强、通用性好；

③ 系统的设计工作量小、维护方便、容易改造；

④ 编程方便、安装方便、操作方便。

第二节　自动控制设备

一、粉碎机负荷自动控制系统

1. 粉碎机负荷自动控制的目的和作用

自动控制是保证粉碎质量和粉碎机满负荷高效运转的有力保障。它克服了手动开环控制的不足。粉碎机的工作负荷受到物料、吸风、电控、震动等诸多因素的影响，往往偏离给定值，而进行手动开环控制需要专人操作，经常性调整，造成手工控制的工作量大，而且效果不够理想，有时负荷过大造成跳闸停机。而自动控制能保持粉碎机高效稳定安全地运行，因此粉碎机的闭环自动控制已被越来越多的厂家所应用。

2. 粉碎机的自控特点与功能要求

（1）恒值控制　粉碎机负荷自动控制是一种典型的恒值控制。设定电流为一恒定值时，它通过控制器调节使粉碎机负荷与设定电流保持一致。而设定电流的大小与物料品种、原料、配方等有关，生产不同的饲料品种以及所用的原料不同，所设定的电流值是不同的。

（2）纯滞后环节　粉碎机在工作时给料流量一旦发生变化，粉碎机工作电流也要发生相应的变化。但其间的对应变化有一定的时间间隔，而且不同的设备、物料、执行机构等所造成的纯滞后时间也不一样。对自动控制而言，纯滞后时间愈短，自动控制的调控速度愈快，控制对象的工作性能愈稳定。

（3）主要参数及功能要求

① 控制范围 0～100 之间设定；

② 控制精度 2%～8%；

③ 具有手动和自动控制两种方式，且能顺利切换；

④ 电流数码显示，能显示设定电流和实际工作电流；

⑤ 工作异常（如缺料或超负荷）能实行声光报警且实时处理；

⑥ 粉碎机相关设备连锁运行；

⑦ 自动控制要求安全可靠、控制平稳、高效运行。

3. 自动控制系统的组成与工作原理

粉碎机负荷闭环控制系统主要由输入设定量、比较环节、控制器、执行机构、实际输出量和检测反馈环节组成，如图 12-4。

（1）输入设定量　设定量的输入可通过控制器键盘或拨盘开关，在不同的物料生产中设定值是不一样的，输入的设定值应该随时能够修改。

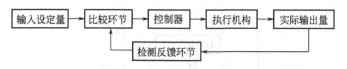

图 12-4　粉碎机负荷闭环控制系统

（2）检测反馈环节　电流互感器与粉碎机主电机串联，检测粉碎机的实际工作电流，并把实际工作电流信息传输给比较环节。

（3）比较环节　电流互感器检测到的实际工作电流与设定电流的误差值作为 PID 控制的输入量。

（4）控制器　比较环节的指令传输给控制器，控制器根据相关信息控制执行机构。

（5）执行机构　粉碎机的执行机构就是给料装置，给料装置接受比较环节的信息，调节阀门喂料开口大小，从而调节给料量的大小。

（6）实际输出量　实际输出量为粉碎机的实际工作电流。

二、饲料厂油脂添加自动控制系统

1 油脂添加的目的
① 提高饲料的能量；
② 改善饲料的适口性；
③ 减少饲料生产中的粉尘；
④ 增加饲料的感官效果（包括亮度、色泽等）。

2. 油脂的添加方式
从添加的位置可分为：①混合机内添加；②调制室内添加；③颗粒饲料外涂油脂。

从添加油脂是否连续可分为间歇式和连续式。间歇式是根据物料量一次性添加设定量的油脂，连续性添加油脂其添加量是通过调节泵的转速来实现的，其中齿轮泵的排油量与泵转速成线性比例关系。

3. 油脂添加的功能与要求
① 喷油量误差≤1%（相对误差）；
② 油脂自控加热 50～80℃；
③ 输油泵与储油罐的油量自动控制；
④ 油脂喷涂信号的接收与油脂喷涂量自动控制；
⑤ 控制仪表要有相关数据记录和设定量调整功能。

4. 油脂添加系统自动控制原理
油脂添加系统自动控制包括油罐温度控制、油罐液位自动控制、油脂添加定量自动控制。

（1）油罐温度控制　油脂特别是动物油脂在常温下其浸润性和流动性差，加热到 50～80℃其性能大为提高，易于掺和、附着和浸润。通过键盘设定油脂上下限温度，仪表检测到的油脂温度反馈给加热器，高于上限关闭加热器，低于下限打开加热器。

（2）油脂液位自动控制　当仪表检测到下液位信号时，打开输油泵进油，当仪表检测到上液位信号时，关闭输油泵。

（3）油脂添加定量自动控制　控制仪表在工作之前，应正确设置油脂温度上下限、油脂添加重量值、延时喷油时间等。油脂添加定量自控流程见图 12-5。

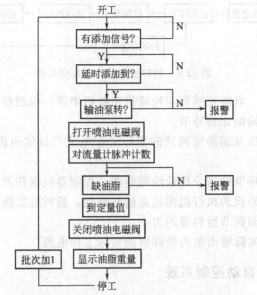

图 12-5　油脂添加定量自动控制流程

5. 间歇式和连续式油脂添加控制系统

（1）间歇式油脂添加控制系统　其系统包括两部分：一是油脂添加系统，主要有储油罐、过滤器、齿轮泵、电机组件、压力表、溢流阀、电磁阀流量计、喷油管等；二是控制系统，自动控制系统的核心部位是电脑控制仪。电脑控制仪包括输入回路和输出回路。输入回路分为三路：一路是模拟量（温度传感器）；二路是脉冲频率信号（椭圆流量计）；三路是开关量信号（添加信号、上液位、下液位）。输出回路有四路，包括喷油电磁阀回路、输油电机回路、加热器回路、故障报警回路。

（2）连续式油脂添加控制系统　连续式油脂添加控制系统主要用于颗粒饲料的油脂喷涂，该系统由供料部分、供油部分和仪表控制柜组成。其中控制仪表部分是自动控制的核心部位。连续式油脂添加系统是一种典型的随动控制系统，流量随动控制。在该系统中容积式皮带输送机提供均匀物料，皮带机的转速根据生产情况要做经常性的调节，与此同时供料流量也做相应改变。皮带机的转速和供料之间存在一定的线性关系，当控制仪表检测到皮带机的转速改变后，经过软件处理、输出控制，使喷油泵的转速也随之改变，从而保证油脂添加的连贯性和准确性。

三、制粒工序自动控制系统

制粒工序自动控制系统可分为开环控制系统和闭环控制系统。

1. 制粒机开环控制

饲料厂中影响颗粒饲料生产的性能指标主要有物料性质、压模孔径、进料量、蒸汽糖蜜添加量、蒸汽压力、物料温度、物料水分等。饲料生产中制粒机、饲料品种和配方是确定的，那么饲料性质、压模孔径就视为恒量，而进料量、蒸汽和糖蜜添加量、蒸汽压力、物料温度、水分等为变量。其变化规律是：物料流量增加，主机电流就增加，反之则下降。物料温度增加，物料水分就增加，反之则下降。在饲料生产中，主机电流增加或减少，就应减少或增加给料量，使其达到电流设定值的控制要求，而这时蒸汽添加量不作调整；另一方面，如果电流达不到控制要求是温度造成的，就应调整蒸汽的添加量。这些相互间的调整可采用手动或自动控制实现。目前国内饲料厂对蒸汽、液体添加量和主物料流量的控制大多是手动开环控制。人工操作制粒机功能示意图见图 12-6。

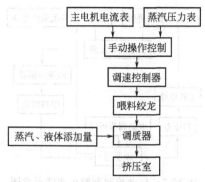

图 12-6　人工操作制粒机功能示意图

操作工在制粒机工作后，对制粒机出料口的物料进行取样，感官判断颗粒料的光洁度、色泽、亮度、成型度，并根据质检员对成品做的粉化率、水中稳定性等检测指标，再加以实践经验做出是否应该调节的合理判断。要是进行调整，主要通过如下途径：通过主电机电流表操作调整控制器，调节滑差喂料机的转速，通过改变主物料流量的大小来控制主电机负荷及产量的大小。另一方面，根据蒸汽压力表、操作阀门开口的大小进而改变蒸汽和液体添加量的大小，最终控制温度和糖蜜的添加量。

人工操作控制尽管在颗粒饲料生产中普遍采用，但由于是手工开环控制调节，具有滞后性、非连贯性和误差大等不足，饲料厂很难实现优质高产的目标，从而影响工厂的经济效益。制粒机开环控制存在的缺点主要有如下几个方面。

（1）质量不稳定　调质后粉料温度的高低对制粒性能的影响很大。通常粉料温度处在一个较窄的稳恒区域，当温度偏离稳恒区域时，物料制粒性能就明显下降，蒸汽添加量的变化、物料流量的改变都能引起调质后粉料温度的改变。而蒸汽添加量和物料流量的改变受很多客观因素的影响，用手动控制很难快速准确地调整到正常值。

（2）产量低、能耗大、成本增加　制粒机在工作中由于是手动操作控制，主电机负荷的不稳定以及偏离设定值是不能及时连续地调整的，这样有可能造成环模堵塞、制粒机失速和停车现象。基于此，操作工往往将实际工作负荷压低到离主电机负荷较远的值上，这样虽然制粒机能可靠运行，但产量下降，同时造成单位制粒能耗增加，从而使饲料成本增加。

（3）设备使用寿命缩短、维护费用增加　手动操作控制物料难以达到适宜的挤压条件（温度、水分等），因此物料通过挤压室时压模压辊的摩擦力增加、磨损增加，从而使设备使用寿命缩短，维护费用增加。

2. 制粒机闭环控制

应用单片微机电子和数字直接控制技术（闭环控制）对制粒设备进行控制，可实现蒸汽、液体添加量和主物料流量的最佳配合模式和工艺条件。制粒机闭环控制克服了手动开环控制的诸多缺点，提高了生产效率，降低了饲料成本。自动控制制粒机功能示意图见图 12-7。

从图 12-7 可知，制粒机自动控制系统由两个闭环控制回路组成，制粒机闭环控制的调节原理可描述如下（箭头的上下表示该值的增减）。

（1）蒸汽液体添加量控制

蒸汽液体添加量↑→温度传感器↑→PID 自动调节↓→电动调节阀门开口↓→蒸汽液体添加量↓

（2）主物料流量控制

主物料流量↓→主机电流↑→电流传感器↑→PID 自动调节↓→滑差电机转速↓→主物料流量↓

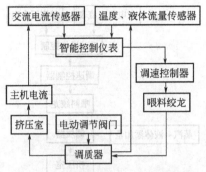

图 12-7 自动控制制粒机功能示意图

从上可以看出：蒸汽液体添加量和主物料流量受到各种因素的干扰。实际控制值偏移设定控制值时，通过 PID 能快速地调节偏移，使实际控制值与设定控制值保持一致，从而使蒸汽液体添加量和主物料流量保持在最佳配合模式及最佳工艺条件状态。

制粒机自动控制系统包括主机电流闭环回路和温度闭环回路两部分。第一部分是负荷闭环控制回路，由交流电流传感器采集主电机的工作电流，通过调节滑差调速电机的转速来控制喂料量的大小，使主电机负荷稳定在设定值的范围内。第二部分是温度控制闭环回路，由温度传感器采集调质室的粉料温度，通过调节电动调节阀开口的大小控制蒸汽添加量的多少，来达到设定的温度。上述两个闭环控制回路通过智能控制仪表去控制执行机构，最终使实际负荷和温度处于最佳状态模式，保持制粒机平稳、安全、高效运行。

【本章小结】

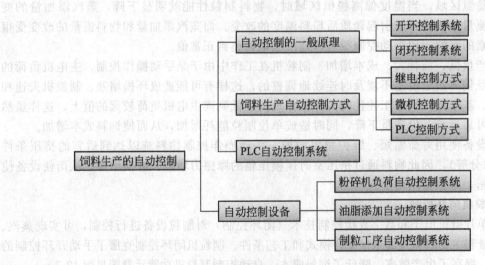

【复习思考题】

1. 比较开环控制与闭环控制。
2. 自动控制的一般原理是什么？
3. PLC 的组成与工作原理是什么？
4. 粉碎机自动控制系统的组成与工作原理是什么？
5. 制粒机自动控制系统的组成与工作原理是什么？
6. 油脂添加系统的自动控制原理是什么？

第十三章 饲料厂工艺设计

【知识目标】
- 掌握饲料厂的平面设计、要求以及配合饲料产品质量控制；
- 掌握配合饲料厂工艺设计的步骤。

【技能目标】
- 能够绘出饲料厂工艺流程图；
- 学会配合饲料厂工艺流程设计。

第一节 概　述

饲料厂的设计质量直接影响到投资成本、项目的技术先进性、项目建设工期与质量，及项目投产后的产品成本、生产效益、产品质量和企业的经济效益。饲料工厂的主要任务是根据饲料配方和饲养要求，选用合理的加工工艺和设备，生产成本低、效益好的合格饲料产品。质量管理是制定和实施质量方针的全部管理职能，是企业管理的中心环节，也是现代化管理的重要内容。

一、饲料厂工艺设计的内容和要求

1. 饲料厂工艺设计的内容

饲料厂工艺设计的内容主要包括主车间、各种库房直接或间接生产部分。其主要包括：工艺规范的选择，工序的确定，工艺参数的计算，工艺设备的选择，工艺流程图的绘制，工艺设备纵横剖面图绘制，工艺流程所需动力、蒸汽、通风、除尘网络的计算及网络系统图的绘制，工序岗位操作人员安排，工艺操作程序的制定和程序控制方法的确定，以及设备、动力材料所需经费的概算。如果在施工图设计阶段中，还需绘制楼层板洞眼图和螺栓图，就工艺设计文件而言，一般有如下设计概述和图表：

① 产品种类和产量的概述。
② 主、副原料种类、质量和年用量说明。
③ 各生产部分联系的说明。
④ 工艺流程说明并附详细工艺流程图。
⑤ 生产车间、主副原料库的工艺设备的选择计算。
⑥ 主原料、副原料、水、液体原料、电、汽等的需要量计算。
⑦ 生产车间、立筒库、副料库的机器设备平面布置图与剖面图以及预埋螺栓、洞孔图。
⑧ 通风除尘系统图。
⑨ 生产用汽、气、液体添加系统图。
⑩ 工厂及车间、库房劳动组织和工作制度概述。

2. 饲料厂工艺设计的要求

① 要求充分考虑生产效率、产品质量、经济效益、最初建设投资，以及对原料的适应

性、配方更换的灵活性和扩大生产能力、增加产品品种等多方面综合因素，使工厂和社会得到较大的经济效益。

② 工艺流程要求流畅、完整而简单，不得出现工序重复。除一般生产配合粉料的工艺过程外，根据需要，当生产特种饲料或预混合料时，应相应增加制粒、挤出膨化、液体添加、压片、压块、前处理等工艺过程。

③ 要求尽量采用先进的工艺流程和工艺设备，以保证产量、质量和节约能耗。设备选择时，尽可能采用系列化、标准化、零部件通用化的设备。设备布置应紧凑，减少占地面积，但又要有足够的操作空间，以便操作、维修和管理。

④ 设计中要充分考虑建立对工作人员有利的工作条件，有效的劳动保护条件，完善的防尘、防火、防爆、防震条件，有效地治理噪声和粉尘，减轻劳动强度，保证安全生产。

⑤ 为保证工艺流程的连续性，后序生产能力要求比前序能力大 5%～10%。另外，为保证达到投资后的生产能力，设计的生产能力要比实际生产能力大 15%～20%。

此外，在工艺设计中还要注意以下具体事项：①不需粉碎的物料不进粉碎机。②粉碎机出料采用负压机械吸送。③饼块料先用碎饼机粗粉碎，再用通用粉碎机粉碎。④分批混合时，在混合机前后均应设置缓冲仓。⑤先磁选后粉碎（或制粒等）。⑥尽量减少物料提升次数，降低各种输送设备的运输距离和提升高度。⑦尽量采用粉碎机回风管，以降低除尘器的阻力。

二、饲料厂工艺设计的依据

饲料厂工艺设计之前，应对当地饲料原料供应、饲养业情况、饲料生产技术水平进行调查，对国内外同等规模和相近规模的饲料厂进行调查，查询相关科技资料，了解国家有关工艺设计的标准、规范，调查国内外饲料加工设备的规格、性能、价格等有关依据。这些资料依据主要包括以下内容。

1. 饲料厂规模

饲料厂规模大小是厂房设计和设备选购的主要依据。饲料厂分大型饲料厂和中小型饲料厂，对于大型饲料厂，要求仓储房间大，设备功率大，附属设施齐全，功能完善。

2. 产品类型

产品类型决定于饲喂要求。按层次分预混合料、浓缩料、全价配合料等。按形态有粉状、粒状、膨化状、液态、片（块）状等。应该确定各种产品在近期和今后的生产中所占比例。如果只生产粉状配合饲料，可采用较简单的工艺流程。若生产颗粒饲料，则需增加制粒工段。若同时生产预混料、浓缩料及全价配合料，则要求较高的工艺水平和先进设备。

3. 饲料配方

配方中的原料一般有粒料、粉料、块状料和液态料等，其种类和比例是设计中确定料仓的数量和仓容、主副料的接收工艺的重要依据，同时也是配料操作顺序与配料系统的技术参数、粉碎机的台数和生产能力的重要依据。如果配方中粉状原料的种类很多，可按其比例大小归类、合并以减少配料仓数目。饲料配方还应提出粒度要求，以便确定粉碎机筛孔直径大小及与之相匹配的台时产量的供料和出料系统。

4. 生产能力

生产能力小且产品单一时，可采用较简单的工艺流程；如果生产能力大而且产品多样时，可采用较完备的工艺流程，如一次粉碎和二次粉碎兼备，粉料和颗粒料兼有，自动配料微机控制，机械化和自动化较高。某些生产规模大、技术力量雄厚、设备完善的饲料厂，还可在生产配合饲料的同时生产浓缩饲料或预混合饲料。

5. 原料接收与成品发放形式

一般有两种形式：散装和袋装。这两种形式的原料运输方式和存储库房形式不同，使原料接收工序有所不同。同样，成品发放也有两种形式：预混合料必须采用包装；浓缩饲料两者皆可；配合饲料尽可能采用散装，但目前国内多采用袋装。

6. 投资限额

投资多少对设计有很大限制，一般先进设备和控制系统及完备的工艺需要耗用较多的资金。限额确定后，应根据限额来设计和选择恰当的工艺和设备。

7. 电气控制方式和自动化程度

在工艺设计时，对于大型饲料厂，一般采用电气化控制方式，自动化程度要高。粉碎机、混合机、制粒机等要带有自动控制装置，使饲料生产便于操作，饲料质量易于控制。

8. 人员素质等

饲料生产受人为因素的影响，人员素质的高低可影响饲料产品质量和生产效率。人员素质是工艺设计不可忽视的因素。

三、工艺流程及设备的选择

1. 粉碎工艺与粉碎机

粉碎是饲料加工中最重要的工序之一。在进行粉碎加工时，应采用先进的粉碎工艺和粉碎设备，以使粉碎的粒度达到合理的营养效果，满足不同品种及生长阶段动物对饲料粉碎粒度的要求。

(1) 粉碎工艺　饲料粉碎工艺有先粉碎后配料工艺、先配料后粉碎工艺和循环粉碎工艺三种。一般畜禽饲料多采用先粉碎后配料工艺（图5-1），水产饲料、预混料多采用循环粉碎工艺，部分水产饲料和畜禽饲料也可采用先配料后粉碎工艺（图5-2）。

比较而言，先粉碎后配料工艺控制系统简单、能耗低、操作方便，但需设置大量的配料仓，粉料流动性差，易造成结拱现象。而先配料后粉碎工艺则可利用原料仓作为配料仓，大大减少了配料仓的个数，且物料粒度较一致，有利于制粒，但粉碎能耗高、建筑费用高。循环粉碎工艺中，原料粉碎后经分级筛分级处理，若饲料产品要求粒度较细时，粗粒度物料再回粉碎机粉碎。粉碎物料不需分级时，则直接经三通进入下一道工序，循环粉碎工艺可节省电耗，提高产量，大、中型饲料厂宜采用此种工艺。普通粉碎工艺较简单，物料从待粉碎仓进入粉碎机粉碎即可。

(2) 粉碎机　粉碎设备按机械结构特征的不同，可分为锤式粉碎机、爪式粉碎机、盘式粉碎机、辊式粉碎机、压扁式粉碎机和破饼机等几种。选择粉碎设备时，主要依据物料的硬度和韧性等物理性质，对于坚而不韧的物料以冲击和挤压为主，韧性物料以剪切为主，脆性物料以冲击为宜。锤片式粉碎机具有结构简单、通用性好、适应性强、生产率高和使用安全等优点，因此，在饲料行业中得到普遍应用。粉碎机的选配应根据原料、配方、产量等进行确定。

2. 配料方式和配料装置

配料是饲料生产过程中的关键工序。配料工序的核心设备是配料秤，配料秤的性能好坏直接影响配料质量的优劣。

(1) 配料方式　配料对配合饲料营养成分能否达到配方的设计要求起着重要的保证作用。各类饲料均应以适当的计量精度进行配料，配料工序也就成为饲料工厂的重要工序。

从配料工艺来讲，配料可分为分批配料和连续配料两种，从使用配料设备的计量原理来讲，配料又可分为质量计量配料和体积计量配料两类。体积计量配料的特点是：计量设备简单、造价较低、投资较少、维修方便、操作简单，但是计量误差较大，物料的物理性能对计量的影响较大，计量的可靠性较差。在调换配方时，流量调节比较麻烦，因此难以适应现代高精度、多品种饲料生产厂的要求。质量式分批配料的特点是：计量较准确、工作较可靠、调换配方比较容易、常可用一秤配制多种原料；但是多为分批称量，所以人工操作频繁，如果选用自动控制，则设备费用较大，维修要求较高。由于质量计量配料的精度远远优于体积计量配料，现在饲料厂都采用质量计量配料。质量计量多采用批量（间隙）式的分批配料，这种计量方式所用设备简单，操作方便，但与饲料加工厂中众多的连续操作设备配合不顺利。

（2）配料装置

① 分类 配料装置按其工作原理可分为重量式和容积式两种，按其工作过程又可分为连续式和分批式。重量式配料装置是以各种配料秤为核心，按照物料的重量进行分批或连续地配料称量，其配料精度及自动化程度都比较高（手动秤除外），对不同的物料具有较好的适应性，但其结构复杂、造价高，对管理维修水平要求高。常用的配料秤有机械秤、电子秤等。一般大、中型饲料厂均采用电子秤，小型饲料厂则采用机械秤。容积式配料装置是按照物料的容积比例大小进行连续或分批配料的。其结构简单、操作维修简便，但易受物料特性（容重、颗粒大小、水分、流动性等）、料仓结构形式、物料充满程度的变化等因素的影响，导致配料精度不高、工作不够稳定。所以这类配料装置已不适宜在饲料生产中应用，尤其是预混料生产不能用该类配料装置。

② 配料秤 目前应用最广泛的是 PGZ 型字盘定值自动配料秤和电子配料秤。

字盘定值配料秤是利用电器控制系统，实现自动进料、称量和卸料等过程。电子秤以称量精度高、速度快、稳定性好、使用维修方便、重量轻、体积小等显著优点，而得到了普遍使用。电子秤以称重传感器为基础，已成为饲料厂配料秤的主流。

除上述两种配料秤外，尚有台秤、字盘秤等常规衡器，在小型饲料厂中广泛使用。预混料配料时，可选用人工配料或专用微量配料秤。

选择配料装置时，必须充分考虑称量范围和配料精度。尤其是预混料，不同添加量的原料必须采用相适称量范围及精度的配料秤来完成称量。

③ 配料系统辅助设备 配料系统中除配料秤外，还需给料设备、控制部分及配料仓等才能构成完整的工作系统，完成配料工作。

a. 给料设备 给料器是保证配料秤准确完成称量过程的重要辅助设备。常用的给料器有：螺旋给料器、叶轮给料器、电磁振动给料器等。其中以螺旋给料器应用最为广泛。螺旋给料器：螺旋给料器结构简单、工作可靠、维修方便，有普通型、变螺距型、变直径型、变螺距变直径型四种，主要由机壳、螺旋体、传动部件、进出料口等组成。

b. 控制部分 随着电子技术的发展，配料秤已普遍采用电子控制配料系统。常用的配料系统控制方式有：继电器控制、微机控制等。微机控制更为先进，使饲料的配料更为精确，自动化程度更高。

3. 混合工艺与混合机

混合是饲料生产中将配合后的各种物料混合均匀的一道工序，它是确保饲料质量和提高饲料效果的重要环节。

（1）混合类型 物料的混合方式主要有对流混合、扩散混合、剪切混合三种。

物料在混合过程中，无论采用何种设备，上述三种混合方式总是同时存在的，但在不同的混合时间内，所起作用的程度不同。一般说来，混合开始时，以对流混合为主，随后是扩散和剪切混合。

（2）混合工艺　混合工艺分为分批混合和连续混合，分批混合是将各组分物料配合在一起，并将它们送入周期性工作的批量混合机分批进行混合，混合一个周期就生产出已混合好的物料。这种混合方式改换配方比较方便，每批之间的相互混杂较少，是目前普遍应用的混合工艺。连续式混合工艺是将各种物料组分同时分别地连续计量，并按比例配合成一般含有各种组分的物料流，当这股料流进入连续式混合机后，则连续混合成均匀的物料流。这种工艺可以连续进行，容易使粉碎及制粒等连续操作的工序相衔接，生产中不需要频繁的操作，但配方更换、流量调节等较麻烦，这种方式国内日趋少见。

（3）混合机　混合机的形式主要为卧式双螺带式，也有卧式桨叶式。混合作业方式有分批间歇式和连续式。连续式混合适用于油脂和糖蜜添加。饲料生产中，希望混合机能混合均匀程度高、混合结束排料后机内残留量少、混合所需的时间短、混合耗能低、混合机结构简单、操作方便等。混合机有卧式螺带混合机、卧式双轴桨叶混合机、立式混合机、立式双轴行星混合机、V形混合机等类型。混合机的生产能力要等于或略大于饲料厂的生产能力，并且要与配料秤匹配。混合机的容积要能存下混合机混一批的饲料量，以防后面的输送设备过载。

4. 制粒工艺与制粒设备

（1）制粒工艺　颗粒饲料的生产工艺由预处理、制粒及后处理三部分组成。粉料经过调质后进入制粒机成形，饲料颗粒再经冷却器冷却。若不需破碎，则直接进入分级筛，分级后合格的成品进行液体喷涂、打包，而粉料部分则重新回到制粒机再制粒。如需破碎，则经破碎机破碎后再进行分级，分级后合格成品和粉料处理方法与上述相同，粗大颗粒则再进行破碎处理。

（2）制粒设备　制粒设备系统包括喂料器、调质器、制粒机。制粒机是制粒系统的核心设备，喂料器、调质器也必不可少。喂料器的作用是将从料仓来的粉料均匀地供入，其结构为螺旋式。调质器的作用是将待制粒粉料进行水热处理和添加液体原料，同时具有混合和输送作用。按饲料品种的要求，调质器有单节和多节两种。在调质器中，蒸汽、糖蜜或水与粉料均匀混合，并使其软化，以利于制粒。希望调质时提高淀粉糊化度，可采用多节调质器，以延长调质时间，水产饲料生产应用较多。

5. 接收、清理、输送工艺及其设备

（1）原料接收　原料接收是饲料生产的第一道工序，其特点是原料品种多，进料时瞬时流量大，要求接收设备生产能力大，具有承载进料高峰量的能力，一般为饲料厂生产能力的3～5倍。这主要取决于原料供应情况、运输工具和条件、调度均衡性等因素。

① 接收工艺　根据接收原料的种类、包装形式和运输工具的不同，采用不同的接收工艺。原料有包装和散装两种形式。散装原料具有节约包装材料及费用、易于机械化作业等优点，因此，能散装运输的原料应尽量采用散装，如玉米、饼粕等。

液体原料接收采用离心泵或齿轮泵进行输送，长距离输送黏性大的液体则应采用流量稳定、压力高的齿轮泵。计量一般采用流量计。在寒冷地区，液体原料贮罐必须进行保暖，并配备加热装置，用于加热、降低黏度，以便于输送。

气力输送可从汽车、火车和船舶等原料运输工具中接收原料，尤其适用于从船舱接收原料。气力输送机可分为移动式和固定式两种，一般大型饲料厂宜采用固定式，小型饲料厂采用移动式。

包装原料的接收则较为简便，一般采用人力搬运或推车搬运，大型饲料厂则采用皮带输送机或铲车运输入库，包装原料可采用磅秤或地中衡进行计量。

② 接收设备　原料接收设备主要是称量设备、输送设备及一些附属设备。饲料厂应根

据原料的特性、输送距离、能耗和输送设备的特点等来选定相应的设备。

（2）原料输送　饲料厂的输送工艺和设备分为机械输送和气力输送两种。输送设备常用的有带式输送机、刮板输送机、螺旋输送机、斗式提升机和气力输送设备。在机械输送方式中，带式输送机是饲料厂常用的水平的或倾斜的装卸输送机械，刮板输送机主要用于长距离输送大小均匀的块状、粒状和粉状物料。斗式提升机主要用于垂直方向大宗物料输送。气力输送是饲料厂物料输送的重要组成部分，气力输送分为吸入式、压送式和混合式等输送方式。

（3）原料清理　饲料原料在收获、加工、运输、贮存等过程中，不可避免地要夹带部分杂质，必须去除，以保证成品中的含杂不过量，减少设备磨损，确保安全生产，改善加工时的环境卫生。

饲料厂常用的清理方法有筛选法和磁选法。筛选法是根据物料尺寸的大小，筛除大于及小于饲料的泥沙、秸秆等大小杂质。磁选法是根据物料磁性的不同，除去各种磁性杂质。此外，还有根据物料空气动力学特性设计的风选法。清理工段中通常采用两道清理，第一道为筛选，第二道为磁选。筛选设备主要有圆筒初清筛、圆锥形筛和振动筛。磁选设备主要有永磁滚筒、永磁筒、电磁滚筒、磁选箱。

四、主车间的布置

饲料厂除原料接收、成品发放和饼料粗粉碎外，其他所有工序和设备（包括清理）都集中在主车间内，故主车间设备布置最为重要。

1. 车间设备布置原则和要求

① 设备布置按工艺流程顺序进行，尽量利用建筑物的高度，使物料自流输送，减少提升次数，节约能源和设备。

② 某些功能相同的设备可布置在同一层楼内，以便统一管理和操作方便，如除尘设备，但布置在同一层楼内不等于在同一水平面上。

③ 布置设备不仅需要考虑建筑面积大小，还要考虑单位面积的造价。因此，设备布置时应充分利用楼层的有效空间，以减小建筑面积，另外要注意设备运行时的活载荷对厂房建筑结构的影响，一般活载荷较大的楼层的强度要求较高，单位造价就高，而且活载荷高的楼层所处位置越高，整个厂房单位造价就越高。

④ 粉碎机因为功率大、振动大，应尽可能布置在底层或地下室。为解决粉碎机产生的噪声，可将它布置在单独的隔音间内。

⑤ 确定配料仓的位置是主车间布置的一个重要问题。因为该设备的位置相应影响计量和混合设备所在的楼层位置。一般将配料仓布置在配料设备上面一层楼上。

⑥ 配料秤一般布置在混合机的上一层楼面上。为保证配料精度，配料秤附近不应有其他产生振动的设备。同时，配料仓下的螺旋卸料机的出料口与配料秤的入口间距应尽量缩小，其间距最大不能超过 2.5m，以减少物料对秤的冲击力。配料秤与集中控制室的距离不应大于 25m。

⑦ 混合设备可以设置在配料设备的下面一层楼，以便物料自流直接（或经中间仓）进入混合机；也可安置在车间的高层而将配好的料经斗提机提升进入混合机。混合机下可设置缓冲仓，以利于迅速排料。若混合机配置在底层，则在混合机下安一缓冲仓，并与大输送量的刮板输送机组成一体，迅速将卸下料输送给斗提机提升。混合机与成品仓的距离不宜太长。

⑧ 制粒工序应尽可能按照工艺顺序将各作业设备依次布置在不同楼上。制粒机的安装楼层有两种方案：一是考虑设备自重较大，动力消耗大，因而安置在底层；二是考虑制粒后的物料又

湿又热，不宜直接进入提升设备，故将设备布置在冷却器的上一层楼上，这样可使出机湿热料直接进入冷却器，不仅降低破碎率，而且充分利用制粒后的热量来散发颗粒中的水分。

⑨ 有操作面和维修保养面的设备应距窗较近，若无条件应考虑人工照明。

⑩ 设备布置时，应在设备与设备间、设备与车间墙壁间留有足够的人行通道和操作维修所必需的距离。现推荐以下通道宽度和设备间距值：

主走道不小于 1.5m，次走道（边道、横道）不小于 1.1m。

设备操作维修面距墙或设备不小于 1m，设备无操作面距墙和其他设备不小于 0.5m（即最小维修距离）。

作业人员站立并前后操作空间不小于 1.1m，半蹲上下操作空间不小于 0.7m，全蹲前后操作空间不小于 1.2m，全蹲左右操作空间不小于 0.8m。所有设备均需留有维修空间，按实际情况而定。

圆筒筛轴间装拆距离不小于 1m；振动筛抽出筛面一边的距离不小于 1.5m；混合机周围应留有足够的间距，一般为 1.1～1.5m，以便清扫、添加微量元素和取样。

走道上空若有平台、溜管及其架空设备时，其高度不得低于 2.1m。

⑪ 主车间的建筑结构有钢筋混凝土砖砌结构和钢架结构两种，因此主车间内设备布置时应先确定建筑结构形式。钢结构主车间内设备布置相对比较紧凑，但在设备安装方面将会复杂得多。

2. 工艺设计图

饲料厂工艺设计图包括两类：一类是表示流向而不按实际比例投影关系绘制的设计图，如工艺流程图、气力输送及通风除尘网路图、电路图等；另一类是表示机器设备在车间内部所处位置的布置安装图，例如车间各楼层平面布置图、车间各楼层纵横剖面图（表示设备之间和设备与建筑物内表面的互相关系）、预埋螺栓图和预留洞眼图（表示设备定位与相互联系的关系）。这些图基本按机械制图和建筑制图要求绘制，是工人进行设备定位和安装的依据，也是土建部门进行土建设计的资料。

(1) 平面图　平面图用以表示厂房各层楼面（含地下层和屋顶层平面）机器设备的平面布置，在平面图（图 13-1）内应有以下内容和尺寸。

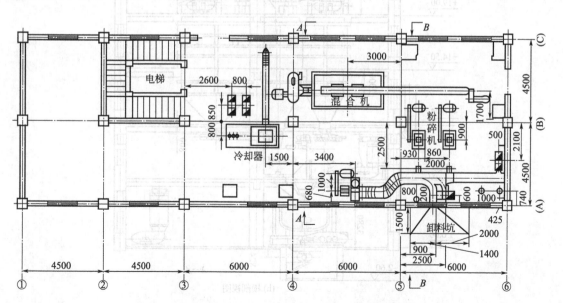

图 13-1　某配合饲料厂主车间某层（一层）楼平面布置图

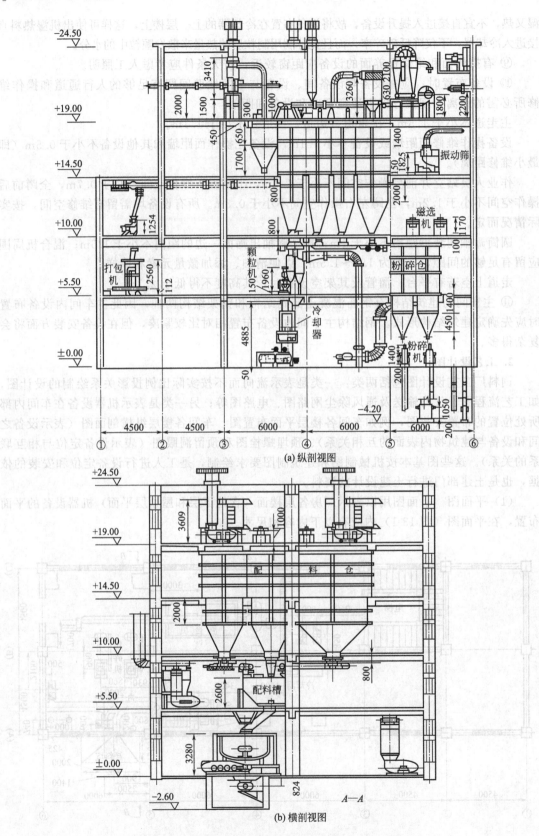

(a) 纵剖视图

(b) 横剖视图

图 13-2 某配合饲料厂主车间纵剖视图和横剖视图

① 厂房结构形式，包括墙身轮廓、门窗、楼梯、梁柱等位置。

② 给出厂房纵向中心线、开间（梁距）、轴线、墙身轴线，标注外墙轴线间距尺寸、梁距尺寸。

③ 给出机器设备的平面轮廓图形和设备中心线，标定定位尺寸（应以厂房纵向中心线和梁距轴线为基准），料仓平面尺寸和定位尺寸。

④ 标出剖切位置符号和投影方向。

（2）纵、横剖视图 纵、横剖视图（图13-2）用以表示厂房楼面机械设备的立面布置。图内应有以下内容和尺寸。

① 与平面图相同的厂房立面结构形式。

② 绘出厂房开间轴线、墙身轴线、每层楼楼面线，标注外墙轴线间距尺寸、每层楼面的高度尺寸。

③ 绘出机器设备立面图形（正视图和侧视图），标注各种设备所需的安装高度，例如风管、传动轴、螺旋输送机、机架、工作平台、料仓等高度和地坑深度等。

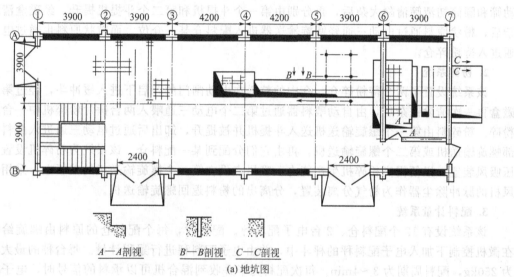

(a) 地坑图

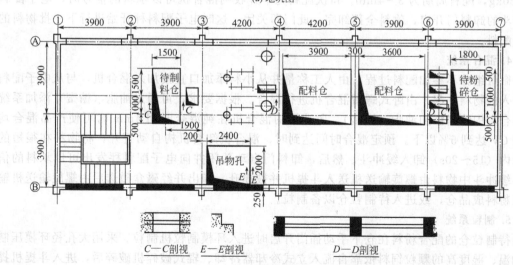

(b) 楼层孔位图

图 13-3 地坑图和楼层孔位图

④ 一般高度尺寸在纵、横剖视图上只注一处。

（3）地脚螺栓和楼板洞眼图　采用混凝土楼板的厂房，为了工艺设备安装需要，应单独给出各层楼的预埋地脚螺栓和楼板洞眼图（图13-3）。此外，提供土建部门施工参考。

第二节　饲料厂工艺流程实例

目前我国配合饲料厂的规模有 2.5t/h、5t/h、10t/h、20t/h 等几种，小型饲料加工机组有 0.3t/h、5t/h、1t/h、1.5t/h 等多种。

一、时产 5t 配合饲料厂工艺流程

某饲料厂生产能力为 5t/h（年班产 1 万吨），其工艺流程简介如下。

1. 原料初清系统

粉状和粒状原料经人工投放，分别通过栅筛进入第一个料坑和第二个料坑，再分别经振动筛和圆筒初清筛清除大杂后，再分别由第一个斗提机和第二个斗提机提升，经磁盒清除铁杂后，粉状原料通过电动三通经螺旋输送器进入配料仓某一仓位。而粒状原料也通过电动三通进入待粉碎仓。

2. 粉碎系统

该系统设置了两个待粉碎仓，仓中的粒料在电动闸门的开启下进入缓冲斗，经过第二个磁盒再一次清除铁杂后，由自动喂料器通过第二个电动三通喂入两台锤片粉碎机中一台进行粉碎。粉碎料由第一个螺旋输送机送入斗提机并被提升，卸出后通过电动三通进入配料仓顶部螺旋输送机或第二个螺旋输送机，再由它们分配到某一配料仓。该系统为粉碎机设置了负压吸风装置，以便提高粉碎机生产能力。吸风点设在第一个螺旋输送机的盖板上，采用自带风机的脉冲除尘器作为粉气分离装置，分离出的粉料返回螺旋输送机。

3. 配料计量系统

该系统设有 12 个配料仓、2 台电子配料秤。配料时，每个配料仓的原料由螺旋给料器在微机控制下加入电子配料秤的秤斗中，并由电子配料秤进行累积计量。每台秤的最大称量为 250kg，配料周期为 3～4min。每次配料完毕并收到混合机可以承料的信号时，电子配料秤秤斗的卸料门开启，物料全部卸完，此门即关闭。这时电子配料秤开始进行下一批物料的称量配料。

4. 混合系统

微量组分不参加配料过程，由人工称量并从小料添加口直接加入混合机，与从电子配料秤卸入的物料一起，由卧式螺带混合机进行混合。根据要求，可通过油脂（糖蜜）添加系统向混合室中物料添加油脂（糖蜜）。所选用的混合机在纯混合时间 4min 时可使产品混合均匀度 CV 达到 5% 以下。预定混合时间达到时，混合机卸料机构自动打开，将物料在很短的时间内（15～20s）卸入缓冲斗。然后，卸料门自动关闭并向电子配料秤发出可以承料的信号，缓冲斗中物料由螺旋输送机送入斗提机并被提升，卸出并经磁盒磁选后由螺旋输送机输送至粉料成品仓，或进入待制粒仓以备制粒。

5. 制粒系统

待制粒仓的配合粉料在仓下手动插门开启时进入环模制粒机制粒。采用大孔径环模压制出的温、湿度高的颗粒饲料依靠自流入立式冷却器冷却、辊式破碎机破碎后，进入斗提机提升至颗粒分级，分级筛为两层筛面，它将破碎后的颗粒饲料分成级，上层筛上粗颗粒回流至冷却器，以便再次经破碎机进行破碎，过细碎粒和粉末返回制粒机重新制粒，合格的颗粒作

为成品进入颗粒成品仓。

6. 成品包装系统

该系统设粉料、颗粒料成品仓各 1 个，二者共用一台自动打包秤。在 2 个成品仓下的 2 个电动闸门中任意一个开启时，对应的颗粒料或粉料流入缓冲斗，再由自动打包秤完成称量、装袋、缝包等工序。

7. 通风除尘系统

该系统设有 3 个单点风网和两套组合风网。粉料的下料坑及其初清筛、粒料下料坑及其圆筒筛、粉碎机出料吸风为单点吸风除尘风网，另外两套风网为多点吸风联合除尘风网，以配粉料提升前后为界限来划分。5 套除尘风网均采用自带风机的脉冲除尘器。

8. 供气系统

制粒所需的蒸汽由锅炉产生，并由蒸汽供给系统提供给制粒机调质器。所有脉冲除尘器及自动打包机所需的压缩空气则由空气压缩机提供。

二、时产 4t 高档对虾饲料厂工艺流程

根据水产饲料品种多、原料变化大、粉碎细度要求高、物料流动性差以及加工工艺的差别大等特点，某厂采用一次粉碎、一次配料混合的传统工艺完成对各种生产原料的预处理，采用二次粉碎与二次配料混合来完成成品后处理，从而有效地保障不同成品的高品质产出。

在电气控制上对所有设备采用可编程逻辑控制器(PLC)进行顺序连锁控制，能使各工序有机组合在一起，确保高产、稳产和安全生产，极大地提高了生产的自动化程度，充分发挥设备效率，提高产量，降低成本。

1. 原料清理与一次粗粉碎

由于水产饲料以饼粕料和粉料为主，根据不同的物料性质，在原料库设置两条独立投料线：一条投料线主要用于接收不需经过粗粉碎的原料，原料经自清式刮板输送机、斗提机进入清理设备进行去杂磁选处理，然后经 10 工位分配器直接进入配料仓；另一条投料线主要用于接收需要经过粗粉碎的原料，原料经自清式刮板输送机、斗提机进入清理设备进行去杂磁选处理后进入待粉碎仓，对于个别原料（如虾壳等）可选择旁通不经过初清筛而直接通过磁选后进入待粉碎仓。为减少原料的交叉污染，投料口分别采用独立的除尘系统。

一次粗粉碎担负高档水产饲料生产中超微粉碎工序的物料前处理任务，以减小物料的粒度差别及变异范围，改善超微粉碎机工作状况，提高粉碎机的工作效率，保证产品质量的稳定。一次粗粉碎工段设有 2 个待粉碎仓，总仓容为 30m。粗粉碎系统配有一套独立的粉碎机组，主机动力均为 55kW，配筛孔 2.5mm。这样可充分发挥该粉碎机的工作效率，该机粉碎后的原料经 8 工位分配器进入配料仓。

在本工段对粉碎机配置了带式磁选喂料器和全自动负荷控制仪。带式磁选喂料器一方面可使物料中所夹杂的铁磁性杂质不可幸免地被连续清理连续排出机外，不需做定期的停机人工清杂，减少停机时间，降低劳动强度；另一方面可使物料作全宽度无脉动连续均匀喂入粉碎室，从而保证粉碎机工作电流波动小，而运转平稳高效，全自动负荷控制仪则自动跟踪监测粉碎机电机的电流，并将信息反馈到带式磁选喂料器上，从而可以将主机的工作电流始终稳定在设定的最佳工作状态值上，不需人工干预和操作。

2. 一次配料与混合

配料仓共设 14 个，总仓容为 120m，考虑到高档水产饲料原料的特殊性（容重小、自流性差等），配料仓配备了特殊的仓底活化技术来有效地防止粉料的结拱现象。根据不同配方要求进行配料过程全部由电脑控制自动实现，考虑到水产饲料加工中生产调度的复杂性，对

一次混合的配置大大提高了其产能的盈余系数，单批容量为1t，即理论上1h的混合能力可达到10t以上，排除品种更换过程耽搁的时间，也可有效地保证后道设备的满负荷工作。为了增强饲料生产的灵活性，使整个系统在特殊情况下也可生产高档硬颗粒鱼饲料，在一次混合机上也设置了添加剂手投料装置。经一次混合后的物料经刮板机、提升机送入待粉碎仓。

3. 二次粉碎（超微粉碎）与二次配料混合

水产动物摄食量低、消化道短、消化能力差，所以水产饲料往往要求饲料粉碎得很细，以增大饲料表面积，增大水产动物消化液与之接触的面积，提高其消化率，提高饲养报酬；同时，按水产动物摄食量低的特点，要求饲料的混合均匀度在更微小的范围内体现，这也要求更细的粒度。如对虾饲料要求全部通过40目分析筛，60目筛筛上物小于5％。对这样细的料，必须采用超微粉碎工艺。

该超微粉碎工段设有一只待粉碎仓，待粉碎仓的物料经两工位叶轮式分流器可分别同时进入两台超微粉碎机。此处粉碎工艺的设计采用连续粉碎的方式，避免了加料伊始加速段和空仓时待料段的时间等候，可大大提高粉碎效率。并且，两台粉碎机同时对同一物料进行集中粉碎，可大大缩短同等重量物料的粉碎时间，从而减少后道工序设备空载等料的运行时间，提高设备的利用效率，降低生产成本。超微粉碎机与强力风选设备配套组合，并配置了行之有效的分级方筛来清除粗纤维在粉碎过程中形成的细微小绒毛，确保产品的优良品质。

由于进入二次混合仓的原料细度都在60目以上，且密度较低，如果仓体结构设计不合理，就很容易在仓内形成结拱现象，为了彻底杜绝这种现象的发生，一方面在仓底结构上采用偏心二次扩大设计，另一方面所有经过超微粉碎后的原料出仓机均采用叶轮式喂料器，它不仅设有破拱机构，而且可灵活调节各自的流量大小，各种原料经二次电脑配料后进入二次混合机。

对参与二次混合的添加剂，则在二次混合机上方设置了一套人工投料口，配有独立集尘回收装置，粉尘可直接混入二次混合料。二次混合过程将各种物料充分混合，混合均匀度达到93％以上。该工段是保证饲料质量的关键工段。本工段采用双轴桨叶高效混合机，每批次为1t。

同时在混合机上设置了两个液体添加口：一个专门用作水的添加，液态水经不锈钢的泵体和流量计送入添液口；另一个口专门用作油性液体混合物的添加，主要是鱼油或卵磷脂，它们分别通过泵体和流量计送入添液口。油脂的储油罐设有加热搅拌装置，在混合过程中，通过微电脑控制液体添加的流量和添加的最佳时间，保证液态原料与固态原料混合充分均匀，经二次混合的粉状虾饲料经提升、磁选后进入后道待制粒仓。

4. 制粒成型与后熟化处理

本工段共设有两个待制粒仓，下设两台肋PM520制粒机。由于经过二次混合后物料湿度和温度都比较高，很容易在仓底形成结拱现象，所以工艺设计上在制粒机过渡斗上增设了破拱装置，以保证物料连续均匀地喂入制粒机。物料经调质压制成颗粒后，进入后熟化、干燥组合机，物料在高温高湿环境下进一步熟化，使其性状充分转变，这一过程相当于帮助消化能力差的水产动物进行"体外预消化"。熟化后的高湿度物料必须通过干燥机进行降水。物料的冷却采用液压翻板逆流式冷却器。采用这种工艺处理后的物料不但可以提高淀粉的糊化程度，增大蛋白原料的水解度以利于水产动物的消化吸收，同时还增强颗粒饲料耐水性，延长喂食时间，减少水质污染的隐患。

5. 成品处理与打包

冷却后的物料经提升后进入平面回转分级筛，平面回转分级筛配置为三层筛，分别为4目、12目和30目。4目筛筛上物为大杂，12目筛筛上物为成品或半成品，30目筛筛下物为细粉。虾饲料的成品仓为 4 个，这 4 个仓既是成品仓，成品料可直接从仓内放出，再经过一次成品打包前的保险筛筛理后进入成品电脑打包称量装袋；又相当于待破碎仓，在此仓可储存较大容量的颗粒料，让后道的破碎机来逐步消化。破碎料从成品仓内放出后经提升机进入待破碎仓，然后由破碎机来完成破碎工作。破碎机上方设有布料器，采用变频无级调速，这样可控制物料以合适的喂料量在整个破碎辊长度上均匀喂入，提高破碎机的产能。

经过破碎后的物料被均匀分配到两个旋振筛进行筛理分级，旋振筛配筛为 10 目、16 目、20 目和 30 目，筛上物回流到提升机进待破碎仓重新破碎，16 目、20 目和 30 目的筛上物分别作为成品料进入破碎料成品仓。30 目筛下物作为废料集中收集，以后作为小宗原料搭配使用。

本工艺对虾硬颗粒饲料成品要求做到装袋无粉尘，在颗粒料装袋前采用保险分级筛对颗粒料中的不合格碎粒及粉料进行控制，最大限度地减少碎粒及粉料所带来的浪费，控制水质的污染。

由于破碎料的袋装规格较小（5kg/包），产量又不是很大，所以此处设为人工称量包装封口装袋。

6. 电气控制

所有设备电机采用电脑和可编程逻辑控制器（PLC）结合起来实行集中控制，配料系统由电脑控制配料秤自动完成配料任务。设置逼真的模拟控制屏，在模拟屏上可以监视所有设备的运行状况。为方便设备的检修与现场操作，对某些设备同时设有现场控制柜。车间内电线、电缆均以桥架敷设，便于检修。集中控制室设在二层。

该厂车间采用全钢结构的 5 层建筑，建筑面积约 1060m，总高约 25m。车间底层占地面积（长×宽）为 18m×13.5m。全厂共有机械设备 244 台套，全部选用国内定型产品，总的装机容量为 957.90kW。

三、时产 10t 配合饲料厂工艺流程

原国内贸易部武汉科学研究设计院设计的 10t/h 是我国大型饲料厂之一，以其工艺流程（图 13-4）为例简介如下。

该厂采用先回流粉碎、后配料混合的工艺。配有大小各 1 台、由微机控制的电子配料秤（原为机电秤），以适应预混合饲料和配合饲料的生产。全厂共有机械设备 200 余台（套），主要设备选用国内定型产品。总装机容量 425kW。

1. 原料接收与储存

袋装或散装粒状原料经过计量后卸入卸料坑，经清理除杂可直接送入立筒仓储存或进入待粉碎仓待粉碎。3 个立筒仓总容量 750t。

饼粕、糠麸等副料经计量后储存于副料库内。块状饼料经碎饼机粗粉碎后储存，以备进行二次粉碎。不需粉碎的副料经输送、清理后直接进入配料仓参加配料。

鱼粉、骨粉、食盐、钙、磷等原料在副料库中分开储存，经输送线直接参加预混合配料。

2. 粉碎系统

采用单一循环二次粉碎工艺，以便提高粉碎机效率，降低能耗。为保证粉碎机连续生产和便于粉碎不同品种原料的周转，粉碎机上面设有总容量 27m³ 的 3 个待粉碎仓。原料进仓前经磁选装置去铁杂质，确保粉碎机安全运行。经清理除杂的物料由振动喂料器喂入粉碎机粉碎。粉碎后的物料采用螺旋输送机输送，并配以吸尘系统吸风，这样既节约能耗，还能防止粉尘外溢、降低料温和提高粉碎效率。粉碎物料经筛分后，筛上物返回原机进行第二次粉碎，筛下物入配料仓储存。

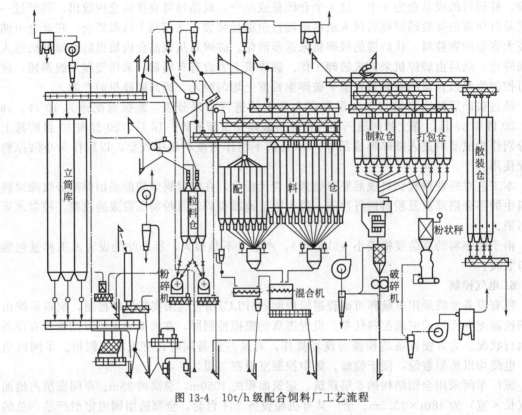

图 13-4　10t/h 级配合饲料厂工艺流程

3. 预混合系统

鱼粉、骨粉等配比较小的物料及载体，用最大称量 250kg 小秤进行预混合工段的计量配料。微量元素由人工添加，用 HH-71 小混合机混合成预混合料进入配料仓参加配料，也可作为成品进行人工称重打包出厂。

4. 配料混合系统

采用电子秤重量计量、数仓一秤的分批配料、分批混合的工艺。配料仓 12 只，总容量为 184m³。采用批量为 1.00kg 大秤，每次可配 12 种料，配料周期不超过 6min。大小秤通过同步控制，使各种物料按预定配比加入 HH-112 型混合机混合。混合周期为 6min。

5. 制粒系统

配国产 SZLH40 制粒机，主机动力 75.90kW 电动机，生产率相应为 3～8t/h，3～10t/h。

6. 控制系统

工艺流程由控制室模拟屏显示，由微机集中控制，指挥生产，提高了自动化程度。

7. 供气、除尘系统

采用水冷式空压机 1 台，通过 2 个储气罐（压力为 0.7MPa）向气动阀门和脉冲除尘器供气。生产车间共安排由沙克龙、脉冲除尘器组成的 5 个除尘系统，完成吸风除尘工作。

8. 成品计量和包装系统

成品包装有两种形式：袋装和散装。袋装设有 2 条袋装生产线，每条生产线生产能力为 9t/h。粉料经称量、装袋、缝包，再由皮带输送机输入成品库待出厂。散装配有 4 个成品仓，通过螺旋输送机将成品粉料输出，装入散装饲料车过磅出厂。

该厂经过技术改造（配料秤、自动控制、制粒系统等），投入全面正常生产。

【本章小结】

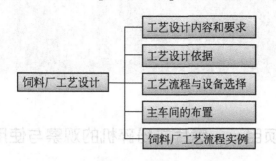

【复习思考题】

1. 饲料加工工艺设计有哪些主要内容？
2. 饲料加工工艺设计的步骤有哪些？
3. 简述饲料主车间设备布置方案。
4. 饲料厂工艺流程设计的内容是什么？

实验实训项目

项目一 锤片式粉碎机的观察与使用

一、目的要求

通过观察了解锤片式粉碎机的构造并初步掌握其使用方法。

二、实训材料与仪器设备

锤片式粉碎机、扳子、螺丝刀、游标卡尺、钳型电流表、转速表、秒表、电度表等，玉米（或其他饲料）100kg。

三、实训内容与方法步骤

1. 熟悉锤片式粉碎机的构造

观察锤片式粉碎机的外部构造和进料斗、插板、磁铁等；打开粉碎机的操作门，观察锤片式粉碎机的内部构造；观察主轴、锤架板、锤片、销轴和轴承的构造，了解锤片的排列、换面、掉头的方法与注意事项；观察筛片的形状，用游标卡尺测量筛孔的直径、筛片的厚度；了解筛片的安装方法与注意事项；观察供料器的类型、结构，了解调整喂料量的原理和方法。

2. 检查各部件的连接情况。记录开始粉碎时间和工作结束时间，电度表的初始数值和工作结束后数值。测量并记录粉碎机稳定运转时的电流值。

3. 操作顺序：先启动粉碎机负压吸风装置，而后启动粉碎机的后续输送设备，按下启动按钮，对粉碎机进行降压启动。待粉碎机正常运转 2～3min 后，启动供料器逐渐加料，并观察粉碎机电动机电流表的电流值调整喂料量。用转速表测量粉碎机的转速。

4. 粉碎结束后，先停止供料器，粉碎机继续运转 2～3min。待粉碎机内物料全部粉碎后，按下停止按钮停止粉碎机。经过一段时间后，从前往后陆续停止输送机械设备，最后停止负压吸风装置。停机后检查饲料粉碎的粒度，称量粉碎后的饲料重量。清理现场，收拾工具，整理记录的数值，计算粉碎机的生产率。

四、实训报告

根据观察到的内容总结锤片式粉碎机的类型、特点、用途，并写出其基本构造。写出粉碎机的使用方法。

五、分析与讨论

通过观察锤片式粉碎机的构造和锤片式粉碎机的使用，分析与讨论锤片式粉碎机的优、缺点。

项目二　混合机的观察与使用

一、目的要求

通过观察了解不同类型饲料混合机的构造、特点，初步掌握其使用方法，能根据饲料加工工艺的需要合理选择不同类型的混合机。

二、实训材料与仪器设备

立式混合机、卧式环带式混合机、双轴桨叶式混合机、秒表、工具，各种粉碎后的饲料原料等。

三、实训内容与方法步骤

1. 熟悉混合机的构造　观察立式、卧式螺带式混合机构造。

观察项目：进料口位置、出料口位置，电动机和传动装置的位置，电动机的功率、转速。

2. 混合机的使用　记录开始工作时间，按一定的加料顺序，通过进料口逐渐添加经过计量后的各种饲料，添加一定比例的油脂。到混合时间后，打开出料口插板放出饲料。根据记录的数据计算混合周期。

四、实训报告

根据观察到的内容总结各种混合机的类型、特点、用途，并写出其基本构造和使用方法及使用注意事项。

五、分析与讨论

根据观察到的混合机比较分析各种混合机的特点，讨论操作注意事项。

项目三　制粒机的观察与使用

一、目的要求

掌握饲料制粒机的构造、特点，初步掌握其使用方法。

二、实训材料与仪器设备

制粒机组一套、工具、仪表，全价饲料等。

三、实训内容与方法步骤

1. 熟悉制粒机组的构造　观察制粒工序的工艺，设备配置；观察混合机的构造。
2. 制粒机的操作　按从后到前的顺序分别启动各台机械设备，注意观察其运转情况，一切正常后开始加料、加蒸汽，经检查调质情况后进入压粒机压粒，根据压粒机的电动机电流情况调整供料器和蒸汽量，压出的颗粒经冷却器冷却后到碎粒机，然后经斗式提升机送到分级筛，合格的颗粒进入成品仓，过大的颗粒返回碎粒机重新碎粒，细粉返回待制粒仓重新制粒。

四、实训报告

写出观察到的制粒机的构造，分析总结其特点，初步掌握其使用方法及注意事项。

五、分析与讨论

根据实际观察到的制粒机组情况，分析与讨论制粒机的特点和操作注意事项。

项目四　电子配料秤的观察与使用

一、目的要求

掌握电子配料秤的组成结构、特点，初步掌握其使用方法。

二、实训材料与仪器设备

电子配料秤一台、给料器、控制系统和计量系统，全价饲料等。

三、实训内容与方法步骤

1. 熟悉电子配料秤的组成　观察电子配料秤的组成结构及其辅助设备装置。

2. 电子配料秤的使用　打开电子配料秤后，根据所给物料，计算机发出快加料控制信号，打开快加料电磁阀门。当该物料质量达到设定质量的 95％时，计算机发出关闭快加料电磁阀信号，同时打出慢加料电磁阀门，实现慢加料。当该物料质量达到设定质量的 100％时，计算机发出关闭慢加料电磁阀信号，同时打开下一物料快加料电磁阀门。对每一种物料重复进行上述过程，直到全部物料称完，计算机发出放料信号，延迟一段时间后，关闭放料阀，重复进行下一称料过程。

四、实训报告

写出观察到的电子配料秤的结构组成，分析总结其特点，初步掌握其使用方法及注意事项。

五、分析与讨论

根据实际观察到的电子配料秤情况，分析与讨论电子配料秤的称量特点和操作注意事项。

项目五　输送机械与清理设备操作

一、目的要求

通过观察各种输送机械设备和清理设备，了解输送机械设备和清理设备的类型、特点、用途、构造和使用方法。能根据具体饲料加工工艺的需要，合理选择相应的输送设备和清理设备。

二、实训材料与仪器设备

带式输送机、螺旋式输送机、刮板式输送机、斗式提升机、气力输送设备及辅助设备、清理筛、各类磁选器等。

三、实训内容与方法步骤

观察带式输送机、螺旋式输送机、刮板式输送机、斗式提升机与气力输送设备的构造，了解其特点、用途和使用方法。

观察电动（气动）闸门、三通分配器、旋转分配器、溜管的构造，了解其特点、用途和使用方法。

观察清理筛和各类磁选器的构造，了解它们的工作原理和用途。

四、实训报告

根据观察到的内容总结出输送机械与清理设备的类型、特点和用途，分别写出其基本构造和使用方法。

五、分析与讨论

根据观察到的各类输送机械设备和清理设备情况进行分析与讨论，比较其特点和适应性。

项目六　粉碎工艺流程观察与工序操作

一、目的要求

通过观察了解饲料粉碎工艺和机械设备的组成，初步掌握其使用方法及使用过程中的注意事项。

二、实训材料与仪器设备

饲料清理设备、锤片式粉碎机、扳子、螺丝刀、游标卡尺、钳型电流表、转速表、秒表、电度表等，玉米（或其他饲料）100kg。

三、实训内容与方法步骤

1. 熟悉饲料粉碎工序机械设备　观察粉碎工序的加工工艺，观察该工序的主要设备。

2. 先准备好需要粉碎的物料，启动清理设备和粉碎机前的输送设备并把需要粉碎的饲料投入到投料口，输送到待粉碎仓。

3. 根据粉碎粒度要求更换相应筛号的筛片。检查各连接部位的紧固情况和电气设备的完好状况。

4. 粉碎系统的操作顺序：先启动粉碎机负压吸风装置，而后启动粉碎机的后续输送设备，打开输送通道，安排粉碎后饲料的仓位号，然后按下启动按钮，对粉碎机进行降压启动。待粉碎机正常运转 2～3min 后，启动供料器逐渐加料，并观察粉碎机电动机电流表的电流值调整喂料量。用转速表测量粉碎机的转速。

5. 粉碎结束后，先停止供料器，粉碎机继续运转 2～3min。待粉碎机内物料全部粉碎后，按下停止按钮停止粉碎机。经过一段时间后，从前往后陆续停止输送机械设备。最后停止负压吸风装置。

6. 停机后清理生产现场，收拾工具，记录各种生产数据。检查物料粉碎的粒度、重量。整理记录的数值，计算粉碎机的生产率。

四、实训报告

总结粉碎工序机械设备的操作方法和顺序。

五、分析与讨论

根据实际操作情况分析与讨论粉碎工序机械设备的操作要领和操作注意事项。

项目七　混合工艺流程观察与工序操作

一、目的要求

通过观察了解饲料混合工艺和设备的组成，初步掌握其使用方法及使用过程中的注意事项。

二、实训材料与仪器设备

立式混合机、秒表、工具等。

三、实训内容与方法步骤

1. 熟悉饲料混合工序机械设备　观察混合工序的加工工艺，观察该工序的主要设备。
2. 混合机的操作　记录开始工作时间，按一定的加料顺序，通过进料口逐渐添加，经过计量后的各种饲料，添加一定比例的油脂，由垂直螺旋将物料垂直向上送，到达螺旋顶部的敞口处则被排出，再落至底部，经多次反复循环后，即可获得混合均匀的饲料。到混合时间后，打开出料口插板放出饲料。根据记录的数据计算混合周期。

四、实训报告

总结混合工序的操作方法和顺序。

五、分析与讨论

根据实际操作情况分析与讨论混合工序的操作要领和操作注意事项。

项目八　配料工艺流程观察与工序操作

一、目的要求

通过观察了解饲料配料工艺，初步掌握其使用方法及使用过程中的注意事项。

二、实训材料与仪器设备

螺旋输送机、多个配料仓、电子配料秤、混合机、水平输送机、给料器等。

三、实训内容与方法步骤

1. 熟悉饲料配料工序机械设备　观察配料工序的加工工艺，观察该工序的主要设备。

2. 先准备好需要的主料和辅料，检查各连接部位的紧固情况和电气设备的完好状况。

3. 配料系统的操作顺序：启动机械设备，螺旋输送机将料传到配料仓，再通过给料器至配料秤称量，再卸料，整个配料系统可自动地协调控制进料、称量、换料、卸料等系列动作。

使用这种配料工艺，应注意配料秤和混合机作业周期的配合，当逐个组分进行称量时，配料秤必须关闭卸料门；配料秤卸料时，必须保证混合机处于空机且卸料门关闭的待料状态。

4. 停机后，收拾工具，记录各种生产数据。

四、实训报告

总结配料工序机械设备的操作方法和顺序。

五、分析与讨论

根据实际操作情况分析与讨论配料工序的操作要领和操作注意事项。

项目九　制粒工艺流程观察与工序操作

一、目的要求

通过制粒工艺的观察和制粒机组的操作，熟悉制粒机组的机械设备配置、工艺流程，初步掌握制粒机组的操作方法。

二、实训材料与仪器设备

制粒机组一套、工具、仪表，饲料等。

三、实训内容与方法步骤

1. 观察制粒工序的工艺流程

2. 操作要求

（1）操作者必须经过专业培训，了解制粒系统机械设备的组成、功能，了解各机械设备的结构、技术性能参数和操作方法。

（2）机器启动前要做好检查工作。检查各连接部分的紧固情况，不得有松动现象。检查电气设备是否完好。

（3）制粒前要清楚需要制粒的饲料种类、技术要求、工艺流程、需要生产的数量，检查或更换相应孔径的环模，并调好环模与压辊的间隙。

（4）按工艺流程和操作顺序启动各台机械设备，检查蒸汽的压力（0.2～0.4MPa）和温度（130～150℃）情况，安全阀每年要检验一次。调质器和蒸汽管道温度较高，操作人员工作中要注意避免烫伤。

（5）开机时先开后续机械设备，再开主电动机，而后开调质电动机和供料器电动机。关机时先停供料器电动机，后停调质电动机，最后停主电动机。停机后要及时清理制粒室内积存的饲料和磁性金属杂质。

(6) 操作者应穿紧身工作服，系好袖口，戴防护帽和口罩，操作时精力集中。生产中随时注意各台机械设备的运转情况，及时进行调控和处理，保证正常生产，避免发生机械和人身伤亡事故。

3. 制粒机组的操作　开机时应注意开机顺序，应从后往前、从下往上按顺序启动各台设备。

(1) 调整好蒸汽压力，放掉蒸汽管道中的冷凝水。

(2) 从后往前开通成品管路通道，开动分级筛，开动碎粒机，开动冷却器风机和闭风机。

(3) 启动压粒机主电机，再开动调质器电机，最后开动供料器电机，并将供料器调至最低转速。

(4) 打开下料门，同时打开蒸汽阀门，压制出颗粒料后，将供料器转速和蒸汽加入量逐渐调至合适的程度。调整切刀，使颗粒长度适宜。

(5) 工作正常后，应随时观察主机电流表，及时调整进料量和进汽量；并随时打开喂料斜槽的观察门观察，如有较大铁杂质吸附在磁铁上，应及时取出，严防铁杂质进入压粒室。

(6) 生产结束后停机。当生产结束需进行停机时，也应注意停机的顺序。其顺序恰与开车顺序相反，即从上往下、从前往后，步骤如下：

从上往下关闭下料门，相继关闭供料器电机。

从观察门中看到压粒室无料时，关闭蒸汽阀门和调质器电机。

从观察门内喂入油性饲料，使之填满压模模孔，以利于下次启动，避免模孔堵塞。

关闭主电机，主机停止后打开门盖，清除压粒室内积料，并清除磁铁上的杂质。

冷却一段时间后，冷却器内无料时，从前往后依次停止冷却器风机和闭风机，再停止碎粒机和分级筛。

四、实训报告

根据观察到的内容总结出制粒工艺流程和制粒机组的操作方法、注意事项。

五、分析与讨论

通过制粒工艺的观察和制粒机组的操作分析与讨论制粒工艺与制粒质量的关系。

项目十　电脑控制室观察与操作

一、目的要求

1. 了解配电系统的组成。
2. 掌握操作项目，掌握控制室故障识别和排除措施。

二、实训仪器、设备及材料

计算机配料控制系统，配电柜。

三、实训方法

通过对 PCW 计算机控制系统上机操作，了解电脑控制室操作工的工作任务，熟悉电脑控制室操作程序，完成实训内容的练习。

四、实训步骤

1. 了解各硬件组成和各部分的相互关系。
2. 电脑控制工上班准备的工作程序及注意要点。
3. 计算机配料控制系统的生产准备。
4. 完成一个二批次的配料工作：①打开控制总开关；②打开计算机配料控制系统进入控制程序；③设置生产参数；④设置原料品种、配方种类及原料所存放的料仓；⑤设置生产任务；⑥启动自动配料过程；⑦监督生产过程；⑧报告故障及处置方法；⑨完成生产打印报表；⑩关闭系统及总电源。
5. 诊断配料过程的故障，指出解决措施。

五、分析与讨论

通过对 PCW 计算机控制系统上机操作，分析与讨论操作过程出现的问题及解决措施。

项目十一 饲料混合均匀度测定

一、目的要求

了解混合性能测定的意义，掌握混合性能测定方法，合理确定生产技术参数。

二、实训材料与仪器设备

卧式环带混合机一台、秒表、工具，各种粉碎后的饲料原料，混合均匀度测定的仪器设备。

三、实训内容与方法步骤

1. 准备工作 准备好各种粉碎后的饲料原料，检查调整混合机，准备开通后续输送设备的通道。
2. 检测方法选择 主要检测饲料的混合均匀度和混合时间的关系，便于饲料厂根据不同种类饲料确定合理的混合时间、放料时间等技术性能参数。可采用示踪法或沉淀法。
3. 取样 打开电脑，调出一种饲料配方，按混合机满载量调整配方。设定混合时间分别为 0.5min、1.0min、1.5min、2.0min、3.5min、4.0min、4.5min、5.0min，每个净混合时间加工一批；然后进行自动配料，并在手加料口加入示踪剂，配料完毕后将饲料排入混合机混合。每批物料在混合机排料口按照不同位置取 10 份样。
4. 测定混合均匀度。
5. 计算 计算出每个净混合时间的混合均匀度，然后根据该值绘出混合时间与混合质量曲线图。
6. 混合参数确定 根据实验结果分析并确定该混合机的最佳净混合时间。

四、实训报告

根据测定的技术性能参数，绘出混合时间与混合质量曲线图，确定合理的净混合时间。写出混合性能测定的方法。

五、分析与讨论

根据测定的技术性能参数分析与讨论混合均匀度与混合时间的关系。

项目十二　制粒性能测定

一、目的要求

掌握颗粒饲料的硬度、粉化率测定方法，学会木屋式硬度计和粉化仪的使用。

二、实训材料与仪器设备

颗粒饲料、木屋式硬度计、粉化仪、100g 天平、游标卡尺、分样筛。

三、实训内容与方法步骤

1. 了解平模制粒机的结构；使用不同物料进行制粒操作，收集所制颗粒，观察外质量。

2. 颗粒饲料硬度的测定步骤：①将硬度计的压力指针调整至零点；②用镊子将颗粒横放到载物台上，正对压杆下方；③转动手轮，使压杆下降，速度中等、均匀；④颗粒破碎后读取压力数值（X_1）；⑤清扫载物台上碎屑；⑥将压力计指针重新调整至零，开始下一样品的测定。

3. 颗粒饲料粉化率：①称取 500g 颗粒料样品；②将样品放入粉化仪的回转箱内，启动粉化仪，工作 10min；③停止后，取出样品，使用分样筛（见附表）对处理过的样品进行筛分；④分别称取筛上物和筛下物并做好记录。

4. 记录相关数据：20 粒颗粒饲料破碎后压力数值、颗粒直径、粉化率的型号、粉化仪的转速、粉化仪工作时间、标准筛筛号（目）。

5. 计算及分析

颗粒硬度用所取所有样品的破碎压力值的平均值表示：

$$硬度 = (X_1 + X_2 + X_3 + \cdots + X_{20})/20$$

式中，X_1，X_2…为各单位样品的硬度，kg。

$$粉化率 = \frac{筛上物质量}{样品质量} \times 100\%$$

根据计算结果评定合格与否。

附表　颗粒粉化率试验用筛子

颗（碎）粒的大小/mm	筛　号	筛　目	筛孔/mm	颗（碎）粒的大小/mm	筛　号	筛　目	筛孔/mm
碎粒	12 号	10	1.6789	6.35	0.265		6.731
颗粒	10 号	9	1.999	7.9375	5/16		7.9375
2.3825	7 号	7	2.8194	9.525	7/16		11.1125
3.175	6 号	6	3.3528	12.7	0.530		13.462
3.5172	6 号	6	3.3528	15.875	5/8		15.875
3.9700	5 号	5	3.9878	19.05	3/4		19.05
4.7625	4 号	4	4.7498	22.225	7/8		22.225
5.1587	31/2		5.6642	25.4			

评判方法：标准中规定了颗粒粉化率≤10%，含粉率≤4%，超过指标 1.5%，即为不合格。

项目十三　时产5t配合饲料厂工艺流程设计

一、实习目的

设计出粉料产量为5t/h、颗粒饲料产量为2t/h，工艺流程完善，产品质量可靠的饲料厂生产工艺流程，并对主要设备生产能力进行配置。

二、实习内容与要求

1. 饲料厂工艺流程设计　设计出生产工艺流程，按照工艺流程图绘制原则绘制出规范的工艺流程图。所设计的工艺流程合理，产品质量稳定，符合当前对饲料产品质量要求。

2. 主要设备配置　根据生产能力及所设计的工艺流程，计算出主要设备生产能力配置（包括原料仓、原料库房、成品库房等）。

三、实习方法

以个人为单位设计，在教师的指导下进行。

四、实习成绩评定

1. 遵守实习纪律　遵守实习纪律，按规定完成实习项目（30分）。

2. 实习报告　字迹工整，图表明确（10分）；工艺流程设计基本符合要求，具有可行性（40分）；根据生产能力、所设计的工艺流程配置主要设备生产能力，计算正确合理（20分）。

项目十四　配合饲料厂参观学习

一、实习目的

通过参观配合饲料厂，初步了解配合饲料的原料组成、配合饲料的种类、配合饲料生产工艺、配合饲料质量管理措施及经营策略。

二、实习方法与内容

1. 厂区参观，了解配合饲料的厂区布局。

2. 原料仓库参观，熟悉配合饲料的原料种类及原料堆放原则与要求。

3. 生产车间参观，熟悉配合饲料生产工艺及生产过程中产品质量控制措施。

4. 饲料质量检测实验室参观，熟悉实验室的布局、各类饲料原料和产品的检测项目及检测方法。

5. 与厂领导、技术工作管理人员和销售管理人员一起座谈，了解产品质量管理、生产管理和销售管理的措施及经营策略。

三、实训作业

1. 分组用书面形式就上述参观内容写出实训报告。

2. 讨论：各小组宣读专题实训报告，结合所学的专业理论知识探讨该配合饲料厂的成功经验与不足之处，并提出初步改进措施。

附录 饲料加工设备图形符号(ZBB 90314—89)

编　号	图形符号	名　称	备　注	编　号	图形符号	名　称	备　注
1		方形料仓	箭头表示进料、出料位置(以下各图同), $\alpha=90°$	8		篦式磁选器	
2		图形料仓	$R=b$	9		永磁筒	
3		圆筒筛		10		永磁滚筒	
4		锥筒筛		11		电磁滚筒	
5		打板圆筛		12		锤片粉碎机	也可采用GB 4268中第127图
6		栅筛	$\alpha=45°$	13		无筛粉碎机	
7		磁钢	也称磁铁	14		辊式粉碎机	

编 号	图形符号	名 称	备 注	编 号	图形符号	名 称	备 注
15		盘式粉碎机		25		叶轮喂料器	
16		劲锤式粉碎机	也可采用 GB 4268.1 中第129图	26		电磁振动喂料器	$\alpha=30°$
17		爪式粉碎机	也可采用 GB 4268.1 中第128图	27		旋转分配器	$\alpha=45°$
18		锤片式碎饼机		28		摆动分配器	$\alpha=90°$
19		辊式碎饼机		29		秤车	
20		平面回转筛		30		机械式配料秤	$\alpha=45°$
21		振动分级筛	$\alpha=60$	31		电子配料秤	
22		螺旋喂料器		32		机电结合式配料秤	
23		叶轮配料器		33		微量配料秤	
24		转盘配料器		34		卧式螺带混合机	

编 号	图形符号	名 称	备 注	编 号	图形符号	名 称	备 注
35		卧式桨叶混合机		45		单层卧式颗粒冷却器	
36		立式行星混合机		46		双层卧式颗粒冷却器	
37		立式螺旋混合机		47		四层卧式颗粒冷却器	
38		卧式糖蜜混合机		48		颗粒破碎机	
39	液体 ZQ	调质器		49		压片机	
40		熟化罐		50		挤压膨化机	
41		环模制粒机		51	液体	软颗粒挤压机	
42		平模制粒机		52		转筒式涂脂机	
43	吸风	立式双筒颗粒冷却器		53		转盘式涂脂机	
44		立式旋转颗粒冷却器		54		灌包机	

续表

编 号	图形符号	名 称	备 注	编 号	图形符号	名 称	备 注
55		缝包机		63		喷嘴	
56		自动打包机		64		立式液体储罐	
57		轨道衡		65		卧式液体储罐	
58		地中衡		66		内蛇管液体加热罐	
59		料位器		67		外蛇管液体加热罐	
60		空气压缩机		68		斗式提升机	
61		储气罐		69		刮板输送机	
62		空气过滤器		70		螺旋输送机	

参 考 文 献

[1] 李德发，龚利敏. 配合饲料制造工艺与技术 [M]. 北京：中国农业大学出版社，2003.

[2] 饶应昌. 饲料加工工艺与设备 [M]. 北京：中国农业大学出版社，1996.

[3] 李忠平. 饲料加工工艺与设备研究进展 [J]. 粮食与饲料工业，2006，(5).

[4] 周小秋，朱贵水，曾小波. 加工工艺对饲料营养价值和动物生长性能的影响. 中国饲料，1999，(12).

[5] 霍艳军. 饲料工艺设备的选择优化与发展前瞻——访北京现代洋工机械科技发展有限公司羊维强总经理 [J]. 饲料与畜牧，2009，(07).

[6] 王卫国. 2006~2008 年饲料加工设备与工艺技术新进展 [J]. 粮食与饲料工业，2008，(09).

[7] 刘建平，蔡辉益. 饲料加工技术研究进展与产品质量的提高 [J]. 湖北畜牧兽医，2004，(05).

[8] 李军国. 饲料加工质量评价指标及其控制技术 [J]. 饲料工业，2007，(01).

[9] 王凤欣，高士争. 从饲料配方及加工工艺角度谈如何控制饲料产品质量 [J]. 饲料博览，2005，(08).

[10] 庞声海，郝波. 饲料加工设备与技术 [M]. 北京：科学技术文献出版社，2001.

[11] 庞声海，饶应昌. 饲料加工机械使用与维修 [M]. 北京：中国农业出版社，2000.

[12] 蒋恩臣. 畜牧业机械化 [M]. 第 3 版. 北京：中国农业出版社，2005.

[13] 黄涛. 畜牧工程学 [M]. 北京：中国农业大学出版社，2007.

[14] 黄涛. 畜牧机械 [M]. 北京：中国农业出版社，2007.

[15] 段文译，童明做. 电气传动控制系统及其工程设计 [M]. 重庆：重庆大学出版社，1989.

[16] 饲料工业职业培训系列教材编审委员会. 饲料制粒技术 [M]. 北京：中国农业出版社，1998.

[17] 饲料工业职业培训系列教材编审委员会. 饲料加工工艺 [M]. 北京：中国农业出版社，1998.

[18] Robert R McEllhiney. 饲料制造工艺 [M]. 沈再春等译. 北京：中国农业出版社，1996.

[19] 国家技术监督局. GB/T 16765—1997. 颗粒饲料通用技术条件.

[20] 牛智有，谭鹤群，宗力. 影响颗粒饲料冷却效果分析及冷却风网系统的设计 [J]. 饲料工业，1997，(11)：7-9.

[21] 方希修，尤明珍. 饲料加工工艺与设备 [M]. 北京：中国农业大学出版社，2007.

[22] 杨久仙，宁金友. 动物营养与饲料加工 [M]. 北京：中国农业出版社，2005.

[23] 郭金玲，刘庆华. 新编饲料应用技术手册 [M]. 郑州：中原农民出版社，2004.

[24] 杨在宾，杨维仁. 饲料配合工艺学 [M]. 北京：中国农业出版社，1997.

[25] 王文奇等. 噪声控制技术 [M]. 北京：化学工业出版社，1987.

[26] 门伟刚. 饲料厂自动控制技术 [M]. 北京：中国农业出版社，1998.

[27] 韩梦伟. 顺序控制技术 [M]. 北京：国防工业出版社，1987.

[28] 宗力等. 饲料原料清理上料 [M]. 北京：中国农业出版社，1998.

[29] 徐斌等. 饲料粉碎技术 [M]. 北京：中国农业出版社，1998.

[30] 李复兴，李希沛. 配合饲料大全 [M]. 青岛：海洋大学出版社，1994.

[31] 刘继业，苏晓鸥. 饲料安全工作手册 [M]. 北京：中国农业出版社，2001.